高职高专机电类专业系列教材

# 电工技能实训

第2版


主　编　刘秉安

副主编　段　峻　姚常青

参　编　白　洁　陈余良　王纳林

主　审　卢庆林



机械工业出版社

本书根据现代职业教育教学改革的要求，并结合实际教学经验和学生电工大赛、考证需要编写而成。本书涵盖了电工电子类中级工所必需的基本专业理论知识和实践操作技能，全书突出工艺与技能，体现了职业对学生的要求。鉴于国家对职业资格证的调整、归并简化对于电气类只保留电工证的具体情况，对课后练习题做了较大的修改，以便适应学生考取“电工证”证书复习之用。

全书分为8个项目（36个任务）：项目一为安全用电与触电急救；项目二为电工工具的识别和导线的连接；项目三为电工常用仪表的识别和使用；项目四为常用电工材料和电路基本元器件的识别与选用；项目五为室内配线的基本操作技能；项目六为常用照明电路的安装；项目七为小型配电盘的制作；项目八为基于工作过程的知识拓展，此部分为选学内容。

本书可作为职业学校机电类及相关专业学生的电工实训教材，也可作为一般从事电工操作人员的参考书。

为了方便教学，本书配有免费电子课件、测评验收答案、模拟试卷及答案等，供教师参考。凡选用本书作为授课教材的教师，均可来电（010－88379375）索取，或登录机械工业出版社教育服务网（www. cmpedu. com）网站，注册、免费下载。

**图书在版编目（CIP）数据**

电工技能实训/刘秉安主编．—2版．—北京：机械工业出版社，2018．12（2024.8重印）
高职高专机电类专业系列教材
ISBN 978-7-111-61333-6

Ⅰ．①电…　Ⅱ．①刘…　Ⅲ．①电工技术－高等职业教育－教材　Ⅳ．①TM

中国版本图书馆CIP数据核字（2018）第258819号

机械工业出版社（北京市百万庄大街22号　邮政编码100037）
策划编辑：于　宁　责任编辑：于　宁　冯睿娟
责任校对：肖　琳　封面设计：陈　沛
责任印制：张　博
北京建宏印刷有限公司印刷
2024年8月第2版第9次印刷
184mm×260mm·12.5印张·301千字
标准书号：ISBN 978-7-111-61333-6
定价：39.80元

电话服务
客服电话：010-88361066
010-88379833
010-68326294

网络服务
机　工　官　网：www. cmpbook. com
机　工　官　博：weibo. com/cmp1952
金　书　网：www. golden-book. com
机工教育服务网：www. cmpedu. com

# 前　言

本书是在刘秉安主编的《电工技能实训》基础上进行修订的，修订的目的是适应新的实践教学要求，符合现代企业选人、用人标准。本次修订有以下特点：

1. 本书保留了原书的主要特点，即教材简化了理论知识，充分突出实用、够用，尽可能地做到简洁明快，在编写中尽可能以图片的形式描述学习过程和体现工作过程，重点仍是培养学生的实践操作能力。

2. 教材编写的思路是：由案例引入（明确任务）→引导学习思考→启发学生讨论（现场准备）→进入项目内容（实际操作）→分解项目、了解任务（实际操作）→项目完成总结→最后项目验收成绩评定（总结提高）。

3. 和第1版不同之处是删掉了过时的绝缘子配电安装练习，引入基本建筑电气安装识图，让学生了解电气照明在现代家庭中如何布线、安装和调试。

4. 鉴于国家对职业资格证的调整、归并简化对于电气类只保留“电工证”的具体情况，对课后练习题做了较大的修改，以便适应学生考取“电工证”证书复习之用。

本书编写分工如下：刘秉安编写了项目一、二、三，姚常青编写了项目四、五、七、八，段峻编写了项目六，白洁、陈余良、王纳林编写了附录。本次修订由刘秉安主持并进行全书统稿，最后由陕西工业职业技术学院卢庆林教授主审完成。由于修订时间紧，加之编者水平有限，书中难免存在错误和不妥之处，恳请读者和同仁批评指正。

编　者

# 目　录

# 项目一 安全用电与触电急救

## 案例引入

在一建筑工地，操作工王某发现潜水泵起动后剩余电流断路器动作，便要求电工把潜水泵电源线不经剩余电流断路器而直接接上电源。起初电工不肯，但在王某的多次要求下照办了。潜水泵再次起动后，王某拿一条钢筋欲挑起潜水泵检查其是否沉入泥里，当王某挑起潜水泵时，即触电倒地，经抢救无效死亡。

触电案例如图 1-1 所示。触电太可怕了，怎样用电才安全？

**图 1-1** 触电案例

## 任务一 认知触电和触电伤害

### 任务描述

1. 认知触电和触电伤害是安全用电的前提，也是从事电类技术工作的人员必备的基本知识，熟悉触电的起因，才能避免触电。

2. 必须知道电类工作过程及工作范围内有哪些有害因素和危险，以及其危险程度及安全防护措施。

3. 必须明确规定并落实特种作业人员的安全生产责任制，因为特种作业的危险因素多，危险程度大。

4. 应该建立事故隐患的报告和处理制度。

## 相关知识

当人体有电流通过时，人就触电了，2mA 以下的电流通过人体，仅产生麻感，对身体影响不大。8～12mA 电流通过人体时，肌肉自动收缩，身体常可自动脱离电源，除感到“一击”外，对身体损害不大。但电流超过 20mA 即可导致接触部位皮肤灼伤，皮下组织也可因此炭化。25mA 以上的电流即可引起心室纤颤，导致血液循环停顿而死亡。触电一般分为三种情况：单相触电、两相触电和跨步电压触电。

**1. 单相触电**

当人体直接碰触带电设备其中的一相时，电流通过人体流入大地，这种触电现象称为单相触电。对于高压带电体，人体虽未直接接触，但由于超过了安全距离，高电压对人体放电，造成单相接地而引起的触电，也属于单相触电。低压电网通常采用变压器低压侧中性点直接接地和中性点不直接接地（通过保护间隙接地）的接线方式。单相触电如图 1-2 所示。

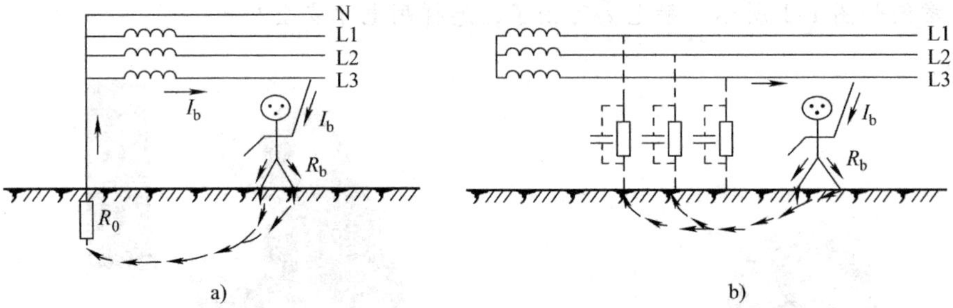


**图 1-2 单相触电**

**2. 两相触电**

人体同时接触带电设备或线路中的两相导体，或在高压系统中，人体同时接近不同相的两相带电导体，而发生电弧放电，电流从一相导体通过人体流入另一相导体，构成一个闭合回路，这种触电方式称为两相触电。发生两相触电时，作用于人体上的电压等于线电压，这种触电最危险。两相触电如图 1-3 所示。

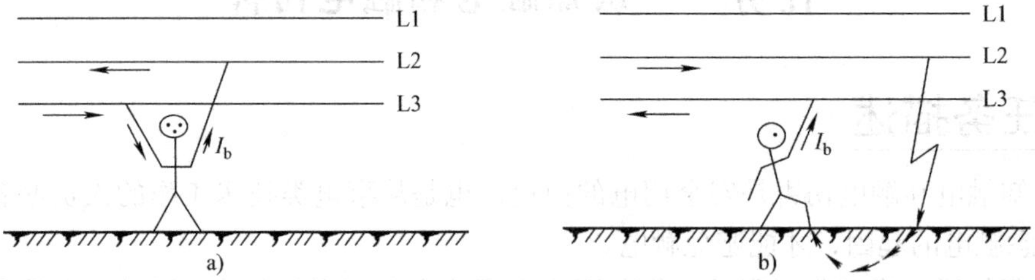


**图 1-3 两相触电**

**3. 跨步电压触电**

当电气设备发生接地故障，接地电流通过接地体向大地流散，在地面上形成电位分布时，若人在接地短路点周围行走，其两脚之间的电位差，就是跨步电压。由跨步电压引起的人体触电，称为跨步电压触电。跨步电压触电如图 1-4 所示。

# 拓展提高

## 一、跨步电压的产生

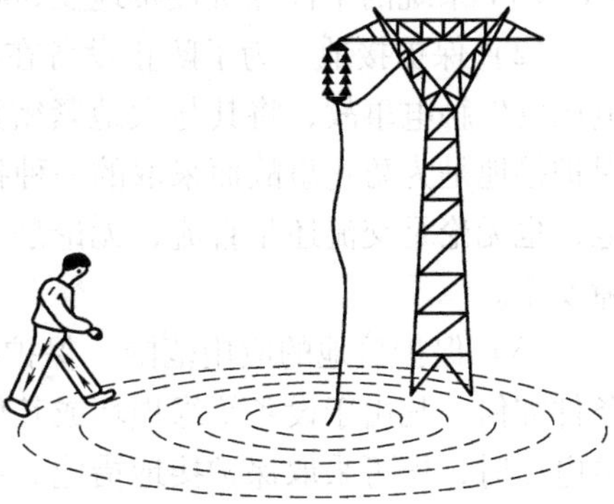

图 1-4　跨步电压触电

带电导体，特别是高压导体故障接地处，流散电流在地面各点产生的电位差造成跨步电压电击；接地装置流过故障电流时，流散电流在附近地面各点产生的电位差造成跨步电压电击；正常时有较大工作电流流过的接地装置附近，流散电流在地面各点产生的电位差造成跨步电压电击；防雷装置受到雷击时，极大的流散电流在其接地装置附近地面各点产生的电位差造成跨步电压电击；高大设施或高大树木遭受雷击时，极大的流散电流在附近地面各点产生的电位差造成跨步电压电击。跨步电压的大小受接地电流大小、鞋和地面特征、两脚之间的跨距、两脚的方位以及距接地点的远近等很多因素的影响。人的跨距一般按 0.8m 考虑。由于跨步电压受很多因素的影响以及地面电位分布的复杂性，几个人在同一地带（如同一棵大树下或同一故障接地点附近）遭到跨步电压电击时，完全可能出现截然不同的后果。图 1-5 为电位分布曲线。该曲线表明，在电流入地点处电位最高，随着离此点的距离增大，地面电位呈先急后缓的趋势下降，在离电流入地点 10m 处，电位已下降至电流入地点电位的 8%。在离电流入地点 20m 以外的地面，流散半球的截面积已经相当大，相应的流散电阻可忽略不计，或者说地中电流不再于此处产生电压降，可以认为该处地面电位为零，电工技术上所谓的“地”就是指此零电位处的地（而非电流入地点周围 20m 之内的地）。通常我们所说的电气设备对地电压也是指带电体对此零电位点的电位差。

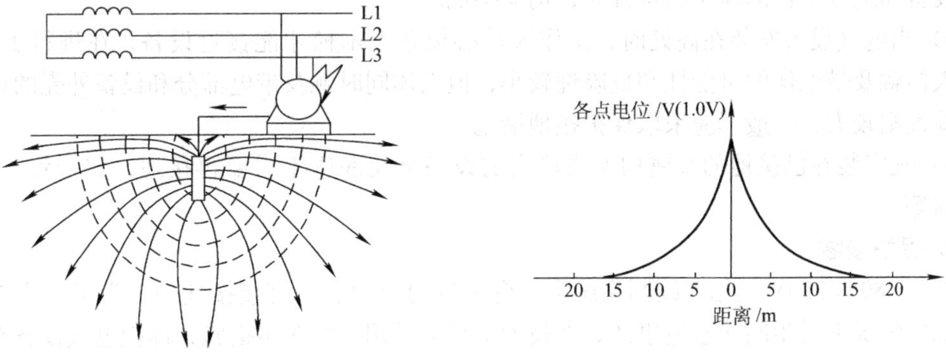


a) 电流流入点周围分布图　　b) 电流流入点随距离衰减图

图 1-5　电位分布曲线

## 二、保护接地与保护接零

### 1. 电力系统接地分类

根据接地目的的不同，电力系统的接地分为两大类：工作接地和保护接地。

（1）工作接地　因电力系统正常工作的需要而将系统中某点接地，称为工作接地。如

TN和TT系统的中性点直接接地及380V/220V三相四线制系统中的中性点直接接地。

（2）保护接地 为了防止设备在故障情况下，其外露可导电的金属外壳呈现危险对地电压发生触电事故，将其与大地紧密连接起来（进行接地），称此为保护接地。由此看出，保护接地是为防止事故而采取的一种技术措施。保护接地应用很广，无论是供电电源还是静电，也无论是交流还是直流，无论是一般环境还是特殊环境，都需要采用保护接地措施以保障安全。

（3）保护接地的应用范围 保护接地只适用于不接地系统。在这种电网中，无论环境条件如何，凡由于设备绝缘损坏或其他原因而可能造成电气设备金属外壳对地电压升高到危险电压时，均可采取保护接地措施。主要包括：

1）电机、变压器、开关设备、照明器具及其他电气设备的金属外壳、底座及与之相连接的传动装置。

2）户内、外配电装置的金属构架或钢筋混凝土构架及靠近带电部分的金属遮栏或围栏。

3）配电屏、控制台、保护屏及配电箱的金属外壳或框架。

4）电缆接线盒的金属外壳、电缆的金属外皮和配线钢管。

5）架空线路的金属杆塔和钢筋混凝土杆塔。

6）互感器金属外壳及二次绕组。

（4）注意事项

1）在干燥场所交流额定电压127V及以下、直流额定电压110V及以下的电气设备，如无防爆要求时，可不接地。

2）在木质或沥青等不导电地面的干燥房间内，交流380V及以下和直流400V及以下的设备外壳，可不接地。但当有可能同时触及电气设备和已接地的其他装置或有可能同时触及电气设备和绝缘不良的建筑物构件时，仍应接地。

3）当电气设备安装在高处时，工作人员必须登上木梯才能接近设备，在进行工作时，由于人体触及带电体的可能性和危险性较小，但人体同时触及带电部分和设备外壳的可能性和危险性则较大，一般不应采取保护接地措施。

4）凡安装在已接地的金属构架或箱内的设备金属底座不需要再接地，如套管、仪表、继电器等。

**2. 保护接零**

低压380V/220V三相四线制系统中，变压器的中性点是直接接地的。为了防止电气设备在漏电情况下发生间接触电事故，在技术上普遍采用保护接零措施，即把电气设备在正常情况下不带电的金属外壳与电网保护零线做电气连接，如图1-6所示。

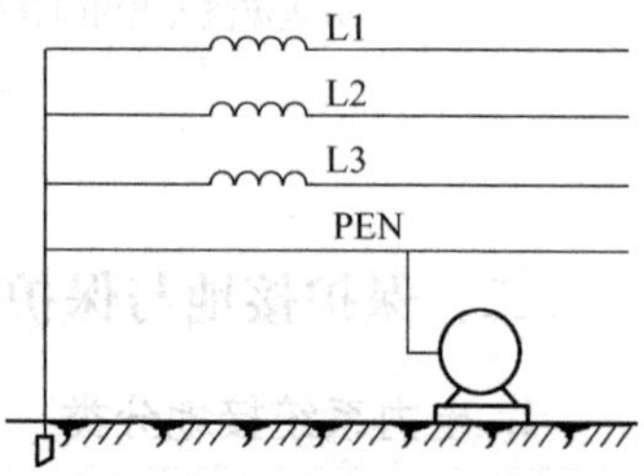

**图1-6** 保护接零原理图

三相四线制系统中，电气设备若不采取保护接零措施，当人体接触到一相碰壳的设备外壳时，人体将受到高电压的作用。当设备外壳采取保护接零措施后，人体接触到一相漏电设备的外壳时将不再受到高电压的作用。因为设备外壳直接与系统零线连接，当一相碰壳时，形成该相对零线的单相短路，短路电流促使线路保护装置动作，迅速切除故障部分，使故障设备与电源隔离，从而消除人体触电的危险。

(1) 保护接零的应用范围　保护接零适用于中性点直接接地的380V/220V低压系统。在这种系统中，凡由于绝缘损坏或其他原因而可能呈现危险电压的金属外壳，除有特殊规定外，均应接零。

(2) 注意事项　在380V/220V的三相四线制系统中，如果采取保护接地或保护接零措施，必须注意以下两点：

1) 在这种系统中，单纯采取保护接地措施是不能保证安全的。

2) 在由同一台变压器供电的三相四线制系统中，所有用电设备的金属外壳都要采取保护接零措施并用保护零线连接起来，构成"零线网"。不允许有些设备采取保护接零而另一些设备采取保护接地。

## 课后实践

1. 按图1-7、图1-8a、c的要求做保护接零练习并注意比较。

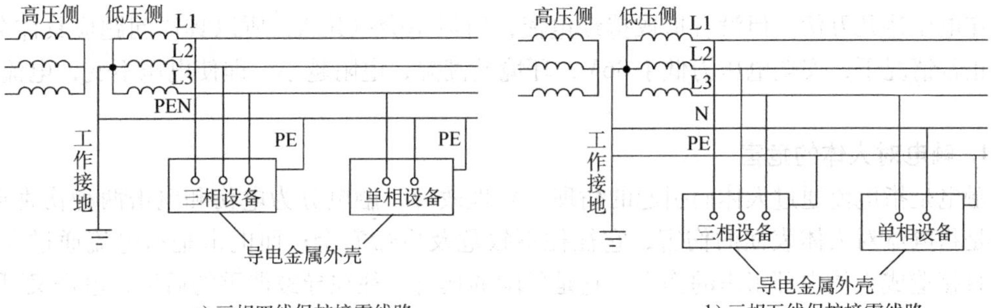


a) 三相四线保护接零线路　　b) 三相五线保护接零线路

图1-7　保护接零训练（1）

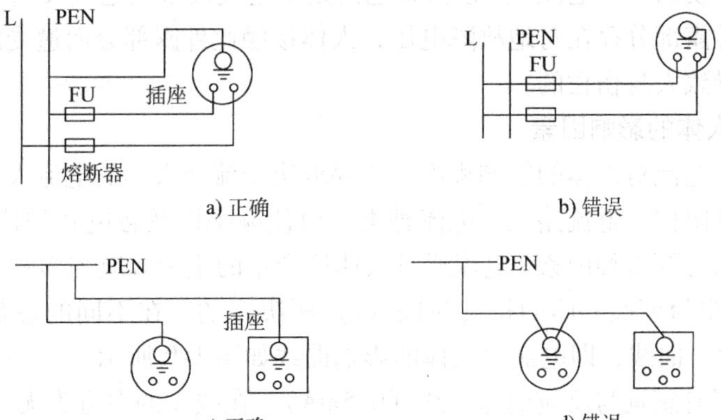


a) 正确　　b) 错误

c) 正确　　d) 错误

图1-8　保护接零训练（2）

2. 社会调查

1) 你所在学校或附近企业中，哪些设备采取保护接地？哪些设备采取保护接零？

2) 你所在学校的教学楼、实验楼采用的是哪种保护形式？为什么？

3) 做设备的保护接零时，应注意哪些问题？

4）谈谈你听到的、看到的触电现象，并谈谈触电对家庭、个人和社会的和谐发展有何影响。

## 任务二 认知触电伤害的原因

### 任务描述

1. 认知触电伤害是果断营救必备的知识准备，也是电工操作人员必须熟悉的，它为将来抢救预案、抢救措施的制订奠定了基础。

2. 认知触电伤害的原因，懂得人体的安全电压及安全电流。

### 相关知识

在潮湿环境中，人体的安全电压为12V。正常情况下，人体的安全电压不超过36V。当电压超过24V时，应采取接地措施。触电危及人体生命的关键是电流的大小。脱毛衣时发出的火花电压达几万伏，但没有形成持续电流，所以不会电死人。所以具体问题应具体分析。人在正常情况下，安全电压为低于36V，环境越潮湿，电阻越小，即使电压不变，电流也会变大。

**1. 触电对人体的危害**

触电是指电流通过人体而引起的病理、生理效应，触电分为电伤和电击两种伤害形式。电伤是指电流对人体表面的伤害，它往往不致危及生命安全；而电击是指电流通过人体内部、直接造成人体内部组织的伤害，它是危险的伤害，往往导致严重的后果，电击又可分为直接接触电击和间接接触电击。直接接触电击是指人体直接接触电气设备或电气线路的带电部分而遭受的电击。直接接触电击带来的危害是最严重的，所形成的人体触电电流总是远大于可能引起心室颤动的极限电流。间接接触电击是指电气设备或电气线路绝缘损坏发生单相接地故障时，其外露部分存在对地故障电压，人体接触此外露部分而遭受的电击。它主要是由于接触电压而导致人身伤亡的。

**2. 触电危害人体的影响因素**

发生触电后，电流对人体的影响程度，主要取决于流经人体的电流大小、电流通过人体的持续时间、人体阻抗、电流路径、电流种类、电流频率以及触电者的体重、性别、年龄、健康情况和精神状态等多种因素。电流通过人体所产生的生理效应和影响程度，是由通过人体的电流（$I$）与电流流经人体的持续时间（$t$）所决定的。在不同的参数时，由概率统计分析所得的 $I=f(t)$ 曲线，即电流对人体的影响曲线如图1-9所示。

线 $a$ 为触电者有感觉与反应的起始线（0.5mA）。在线 $a$ 的左方为无感觉，即“区域1”为无反应区。线 $b$ 为安全区线。$b \sim c$ 为非致命的病理生理效应区，即可能发生痉挛、呼吸困难、心脏机能紊乱。线 $c$ 的右边，即“区域4”为可能致命的心室颤动、严重烧伤的危险区。

对于直流电而言，若通过人体的电流小于15mA，一般情况下认为可自行通过肌肉收缩离开带电体，所以15mA以下的直流电称为摆脱电流。摆脱电流范围内，触电后人体的生理反应情况见表1-1。

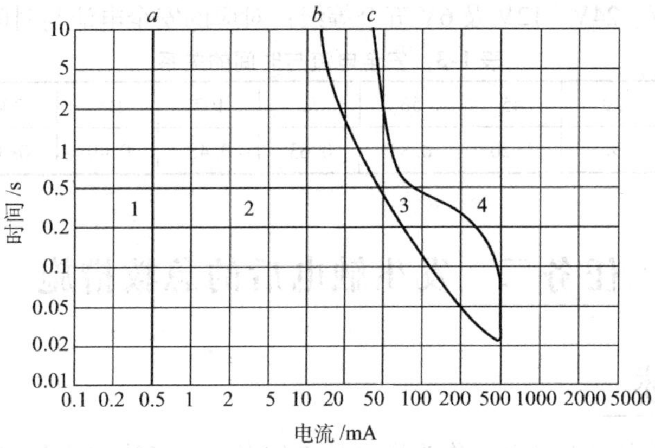


**图 1-9** 电流对人体的影响曲线

**表 1-1 触电后人体的生理反应情况**（摆脱电流范围内）

| 电流/mA | 生理现象 |
|---|---|
| 0~0.9 | 无感觉 |
| 0.9~3.5 | 感觉麻木但并非病态现象 |
| 3.5~4.5 | 有些不适的麻木痛楚、轻微痉挛和反射性的手指肌肉收缩 |
| 5.0~7.0 | 手感到有痛楚，且表面有痉挛 |
| 8.0~10.0 | 全手病态痉挛、收缩，且麻痹 |
| 11~12 | 肌肉收缩、痉挛传至肩部，有强烈疼痛（接触带电体时间不超过30s） |
| 13~14 | 手全部自己抓紧，须用力才能放开带电体（接触带电体时间不超过30s） |
| 15 | 手全部自己抓紧，不能放开带电体 |

毕格麦亚关于交流电流过人体时心脏搏动周期实验的结果见表 1-2。

**表 1-2 实验结果**

| 50~60Hz 电流有效值 | 通电时间 | 人体生理反应 |
|---|---|---|
| 0~0.5mA | 连续（无危险） | 未感到电流 |
| 0.5~5.0mA（摆脱极限） | 连续（也无危险） | 开始感到有电流，未引起痉挛的极限，属可以摆脱的电流范围，但手指、手腕等处有痛感 |
| 5.0~30mA | 以数分钟为极限 | 不能摆脱的电流范围（由于痉挛，已不能摆脱接触状态），引起呼吸困难、血压上升，但仍属可忍耐的极限 |
| 30~50mA | 由数秒到数分钟 | 心律不齐，引起昏迷、血压升高、强烈痉挛，长时间将会引起心室颤动 |
| 50~数百毫安 | 低于心脏搏动周期 | 虽受到强烈冲击，但未发生心室颤动 |
| 超过数百毫安 | 超过心脏搏动周期 | 发生心室颤动、昏迷，接触部位留有通过电流的痕迹（搏动周期相位与开始触电时间无特别关系） |
| | 低于心脏搏动周期 | 即使通电时间低于搏动周期，如有特定的搏动相位，开始触电时发生心室颤动、昏迷，接触部位留有通过电流的痕迹 |

**3. 安全电流与时间的关系**

安全电压的使用注意事项：为防止触电事故而采用稳定电源供电的安全电压（直流电），

其等级分为42V、36V、24V、12V及6V五个等级；对应的安全电流与时间的关系见表1-3。

表1-3 安全电流与时间的关系

| 人体电流/mA | 29 | 45 | 56 | 72 | 102 | 160 | 204 | 256 | 368 |
|---|---|---|---|---|---|---|---|---|---|
| 允许时间/s | ∞ | 1.20 | 0.83 | 0.63 | 0.48 | 0.40 | 0.35 | 0.30 | 0.17 |

# 任务三 发生触电后的急救措施

## 任务描述

1. 在工作、生活中有人触电，作为懂电的工作者应具备哪些应急知识和技能？
2. 认知触电主因，以预防为主。
3. 准确判断触电者症状，及时采取措施。
4. 火速急救，时间就是生命。

## 相关知识

**1. 触电主因**

触电又称电伤，是指一定电流电能（静电）通过人体时，造成机体损伤或功能障碍，甚至死亡。触电有多种原因：不懂安全用电常识，自行安装电器，家用电器漏电而手接触开关、灯头、插头等；因大风雪、火灾、地震、房屋倒塌等使高压线断后触地，10m内都有触电危险；在房檐下或大树下避雷雨，衣帽被雨淋更容易被雷击；在电线上晒湿衣物；救护时直接用手拉触电者等。

**2. 触电者表现**（症状）

触电轻者有心慌、头晕、面色苍白、恶心、四肢无力等症状，但神志清楚，呼吸、心跳规律，如脱离电源，应安静休息，注意观察，不需特殊处理。重者有呼吸急促，心跳加快，血压下降，昏迷，心室颤动，呼吸中枢麻痹以至呼吸停止，皮肤烧伤或焦化、坏死等症状。

**3. 火速急救**

1）立即拉下闸门或关闭电源开关，拔掉插头，使触电者很快脱离电源。

2）急救者利用竹竿、扁担、木棍、塑料制品、橡胶制品或皮制品挑开接触病人的电源，使病人迅速脱离电源。如患者仍在漏电的机器上时，赶快用干燥的绝缘棉衣、棉被垫着将病人拉开。未切断电源之前，抢救者切忌用自己的手直接去拉触电者，这样自己也会立即触电而受伤，因人体是导体，极易传电。

3）确认心跳停止时，在用人工呼吸和胸外心脏按压后，才可使用强心剂。触电灼烧伤应合理包扎。在高空高压线触电抢救中，要注意防止摔伤。急救者最好穿胶鞋，踩在木板上保护自身。心跳、呼吸停止时，应速求救于医务人员。

## 任务实施

1. 实训小组制订触电应急预案。
2. 按照图1-10所示进行有人触电时的急救模拟训练。

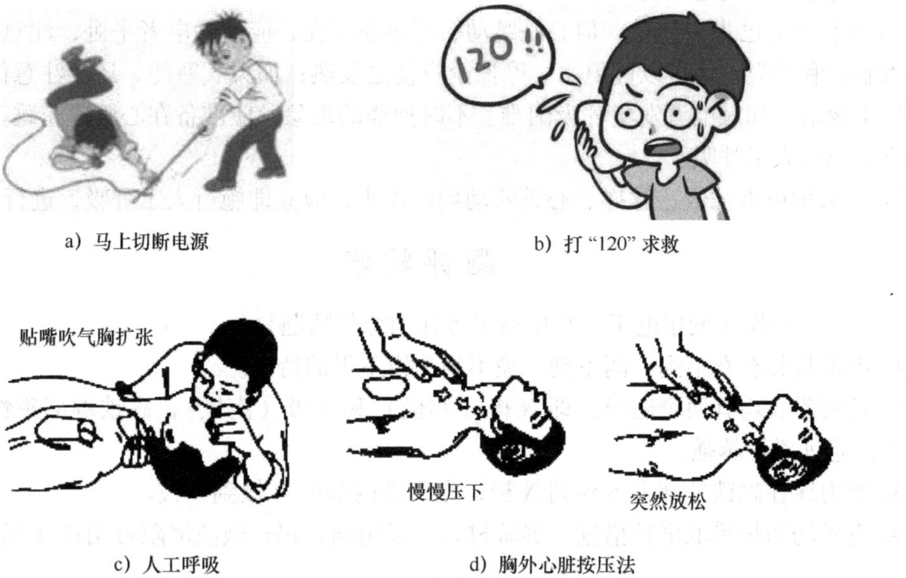


图 1-10 触电时的急救模拟训练

## 知识拓展

**1. 脱离低压电源的方法**

1）电源开关或插座在触电地点附近时，可立即拉开或拔出插头，断开电源。

2）如果电源开关或插座距离较远，可用有绝缘柄的电工钳等工具切断电线，从而断开电源，还可以用干木板等绝缘物插入触电者身下，以隔断电流的通道。

3）若电线搭落在触电者身上或被压在身下，可用干燥的绳索、木棒等绝缘物作为工具，拉开触电者或挑开电线，使触电者脱离电源。

4）如果触电者的衣服是干燥的，又没有紧缠在身上，可以用一只手抓住触电者的衣服，将其拉离电源。这时，因触电者的身体是带电的，鞋的绝缘也可能遭到破坏，所以救护人不得接触触电者的皮肤，也不能抓触电者的鞋。

**2. 脱离高压电源的方法**

1）立即通知有关部门停电。

2）戴上绝缘手套，穿上绝缘鞋，采用相应等级的绝缘工具断开开关或切断电源。

3）采用抛掷搭挂裸金属线使电路短路接地，迫使保护装置动作而断开电源。

**3. 注意事项**

1）救护队员不可直接用手或金属及潮湿的物件作为救护工具，必须使用适当的绝缘工具。救护人员最好一只手操作，以防自身触电。

2）防止触电者脱离电源后可能的摔伤，特别是触电者在高处时，应采取防坠落措施。即使触电者在平地，也要注意触电者倒下的方向，注意防摔。

3）如事故发生在夜里，应迅速解决临时照明问题，以利于抢救，避免事故扩大。

4）伤员安全脱离电源后，先做一些应急处理：

① 如果触电者未失去知觉，仅在触电过程中曾一度昏迷，则应保持安静，继续观察，并请医生前来诊治或送医院。

② 若触电者已失去知觉，但心脏跳动、呼吸还存在，应使触电者平卧，注意空气流通，解开衣服以利呼吸，还可以闻氨水、摩擦全身使之发热；如天气寒冷，还要注意保温，同时速请医生诊治。如触电者发生呼吸困难、不时抽搐的现象，应准备在心脏停止跳动或呼吸停止后立即施行人工呼吸。

③ 如果触电者呼吸、脉搏、心脏跳动均已停止，应立即施行人工呼吸，进行紧急救护。

## 测评验收

一、知识验收（低压电工、高压电工考证训练判断题）

1. 电本身具有看不到、闻不到、摸不到、摸不得的特性。（ ）

2. 任何磁铁均有两个磁极：即N极（北极）和S极（南极），磁铁端部磁性最弱，距两端距离越远磁性越强。（ ）

3. 磁力线在磁铁外部由S极到N极，在磁铁内部由N极到S极。（ ）

4. 电磁场防护采取屏护措施，屏蔽材料一般用铜、铝，微波屏蔽可用铁（钢）制成。（ ）

5. 摆脱电流是指人触电后能自主摆脱触电电源（带电体）的最大电流。（ ）

6. 通常情况下人体电阻为1000～2000Ω。（ ）

7. 电流对人体的伤害可分为两种类型：电击和电伤。（ ）

8. 电击是电流通过人体，直接对人体的器官和神经系统造成的伤害。（ ）

9. 一旦发现有人触电时（低压），周围人员首先应迅速采取拉闸断电等有效措施，尽快使触电者脱离电源。（ ）

10. 将脱离低压电源的触电者仰卧平躺，在5s内呼喊和轻拍其肩部，看有无反应，判断是否丧失意志。（ ）

11. 现场徒手进行心肺复苏法，在医务人员未来接替救治前可以中途停止。（ ）

12. 对触电者进行抢救，在现场要迅速、就地、准确、坚持。（ ）

13. 交流电的频率越低，电容器对其阻力越小。（ ）

14. 在正常工作的情况下，绝缘物也不会逐渐老化而失去绝缘性能。（ ）

15. 无专用零线或用金属外皮作为零线的低压电缆，不应重复接地。（ ）

16. 垂直接地体可以采用直径25mm的圆钢、也可采用4mm×40m×40mm～5mm×50mm×50mm的角钢或直径40～50mm的钢管等制成。（ ）

17. 电火花包括工作火花和事故火花两大类。（ ）

18. 身上带有金属移植器件、心脏起搏器等辅助装置的人员可以进入电磁辐射区内。（ ）

19. 绝缘手套可以防止人手触及同一电位带电体或同时触及不同电位带电体而触电。（ ）

20. 线电压是指相线与零线之间的电压。（ ）

21. 安全标志牌一般设置在光线充足、醒目、稍高于视线的地方。（ ）

22. 有触电危险的场所，其标志牌应使用绝缘材料制作。 （ ）
23. 一般情况下也把变压器列入高压电器。 （ ）
24. 为防止电压互感器铁心和金属外壳意外带电而造成触电事故，电压互感器铁心和金属外壳（包括不带电金属外壳）和二次侧的负极必须进行保护接地。 （ ）
25. 金属屏护装置应采取接地或接零保护措施。 （ ）
26. 工作负责人为了工作方便，在同一时间内可以填写两张工作票。 （ ）
27. 拉开或合上开关时，应侧身、快速、果断，但不可用力过猛。 （ ）
28. 配电柜正面通道，单列排列应小于1.5m，双列面对面排列正面通道应小于2m。 （ ）
29. 配电柜后面维护通道，宽度应小于0.8m。 （ ）
30. 接地线可用缠绕的方法进行接地或短路。 （ ）
31. 工作人员在工作中可移动或拆除围栏和标示牌。 （ ）
32. 避雷器的接地电阻一般不得大于5～10Ω。 （ ）
33. 只要是埋在地下的铁管、钢管，都可以作为自然导体、可进行等电位连接。（ ）
34. 防雷接地属于保护接地。 （ ）
35. 安全技术水平低下和违章作业，往往是造成电气事故的主要原因。 （ ）
36. 安全标志分为禁止标志、警告标志、指令标志、提示标志四类，还有补充标志。 （ ）
37. 并联电路中，支路电阻越大，分电流越大。 （ ）
38. 我国的安全生产方针是“安全第一、预防为主”。 （ ）
39. PE线（保护线）的导线颜色应为黄/绿双色线。 （ ）
40. 通常采用安全隔离变压器作为安全电压的电源，也可以采用自耦变压器。 （ ）
41. 安全电压电源的一次侧、二次侧，都不应装熔断器保护。 （ ）
42. 线路检修时，接地线一经拆除即认为线路已带电，任何人不得再登杆作业。（ ）
43. 禁止类标示牌制作时背景用白色，文字用红色。 （ ）
44. 在带电设备周围，不得使用钢卷尺和带金属丝的线尺。 （ ）
45. 施工现场用电工程三级配电原则为：开关箱“一机、一闸、一漏、一箱”的原则和动力、照明配电分设的原则。 （ ）
46. 直流电的频率为零，电容器对其阻力就无限大，故直流电不能通过电容器。（ ）
47. 电工作业人员的操作资格证书有效期为6年。 （ ）
48. 安全电压的规定，是以人体允许电流与人体电阻的乘积为依据的。 （ ）
49. 通电导线在磁场中受力的方向，可以用电动机左手定则来确定。 （ ）
50. 在负载中，电场力把负电荷从高电位处移向低电位处，将电能转换为其他形式的能量。 （ ）
51. 通电直导线磁场方向的判断方法是用左手握住导线，大拇指指向电流的方向，则其余四指所指的方向就是磁场的方向。 （ ）
52. 电流与磁场的方向垂直时的作用力最大，平行时的作用力为零。 （ ）
53. 在任意瞬间，电阻 $R$ 消耗的功率（称为瞬时功率）等于这个时间电压与电流的乘积。 （ ）

54. 对称三相正弦电动势的瞬时值之和等于零。 ( )
55. 电工绝缘材料的电阻率一般在 $10^6\Omega\cdot m$ 以上。 ( )
56. 遮栏可防止无意或有意触及带电体，障碍只能防止无意触及带电体。 ( )
57. 电源能把其他形式的能量转换为电能，例如干电池、蓄电池能把化学能转换为电能。 ( )
58. 同一导体在不同温度下，其电阻值是相同的。 ( )
59. 一般用户的避雷，将进线处绝缘子铁脚与接地装置连接即可。 ( )
60. 人体电阻值，电极与皮肤的接触面积大和接触紧密时电阻值小，反之电阻值大。 ( )
61. 串联电路，电阻越大，其分电压越小。 ( )
62. 人体电阻值，通过人体的电流大、时间长、皮肤发热出汗时电阻值上升。 ( )
63. 电流频率不同，对人体伤害程度也不同，25～300Hz 的交流电流对人体伤害最严重。 ( )
64. 触电的危险程度完全取决于通过人体的电流的大小。 ( )
65. 在一般工矿企业中，高压触电事故远多于低压触电事故。 ( )
66. 在触电事故中电气连接部位触电事故较多。 ( )
67. 现场徒手进行心肺复苏法，正确的抢救体位是仰卧位。 ( )
68. 触电的危险程度与所触及的线路电压的高低有关。 ( )
69. 带电体的耐压强度是指检验电气设备承受过电压的能力。 ( )
70. 作用于人体的电压，会影响人体电阻，随着电压的升高，人体电阻会下降，致使电流增大，对人体的伤害加剧。 ( )
71. 测量绝缘电阻时，被测设备或线路可以不停电、不放电。 ( )
72. 避雷器必要时应做工频放电电压试验。 ( )
73. 人体电阻值，皮肤干燥时电阻值较大，潮湿、有汗水时电阻值也较大。 ( )
74. 用万用表测量电阻时，测量前和改变欧姆档后，都必须进行调零。 ( )
75. 铜铝接头，由于铜和铝的导电性不同，接头处易因电解作用而腐蚀。 ( )
76. 各种电气设备在设计和安装时都必须考虑有一定的散热或通风的措施。 ( )
77. 有时候，静电压虽然很高，但电量不大，所以危害也不大。 ( )
78. 熔断器的额定电压，必须大于等于配电线路电压。 ( )
79. 熔断器分断能力是指在额定电压及一定的功率因数下切断短路电流的极限能力。 ( )
80. 独立避雷针可以设在人经常通行的地方。 ( )
81. 在爆炸危险的场所，如果由不接地系统供电，则必须装设能发出信号的绝缘监测装置。 ( )
82. 家用电器的保护线与工作零线，可以接在同一接线柱上。 ( )
83. 电气火灾和爆炸的原因有电气设备和导体过度发热、电火花和电弧。 ( )
84. 绝缘物在热、电等因素作用下电气性能和机械性能将逐渐劣化，这种现象称为绝缘老化。 ( )
85. 屏护是借用屏障物辅助触及带电体，屏护装置还可以防止电弧烧伤和电弧短路事故，还有利于安全操作等。

二、技能验收——触电急救技能

**1. 人工呼吸法**

人工呼吸法如图1-11所示。

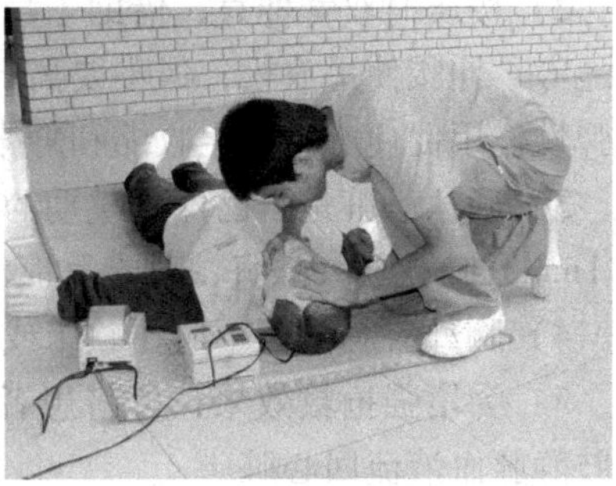

图1-11 人工呼吸法

（1）人工呼吸法的做法 抢救者跪或蹲在患者一侧，一手托住患者脖子，一手捏紧患者的鼻孔，深吸一口气再对患者的口吹气，然后松口，先靠患者胸腔回缩呼气、再吹气、再呼气，反复进行。吹气用2s，患者呼气用3s。一般以抢救者的自然速度即可。

（2）人工呼吸法注意事项

1）观察患者，若其胸腹部随着吹气扩张，松口后回缩，证明有效。否则可能是吹气时没捏住鼻子或口没对严漏气所致。

2）吹气量以感到患者抵抗力时停止为适度，如果患者肺部已经胀满还用力吹气，空气就会进入胃里。

3）如果吹气量过大或吹气过猛，空气进入胃里时，可能听见咕噜咕噜的响声，剑突下方脐部周围，在肋缘下鼓胀起来。松口时胃内容物可能逆流出来，这时应将患者脸转向一侧，并将口腔擦拭干净，勿使逆流物进入气管。

4）吹气顺利，表明呼吸道畅通。如果吹不进气去，则表明呼吸道被异物堵住，可从背后搂住患者胸部或腹部，两臂用力收缩，用压出的气流将气管中的异物冲出。使患者头朝下效果更好些。

5）对于患者口不能张开的，抢救者口小，口对口不严漏气的，患者口有外伤无法进行口对口吹气的，可用手托住患者的下巴，使之嘴唇紧闭，对鼻子吹气。

**2. 胸外心脏按压法**

胸外心脏按压法如图1-12所示。

（1）胸外心脏按压法的做法

1）确定心脏位置。两手指并齐，中指放在切迹中点，食指平放在胸骨下部；另一只手的掌根紧挨食指上沿，置于胸骨处，即为按压位置。

2）正确的按压姿势如图1-13所示。两手重叠，向下按压，使胸骨下陷4～5cm，然后放松。这样反复进行，成人每分钟60～80次。

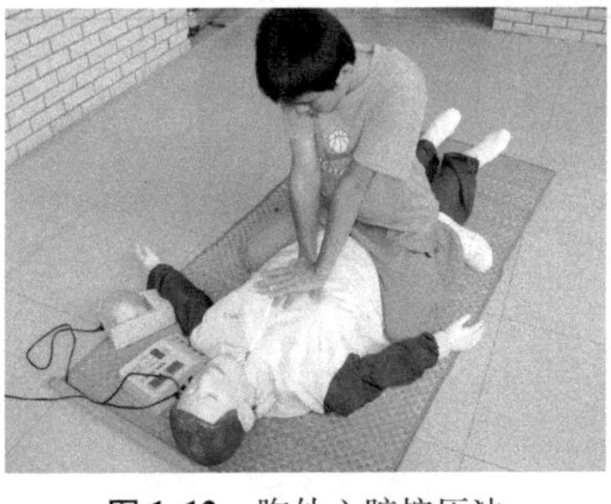

图1-12 胸外心脏按压法

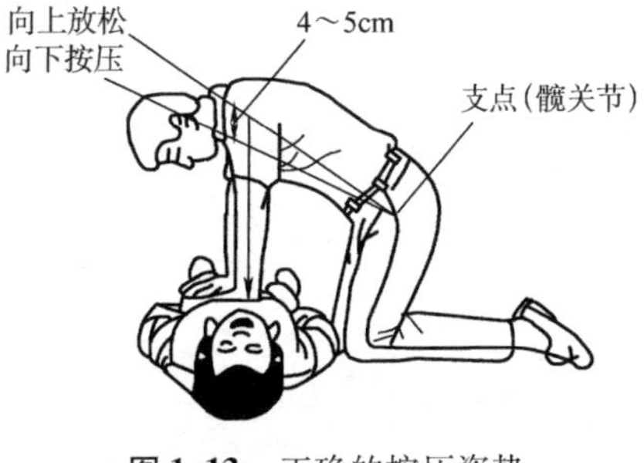


图1-13 正确的按压姿势

（2）胸外心脏按压法注意事项

1）只能按压胸骨下部，这里弹性大，不要按压胸骨上部或下部肋骨，以免造成骨折。

2）按压时双臂伸直，借助于身体前倾的力量向下按压。按压之后，手的姿势不变，不动地方，伸腰使手放松，但不要离开胸骨，掌根用力，不要手掌用力。按压应有节奏，并利用弹性作用促使心脏产生收缩和舒张。

3）确认心脏是否已停止跳动的依据为意识是否丧失和颈动脉是否搏动。一般心跳停止后1min，瞳孔放大强直，对光反应消失。

4）胸外心脏按压不应在软床或厚泡沫塑料垫上进行，以免影响效果。

5）为增强抢救效果，可将患者双腿抬高，以利于下肢静脉血液流回心脏。

6）抢救必须坚持，许多触电者是在抢救3～4h后复苏的，也有10～12h后才复苏的。

**3. 心肺复苏法**

心肺复苏法如图1-14所示。此法是将胸外按压与人工呼吸结合起来，同时进行，其节奏为单人抢救时，每按15次后吹气两次，反复进行；双人抢救时，每按5次后由另一个人吹气一次，反复进行。

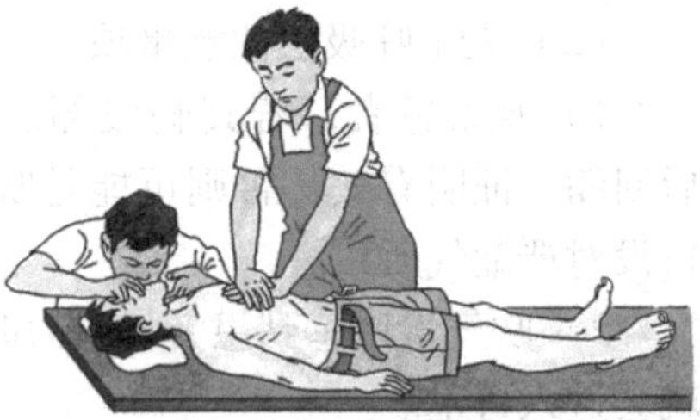

**图1-14** 心肺复苏法

三、安全用电测评

验收评价标准见表1-4。

**表1-4 验收评价标准**

| 项　目 | 配分 | 评价标准/分 | | 得分 | |
|---|---|---|---|---|---|
| 安全用电知识认知 | 40 | 熟练掌握 | 35～40 | | 合计 |
| | | 认知一般 | 25～35 | | |
| | | 不知道 | 25以下 | | |
| 急救技能演练熟练程度 | 30 | 很熟练 | 25～30 | | |
| | | 比较熟练 | 20～25 | | |
| | | 不熟练 | 20以下 | | |
| 团队协作能力 | 30 | 团队协作良好 | 25～30 | | |
| | | 协作配合一般 | 20～25 | | |
| | | 未能完成任务 | 15以下 | | |

# 项目二 电工工具的识别和导线的连接

## 案例引入

李师傅新买了一套三室一厅住房，想要装修成图 2-1 所示的样子，李师傅找来一家施工公司，该公司施工人员告诉李师傅，装修首先要考虑室内的用电布线。室内用电布线施工需要哪些工具，这些工具如何操作，所用导线如何连接，导线特性如何，这些都是施工人员事先需了解的。

图 2-1 装修好的漂亮房间

## 任务一 常用电工工具的使用

### 任务描述

1. 熟悉常用的电工工具和正确使用电工工具是电工从业人员必备的基本素质之一，懂得工具性能是对电工从业人员的基本要求。

2. 熟悉验电笔、尖嘴钳、螺钉旋具、电工刀等常用电工工具并能熟练使用。

### 相关知识

**1. 螺钉旋具**

螺钉旋具俗称为螺丝起子、螺丝刀、改锥等，用来紧固或拆卸螺钉。它的种类很多，按照头部形状的不同，常见的可分为一字和十字两种；按照手柄的材料和结构的不同，可分为木柄、塑料柄、夹柄和金属柄四种；按照操作形式的不同，可分为自动、电动和风动等形式。

（1）十字形螺钉旋具　十字形螺钉旋具如图2-2所示。十字形螺钉旋具主要用来旋转十字槽形的螺钉、木螺钉和自攻螺钉等。产品有多种规格，通常说的大、小螺钉旋具是用手柄以外的刀体长度来表示的，常用的有100mm、150mm、200mm、300mm和400mm等几种。使用时应根据螺钉的大小选择不同规格的螺钉旋具。使用十字形螺钉旋具时，应注意使旋杆端部与螺钉槽相吻合，否则容易损坏螺钉的十字槽。

（2）一字形螺钉旋具　一字形螺钉旋具如图2-3所示。一字形螺钉旋具主要用来旋转一字槽形的螺钉、木螺钉和自攻螺钉等。产品规格与十字形螺钉旋具类似，常用的也有100mm、150mm、200mm、300mm和400mm等几种。使用时应根据螺钉的大小选择不同规格的螺钉旋具。若用型号较小的螺钉旋具来旋拧大号的螺钉，则很容易损坏螺钉旋具。

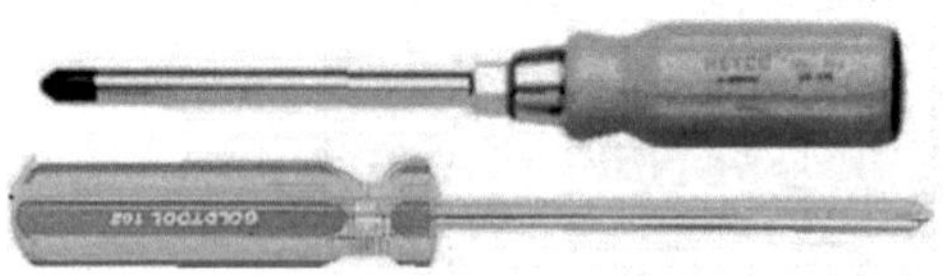

图2-2　十字形螺钉旋具

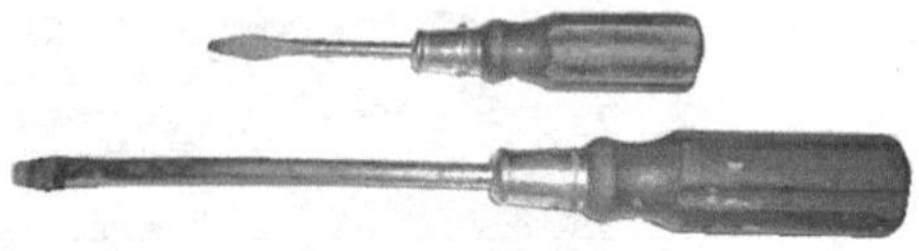

图2-3　一字形螺钉旋具

（3）螺钉旋具的使用方法　当旋转螺钉无需用太大力量时，握法如图2-4a所示；当旋转螺钉需用较大力气时，握法如图2-4b所示。上紧螺钉时，紧握手柄，用力顶住，使螺钉旋具紧压在螺钉上，以顺时针的方向旋转为上紧，逆时针为下卸。使用穿心柄式螺钉旋具时，可在其尾部敲击，但禁止用于带电的场合。

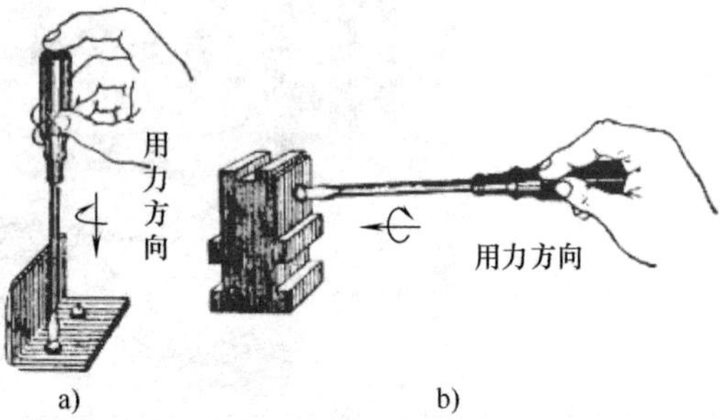


图2-4　一字形螺钉旋具握法

**2. 验电笔**

验电笔是检验电气设备是否带电的主要使用工具之一，有高压和低压之分，通常我们使用的都是低压验电笔。低压验电笔常见的有笔式、螺钉旋具式和数字式验电笔，外形如图2-5所示。笔式、螺钉旋具式低压验电笔的握法如图2-6所示。

笔式　　螺钉旋具式　　数字式

图2-5　低压验电笔外形

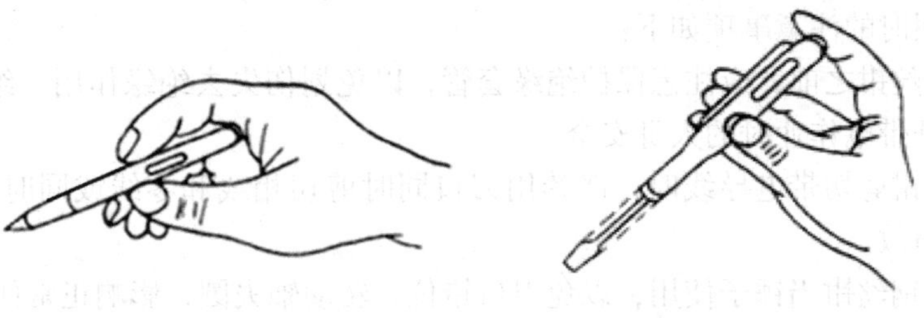

a)笔式验电笔的握法　　b)螺钉旋具式验电笔的握法

图 2-6　低压验电笔的握法

低压验电笔能检查低压线路和电气设备外壳是否带电。为便于携带，低压验电笔通常做成笔状，前段是金属探头，内部依次装安全电阻、氖管和弹簧。弹簧与笔尾的金属体相接触。使用时，手应与笔尾的金属体相接触。低压验电笔的测电压范围为 60～500V（严禁测高压电）。使用前，务必先在正常电源上验证氖管能否正常发光，以确认验电笔验电可靠。由于氖管发光微弱，在明亮的光线下测试时，应当避光检测。数字式验电笔按下直接测量按钮（DIRECT），并和所测物体紧密接触，就可读出相应的电压值；如果想知道物体内部或带电绝缘皮电线内部是否带电，就用拇指轻触感应测量按钮（INDUCTANCE）测量。

用验电笔检测线路或电气设备外壳是否带电时，手指应触及其尾部金属体，氖管背光朝向使用者，以便验电时观察氖管的发光情况。

当被测带电体与大地之间的电位差超过 60V 时，用验电笔测试带电体，验电笔中的氖管就会发光。

图 2-7　钢丝钳外形

**3. 钢丝钳**

钢丝钳外形如图 2-7 所示。钢丝钳的主要用途是用手夹持或切断金属导线，带刀口的钢丝钳还可以用来切断钢丝。钢丝钳的规格有 150mm、175mm、200mm 三种，其钳柄均带有橡胶绝缘套管，可适用于 500V 以下的带电作业。

图 2-8 所示为钢丝钳结构图及使用方法。

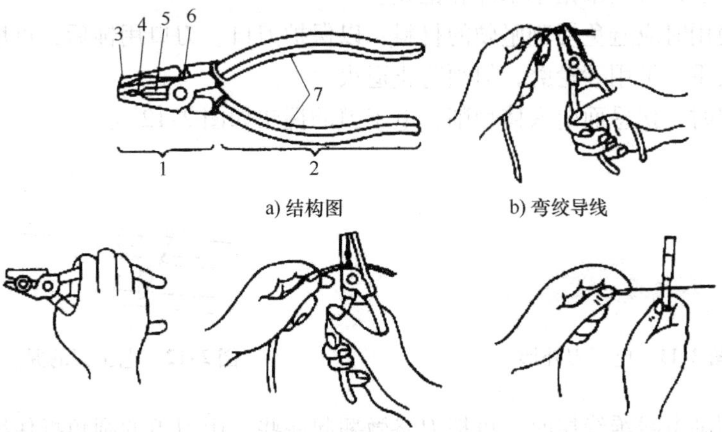


a) 结构图　　b) 弯绞导线

c) 旋动螺母　　d) 剪切导线　　e) 侧切钢丝

图 2-8　钢丝钳结构图及使用方法

1—钳头部分　2—钳柄部分　3—钳口　4—齿口　5—刀口　6—铡口　7—绝缘套

使用钢丝钳时的注意事项如下：

1）使用钢丝钳之前，应注意保护绝缘套管，以免划伤失去绝缘作用。绝缘手柄的绝缘性能良好可保证带电作业时的人身安全。

2）用钢丝钳剪切带电导线时，严禁用刀口同时剪切相线和零线或同时剪切两根相线，以免发生短路事故。

3）不可将钢丝钳当锤子使用，以免刀口错位、转动轴失圆，影响正常使用。

**4. 尖嘴钳**

尖嘴钳外形如图2-9所示。它也是电工（尤其是内线电工）常用的工具之一。尖嘴钳的主要用途是夹捏工件或导线，或用来剪切线径较细的单股与多股线，以及给单股导线接头弯圈、剥塑料绝缘层等。尖嘴钳特别适宜于狭小的工作区域，规格有130mm、160mm、180mm三种。电工用的尖嘴钳钳柄带有绝缘套管。

尖嘴钳的使用方法及注意事项与钢丝钳基本类同。尖嘴钳的握法如图2-10所示。

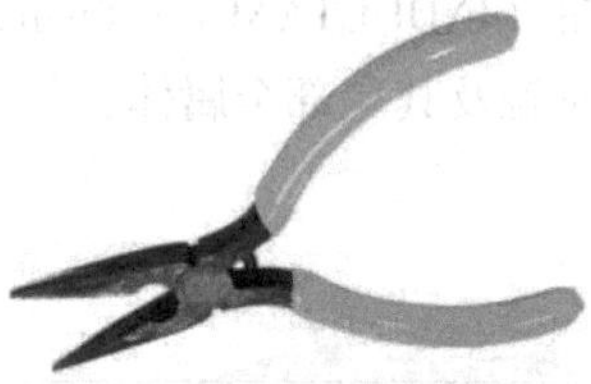

图2-9 尖嘴钳外形

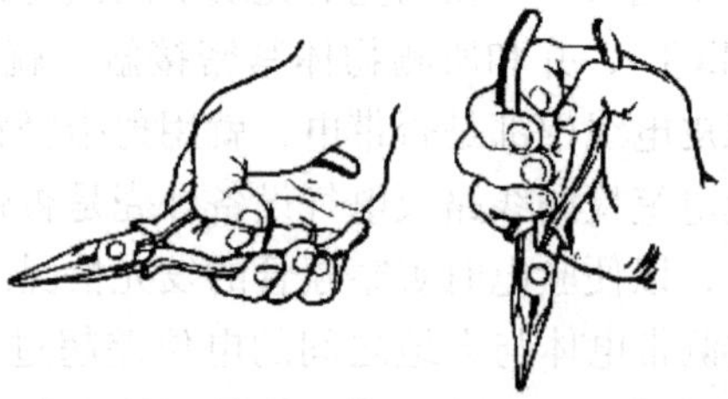

a) 平握法　b)立握法

图2-10 尖嘴钳的握法

**5. 电工刀**

电工刀外形如图2-11所示。在电工安装维修中，电工刀主要用来切削导线的绝缘层、电缆绝缘层、木槽板等。普通的电工刀由刀片、刀刃、刀把、刀挂等构成。

电工刀的规格有大号、小号之分。大号刀片长112mm；小号刀片长88mm。有的电工刀上带有锯片和锥子，可用来锯小木片和锥孔。

电工刀在使用时应避免切割坚硬的材料，以保护刀口。刀口用钝后，可用油石磨。如果刀刃部分损坏较重，可用砂轮磨，但须防止退火。

使用电工刀时，切忌面向人体切削，电工刀的握法如图2-12所示。

图2-11 电工刀外形

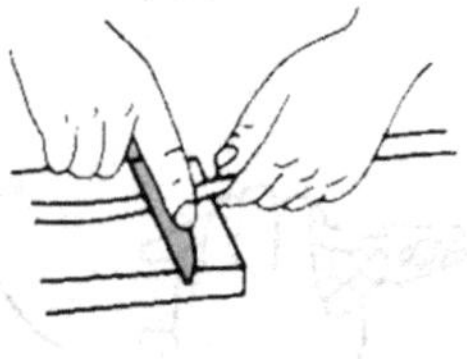

图2-12 电工刀的握法

用电工刀剖削电线绝缘层时，可把刀略微翘起一些，用刀刃的圆角抵住线芯。切忌把刀刃垂直对着导线切割绝缘层，因为这样容易割伤电线线芯。电工刀刀柄无绝缘保护，不能接触或剖削带电导线及元器件。新电工刀刀口较钝，应先开启刀口然后再使用。电工刀使用后应随即将刀身折进刀柄，避免伤手。

**6. 剥线钳**

剥线钳外形如图 2-13 所示。剥线钳是内线电工、电机修理、仪器仪表电工常用的工具之一。剥线钳适用于直径 3mm 及以下的塑料或橡胶绝缘电线、电缆芯线的剥皮。

剥线钳使用的方法是将待剥皮的线头置于钳头的相应刃口中，用手将两钳柄果断地一捏，随即松开，绝缘皮便与芯线脱开。

剥线钳一般由钳口和手柄两部分组成。剥线钳钳口分有 0.5 ~3mm 的多个直径切口，用于与不同规格的芯线直径相匹配。剥线钳的钳柄也装有绝缘套。

剥线钳在使用时要注意选好刀刃孔径，当刀刃孔径选大时难以剥离绝缘层，当刀刃孔径选小时又会切断芯线，只有选择合适的孔径才能达到剥线钳的使用目的。

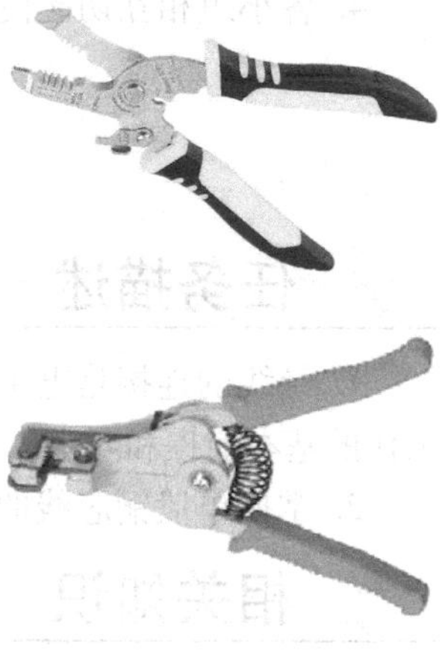

**图 2-13** 剥线钳外形

**7. 活扳手**

图 2-14 所示为活扳手外形。

活扳手主要用来旋紧或拧松六角螺钉或螺母，也是常用的电工工具之一。电工常用的活扳手有 200mm、250mm、300mm 三种尺寸，实际应用中应根据螺母的大小选配合适的活扳手。

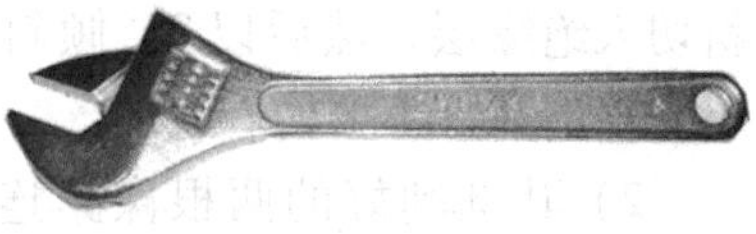

**图 2-14** 活扳手外形

图 2-15 所示为活扳手的使用方法。图 2-15a 所示为一般握法，显然手越靠后，扳动起来越省力；图 2-15b 所示是调整扳口大小示例，用右手大拇指调整蜗轮，不断地转动蜗轮扳动小螺母，根据需要调节出扳口的大小，调节时手应握在靠近呆扳唇的位置。

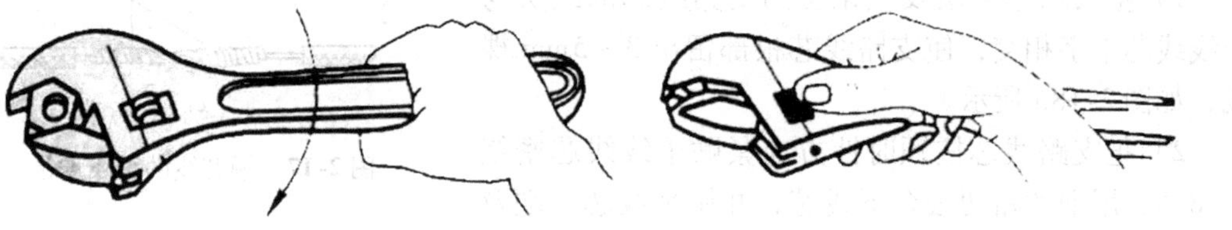

a)一般握法　　b)调整扳口大小

**图 2-15** 活扳手的使用方法

使用活扳手时，应右手握手柄，在扳动生锈的螺母时，可在螺母上滴几滴煤油或机油，这样就好拧动了。若拧不动螺母，切不可采用钢管套在活扳手的手柄上来增加扭力，因为这样极易损伤活扳唇。不可把活扳手当锤子用，以免损坏。

## 任务实施

1. 练习使用各种电工工具。
2. 熟练掌握使用工具技巧。
3. 掌握各个工具的性能。说出图 2-16 所示钢丝钳各

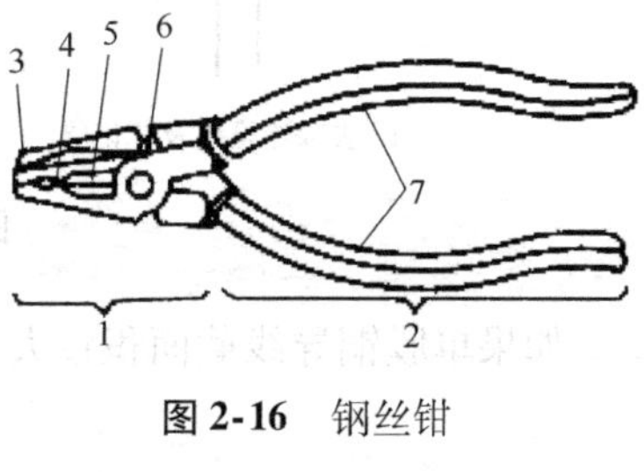


**图 2-16** 钢丝钳

部分的名称。

4. 各小组相互切磋使用工具技巧，交流使用体会。

# 任务二 导线的连接

## 任务描述

1. 导线的连接是电工从业人员必备的基本技能之一，掌握导线的连接技巧是从事电工工作的基本前提和要求。

2. 掌握单股铜芯线的直线连接、T形连接，7股铜芯线的直线连接、T形连接。

## 相关知识

**1. 单股铜芯线的直线连接**

1）用电工刀剖削两根连接导线的绝缘层及氧化层，注意电工刀口在需要剖削的导线上与导线成45°，斜切入绝缘层，然后以25°倾斜推削，将剖开的绝缘层齐根剖削，不要伤着线芯。

2）让剖削好的两根裸露连接线头成X形交叉，互相绞绕2～3圈；然后扳直两线头，再将每根线头在线芯上紧贴并绕3～5圈，将多余的线头用钢丝钳剪去，并钳平线芯的末端及切口毛刺。铜芯线的直线连接如图2-17所示。

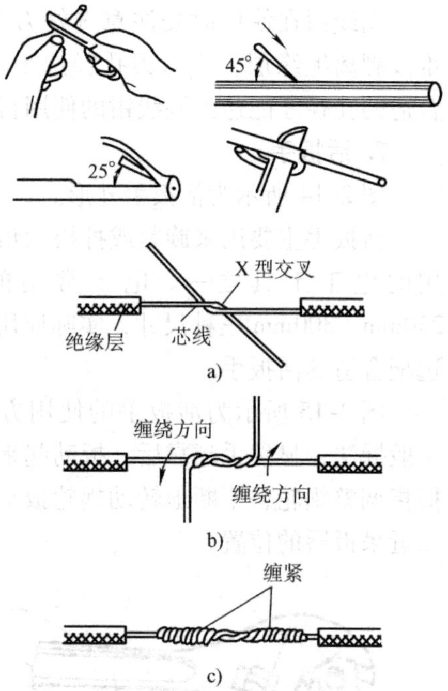

图2-17 铜芯线的直线连接

**2. 单股铜芯线的T形连接**

1）把去除绝缘层及氧化层的支路线芯的线头与干线线芯十字相交，使支路线芯根部留出3～5mm裸线，如图2-18a所示。

2）把支路线芯按顺时针方向紧贴干线线芯密绕6～8圈，用钢丝钳切去余下线芯，并钳平线芯末端及切口毛刺，如图2-18b所示。

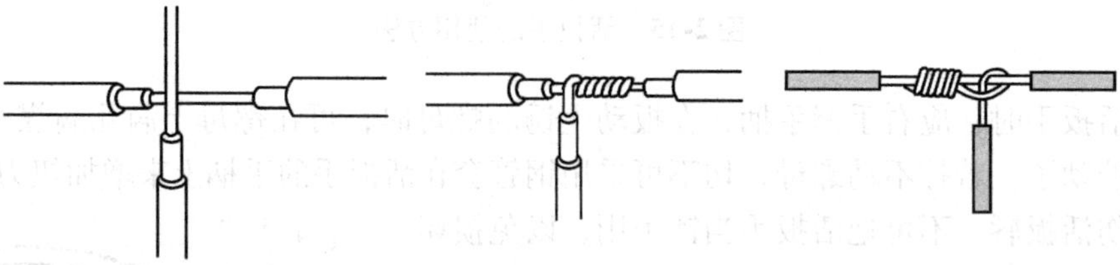
a) 去除绝缘层及氧化层　　b) 线芯密绕　　c) 线芯十字相交

图2-18 单股铜芯线的T形连接

如果单股铜导线截面积较大，就要在与支线线芯十字相交后，按照图2-18c所示从右端绕下，平绕到左端，从里向外（由下往上）紧密并缠 4 ~6 圈，剪去多余的线端。

**3. 7 股铜芯线的直线连接**

1）将除去绝缘层及氧化层的两根线头分别散开并拉直，在靠近绝缘层的 1/3 线芯处将该段线芯绞紧，把余下的 2/3 线头分散成伞状，如图 2-19a 所示。

2）把两个分散成伞状的线头隔根对叉，如图 2-19b 所示。

3）放平两端对叉的线头，如图 2-19c 所示。

4）把一端的 7 股线芯按 2、2、3 股分成三组，把第一组的 2 股线芯扳起，垂直于线头，如图 2-19d 所示。

5）按顺时针方向紧密缠绕 2 圈，将余下的线芯向右与线芯平行方向扳平，如图 2-19e 所示。

6）将第二组 2 股线芯扳成与线芯垂直方向，如图 2-19f 所示。

7）按顺时针方向紧压着前两股扳平的线芯缠绕 2 圈，也将余下的线芯向右与线芯平行方向扳平；将第三组的 3 股线芯扳于线头垂直方向，如图 2-19g 所示。

8）按顺时针方向紧压线芯向右缠绕。最后再缠绕 3 圈，之后，切去每组多余的线芯，钳平线端，如图 2-19h 所示。

9）用同样的方法去缠绕另一边线芯。

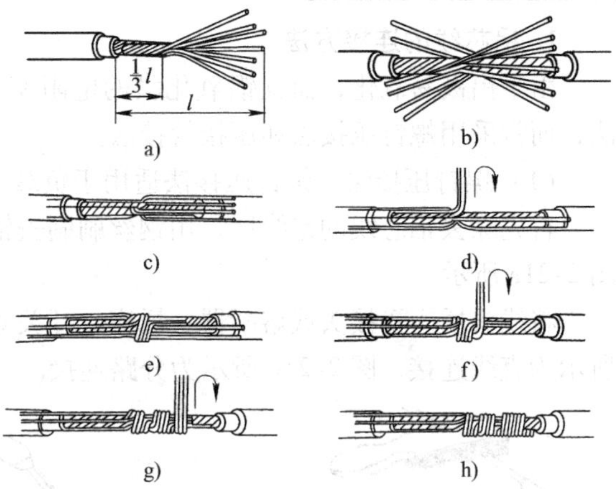


**图 2-19** 7 股铜芯线的直线连接

**4. 7 股铜芯线的 T 形连接**

1）把除去绝缘层及氧化层的分支线芯散开钳直，在距绝缘层 1/8 线头处将线芯绞紧，把余下部分的线芯分成两组，一组 4 股，另一组 3 股，并排齐，然后用螺钉旋具把已除去绝缘层的干线线芯撬开分成两组，把支路线芯中 4 股的一组插入干线两组线芯中间，把支线的 3 股线芯的一组放在干线线芯的前面，如图 2-20a 所示。

2）把 3 股线芯的一组往干线一边按顺时针方向紧紧缠绕 3 ~4 圈，剪去多余线头，钳平线端，如图 2-20b 所示。

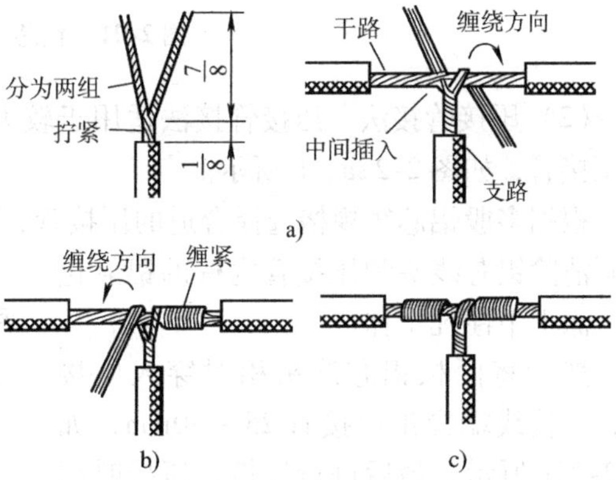


**图 2-20** 7 股铜芯线的 T 形连接

3）把 4 股线芯的一组按逆时针方向往干线的另一边缠绕 4 ~5 圈，剪去多余线头，钳平线端，如图 2-20c 所示。

## 任务实施

按照相关知识部分的内容，完成下述任务。操作流程见表 2-1。

表 2-1　操作流程

| 步骤一 | 步骤二 | 步骤三 | 步骤四 | 步骤五 | 步骤六 |
|---|---|---|---|---|---|
| 1. 分组确立作业团队<br>2. 熟悉协作要求 | 按老师要求领作业工具和操作原料 | 复查工具和所领材料 | 导线连接准备<br>1. 按要求进行规划<br>2. 选取合理的剥离绝缘护套位置 | 连接导线<br>1. 完成单股铜芯线直线连接<br>2. 完成单股铜芯线T形连接<br>3. 完成7股铜芯线T形连接<br>4. 完成7股铜芯线直线连接 | 1. 作品（产品）验收<br>2. 交还工具 |

## 知识拓展

**1. 铝芯线的连接方法**

由于铝极易氧化，而且铝氧化膜的电阻率很高，所以铝芯线不宜采用铜芯线的连接方法，而常采用螺钉压接法和压接管接法。

（1）螺钉压接法　螺钉压接法适用于负载较小的单股铝芯线的连接。

首先除去铝芯线的绝缘层，用钢丝刷刷去铝芯线头的铝氧化膜，并涂上中性凡士林，如图2-21a所示。

将线头插入瓷接头或熔断器、插座、开关等的接线桩上，然后旋紧压接螺钉，图2-21b所示为直线连接，图2-21c所示为分路连接。

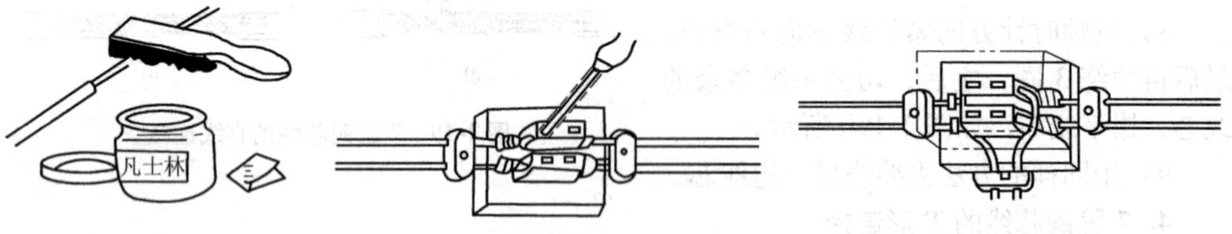


a) 涂凡士林　b) 直线连接　c) 分路连接

图 2-21　铝芯线的螺钉压接法

（2）压接管接法　压接管接法适用于较大负载的多股铝芯线的直线连接，需要压接钳和压接管，如图2-22a、b所示。

根据多股铝芯线规格选择合适的压接管，除去需连接的两根多股铝芯线的绝缘层，用钢丝刷清除铝芯线头和压接管内壁的铝氧化层，涂上中性凡士林。

然后将两根铝芯线头相对穿入压接管，并使线端穿出压接管25～30mm，如图2-22c所示。最后进行压接，压接时第一道压坑应在铝芯线头一侧，不可压反，如图2-22d所示。压接完成后的铝芯线如图2-22e所示。

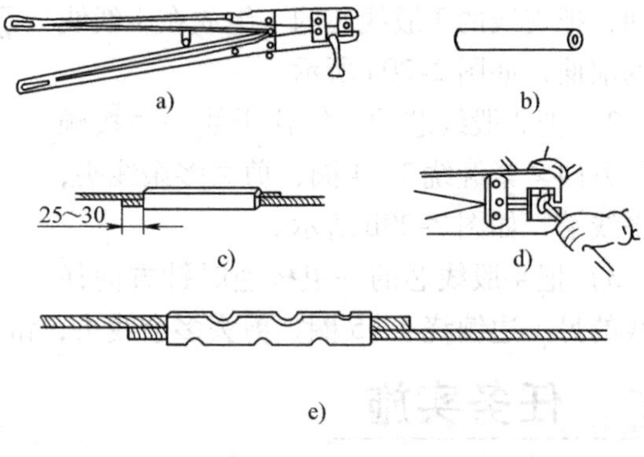


图 2-22　铝芯线的压接管接法

**2. 线头与针孔式接线桩的连接**

把单股导线除去绝缘层后插入合适的接线桩针孔，旋紧螺钉。如果单股线芯较细，把线芯折成两股，再插入针孔。对于软线芯线，须先把软线的细铜丝都绞紧，再插入针孔，孔外不能有铜丝外露，以免发生事故。线头与针孔式接线桩的连接如图 2-23a 所示。

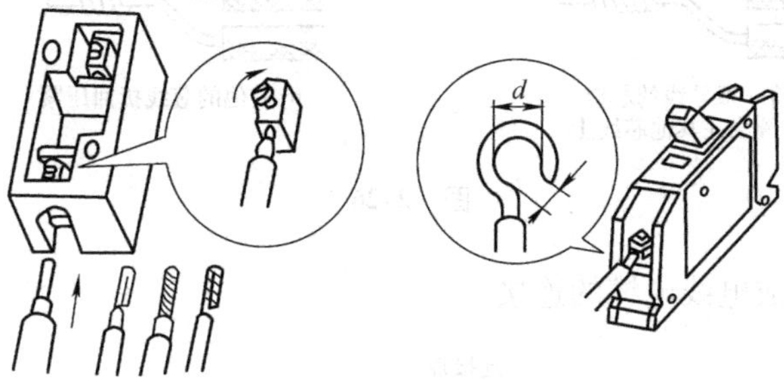


a) 线头与针孔式接线桩的连接　　b) 线头与螺钉平压式接线桩的连接

**图 2-23**　线头与接线桩的连接

**3. 线头与螺钉平压式接线桩的连接**

对于截面积较小的单股导线，先去除导线的绝缘层，把线头按顺时针方向弯成圆环，圆环的圆心应在导线中心线的延长线上，环的内径比压接螺钉外径稍大些，环尾部间隙为 1～2mm，剪去多余线芯，把环钳平整，不扭曲。然后把制成的圆环放在接线桩上，放上垫片把螺钉旋紧。线头与螺钉平压式接线桩的连接如图 2-23b 所示。

对于截面积较大的导线，须进行管压式接法，其接法如图 2-24 所示。

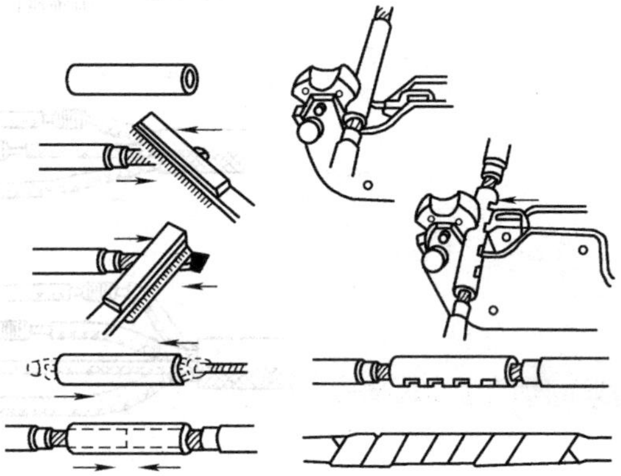

**图 2-24**　截面积较大的导线的接法

## 课后实践

1. 按照导线的连接方法完成单股铜导线的十字分支连接，如图 2-25 所示。

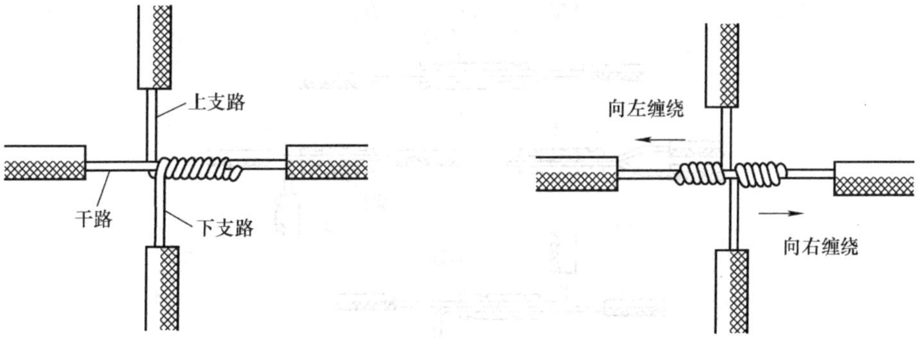


a) 上下支路芯线的线头向一个方向缠绕5～8圈　　b) 左右两个方向缠绕5～8圈

**图　2-25**

2. 按照图 2-26 完成同一方向单股铜导线的连接。

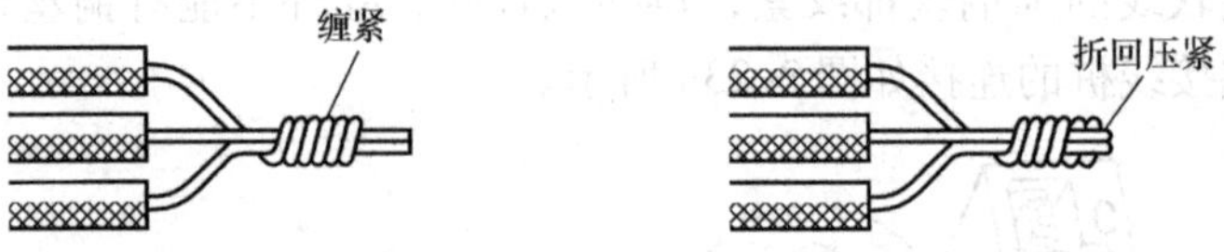


a) 将一根导线的芯线紧密缠绕在其他芯线上　　b) 其他的芯线折回压紧

图　2-26

3. 按照图2-27完成电线电缆的连接。

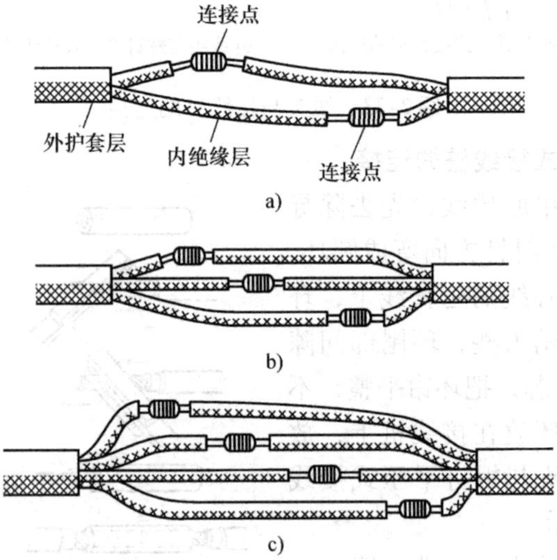


图　2-27

4. 练习图2-28所示铝芯线的连接。

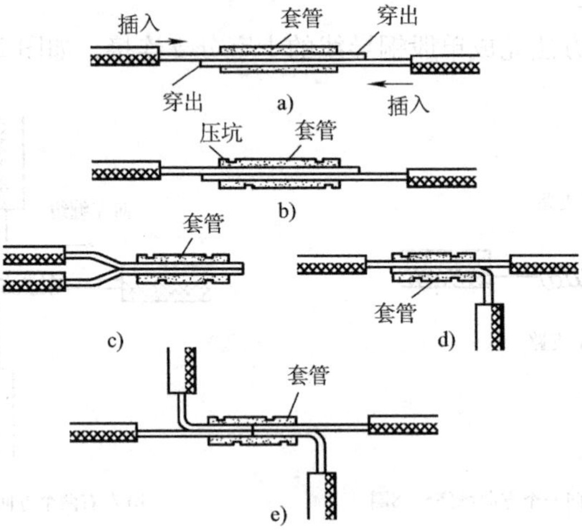


图2-28　铝芯线的连接

# 测评验收

一、知识验收

1）认知各种工具的名称。

2）什么情况下用尖嘴钳？

3）铜芯线有几种连接方法？

二、技能验收（工艺验收）

1. 导线连接应紧固、强度足够、接触良好、接头紧密、美观、符合接线要求，接线不应伤害导体。

2. 对电工导线的识别熟练程度。

3. 对常用导线主要用途的认知程度。

三、技能验收评价标准

技能验收评价标准见表2-2。

**表2-2　技能验收评价标准**

<table>
<tr><th colspan="3">项　目</th><th>配分</th><th>评价标准</th><th colspan="2">得分</th></tr>
<tr><td>电工工具的使用</td><td colspan="2">验电笔、螺钉旋具、电工刀、钢丝钳、尖嘴钳、斜口钳、剥线钳、扳手、镊子</td><td>30</td><td>每个学生随机抽取三种工具进行实际操作，能正确使用所抽电工工具，得10分/项</td><td></td><td rowspan="7">合计</td></tr>
<tr><td rowspan="6">导线的连接</td><td colspan="2">导线线头绝缘层的剥切</td><td>15</td><td>选三种导线，学生能选择剥切工具进行正确操作，得5分/项；酌情扣分</td><td></td></tr>
<tr><td rowspan="3">导线的连接</td><td>单股铜芯线直线连接</td><td>10</td><td rowspan="3">能正确按操作要点连接导线，符合导线的连接要求：接触良好、强度足够、接头紧密、美观，得10分/项；酌情扣分</td><td></td></tr>
<tr><td>单股铜芯线T形连接</td><td>10</td><td></td></tr>
<tr><td>7股铜芯线直线连接</td><td>10</td><td></td></tr>
<tr><td colspan="2">导线绝缘层的恢复</td><td>15</td><td>能正确按操作要点恢复导线绝缘性能，得10分/项；酌情扣分</td><td></td></tr>
<tr><td colspan="2">导线与电气设备的连接</td><td>10</td><td>能正确使用针孔式接线桩、螺钉平压式接线桩等连接导线，得10分/项</td><td></td></tr>
</table>

# 项目三 电工常用仪表的识别和使用

## 案例引入

刚从大学毕业的小张，被某电气公司录用，小张上班第一天的任务是检查线路，测量各个用电设备的额定电压、绝缘电阻是否达到所需的值，那么，小张应具备哪些知识和技能，应熟悉哪些测量仪器才能胜任该项工作呢？

## 任务一 认知万用表

### 任务描述

1. 熟练使用万用表是电工从业人员的基本技能要求，通过实训学习、实际操练，应当掌握万用表各档的使用技能和技巧。

2. 会用万用表进行电压、电流、电阻的测量，并能科学记录测量数据。

### 相关知识

万用表是一种多用途的仪表，它具有测量种类多、量程范围宽、价格低以及使用和携带方便等优点。因此，广泛应用于电气维修和测试中。但万用表的准确度不高，故不宜用于精密测量。

一般的万用表可以用来测量直流电流、直流电压、交流电压、电阻和音频电平等电量，并有多种量程，有的万用表还可以测量电容、电感及晶体管参数等。

**1. 万用表的结构概述**

万用表的类型很多，外形及大小都有所不同，但结构原理及使用方法基本相同，均由磁电系表头（测量机构）、转换开关和测量电路组成。

（1）表头　万用表的表头多采用灵敏度高、准确度好的磁电系直流微安表，其满偏电流一般为几十微安，满偏电流越小，灵敏度就越高，测量电压时的内阻就越大，因此，电表对被测电路工作状态的影响也就越小。一般的万用表直流电压档内阻达 20～100kΩ/V，交流电压档内阻要低一些。表头本身的准确度一般在 0.5 级以上，做成万用表后为 1.0～5.0 级。表头的刻度盘上，备有对应于不同测量对象的多条标尺，可以直接读出被测量。有的万用表的刻度盘上还装有反射镜，以减小读数视差。

（2）转换开关　转换开关是用来选择不同的被测量和不同量程时的切换器件，它里面有固定触头和活动触头，用以闭合和切断测量电路。一般将活动触头称为“刀”，固定触头称为“掷”，旋转刀的位置，使刀与不同的掷闭合，就可以改换和接通所要求的测量电路。

(3) 测量电路　万用表的测量电路实际上是由多量程的直流电流表、电压表，整流式交流电压表和欧姆表等几种电路组合而成的，构成测量电路的主要元件是电阻元件，包括线绕电阻、碳膜电阻、电位器等。图 3-1 所示为万用表电路原理图。

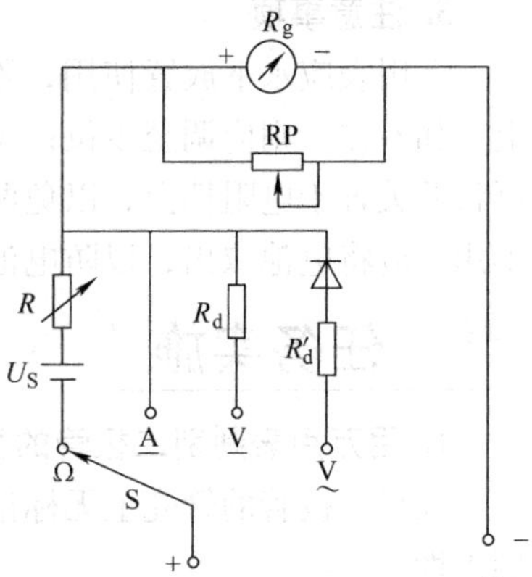


图 3-1　万用表电路原理图

由图 3-1 可见，当转换开关 S 置于“Ω”位置时，万用表就成了欧姆表；置于“$\underline{A}$”位置时，就成了直流电流表；置于“$\underline{V}$”位置时，就成了直流电压表；置于“$\underset{\sim}{V}$”位置时，可用来测量交流电压。

**2. 万用表的正确使用与维护**

万用表的种类很多，表盘上的旋钮和测量范围也各有差异，因此，在使用万用表测量之前必须熟悉和了解仪表的性能及各部件的作用。为了正确使用万用表，一般应注意以下几点。

(1) 插孔和转换开关位置的选择　首先要选好插孔和转换开关的位置，红表笔的插头应插入标有“+”号的插孔内，黑表笔插入标有“−”号或“*”号的插孔内。有些万用表针对特殊量还设有专用插孔（如 500 型万用表面板上设有“2500$\underset{\sim}{V}$”和“5A”两个专用插孔），在测量这些特殊量时，应把红表笔改接到相应的专用插孔内，而黑表笔的位置不变。然后，根据测量对象，将转换开关旋到所需位置。测量交直流电流或电压时，量程的选择应使指针偏转到满刻度的 2/3 以上区域，这样测量误差较小。在被测量大小不详时，应先用高量程档测试，之后再改用合适量程。测直流电量时，要注意正负极性；测电流时，两表笔一定要串入电路中；测电压时，表笔应与电路并联。不要在带电的情况下切换电流、电压量程，以免使转换开关烧伤损坏；测量电阻时，倍率的选择应尽量使指针指在中心刻度值的 1/10 ~ 10 倍。

(2) 正确读数　万用表有多条刻度线，一定要认清应读的刻度线（被测量电量的种类、性质和量程），不能交、直流任意混用。读数时视线要与刻度盘垂直。对装有反射镜的万用表，应使指针与镜中指针的像重合后再进行读数，不能斜视。

(3) 测量电阻时的注意事项

1) 倍率的选择，应尽量使指针指在该档的欧姆中心值附近。

2) 测量前应首先进行欧姆调零，即把两表笔短接，调节欧姆调零器，使其指针在欧姆零位上。当调零无法使指针达到欧姆零位时，说明电池的电压太低，应更换电池。

3) 严禁在被测电阻带电的状态下测量，否则，不仅测量结果不正确，而且很有可能烧坏仪表。

4) 被测电阻不能有并联支路，否则，其测量结果是被测电阻与并联支路电阻并联后的等效电阻的阻值，而不是被测电阻的阻值。鉴于这一原因，测电阻时，绝不能用两手接触表笔的金属部分，以免人体并联于被测电阻两端而造成不必要的误差。

5) 欧姆档测量晶体管参数时，考虑到晶体管所能承受的电压较小和容许通过的电流较小，一般应选择 $R\times100$ 或 $R\times1k$ 的倍率档。因为低倍率档的内阻较小，电流较大，而高倍率档的电池电压较高，所以，一般不适宜用低倍率档或高倍率档去测量晶体管的参数。还要注意的是红表笔与表内电池的负极相接，而黑表笔与表内电池的正极相接。

**3. 注意事项**

万用表应水平放置使用，不得振动、受热和受潮；使用前先看指针是否指在机械零位上，如不在，则应调至零位；每当测量完毕，应将转换开关置于空档或交流电压最高档，不可将开关置于电阻档上，以免两表笔被其他金属短接，而使表内电池耗尽。如果万用表长期不用，应将电池取出，以防电池腐蚀表内其他元件。

## 任务实施

**1. 用万用表判别二极管的极性**

如果二极管的管壳上无标记，可用万用表的电阻档，通过测量二极管的正、反向电阻判别极性。

1）对于耐压低、电流小的二极管用 $R\times100$ 或 $R\times1\text{k}$ 档。测量电路如图3-2所示。如果用 $R\times1$ 档，流过管子的电流太大，用 $R\times10\text{k}$ 档，表内电池电压较高，都可能损坏二极管。

2）测得的正、反向电阻相差越大越好，如果相差不多，说明二极管性能不好或已损坏。

3）由于二极管正、反向电阻不是常数（非线性元件），因而使用不同的倍率档测量结果不同。

**2. 用万用表测量晶体管**

用万用表的电阻档可以对晶体管的穿透电流 $I_{\text{ceo}}$ 和放大能力 $h_{\text{FE}}$ 做初步的判断，测量电路如图3-3所示。对中小功率管，用 $R\times100$ 或 $R\times1\text{k}$ 档，测得的数值越大，表示 $I_{\text{ceo}}$ 越小。一般锗管大于数千欧，硅管接近无穷大。在测 $I_{\text{ceo}}$ 的同时，用湿润的手指捏住 c、b 两极，但不能使 c、b 直接接触，相当于在 c、b 间接入一个几十千欧的电阻（如图3-3中的 $R$），则 c、e 间的电阻明显减小，减小得越多，说明晶体管的放大能力越强。

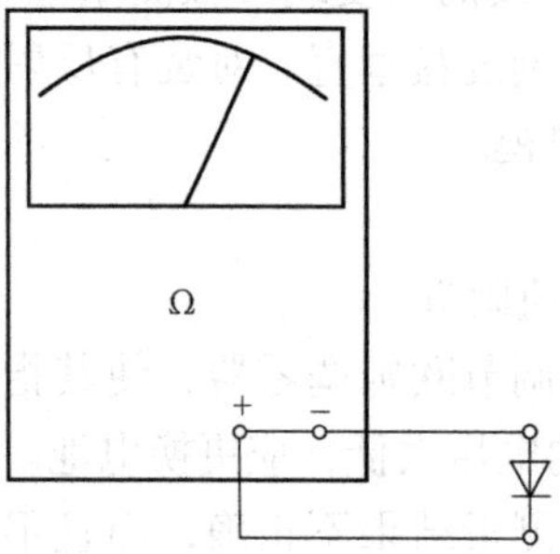


**图3-2** 万用表判别二极管极性的测量电路

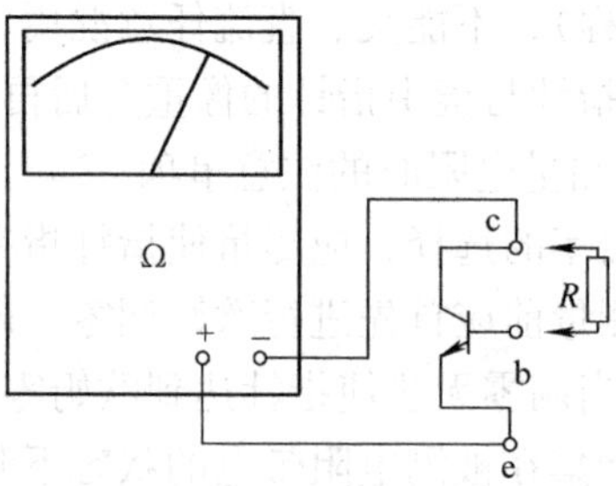


**图3-3** 万用表测量晶体管的测量电路

如果不知道晶体管的型号和端子排列，可采用测极间电阻的方法找到答案。其步骤如下：

1）判断基极 b。测试时可假定某一端子为基极，将黑表笔接“基极”，红表笔分别接另外两端。如果所测结果均为低电阻值，则黑表笔接触的就是基极，且该晶体管为 NPN 型（若均为高电阻值，则为 PNP 型）。如果测量时两次的阻值相差很大，可另选一个端子假定为基极，直到符合上述条件为止。

2）判断集电极 c 与发射极 e。若确定管型和基极后，在剩下的两个端子中先假定一个为集电极，另一个为发射极，按上述测放大能力 $h_{FE}$ 的方法进行测试，并记住指针偏转位置，然后把假设反过来，即 c、e 端对换（表笔及电阻档不能变动），再测试放大作用。两次测量中电阻小的那次的假设是正确的，因为晶体管只有在处于正确偏置电压的状态下才具有正常的放大能力。当电源接反时，放大能力很小，因此 c、e 两极间的阻值就大了。同样，对 PNP 型晶体管，也可以根据这个规律确定 c、e 两个端子。

**3. 晶闸管的测量**

晶闸管是一个四层三端的硅半导体器件，它有三个 PN 结，如图 3-4 所示。阳极和门极之间有两个 PN 结，它们反向串联在一起，阳极和阴极之间有三个 PN 结，因此用万用表 $R\times1$k或 $R\times10$k 档测量阳极与阴极，或者阳极与门极之间的正、反向电阻，表针都基本不动（阻值很大）。根据这一点首先可判断晶闸管的阳极。而门极与阴极之间是一个 PN 结，可用判别二极管的方法来测量，用 $R\times10$ 或 $R\times100$ 档，若测得的阻值较小，则黑表笔所接触的为门极。

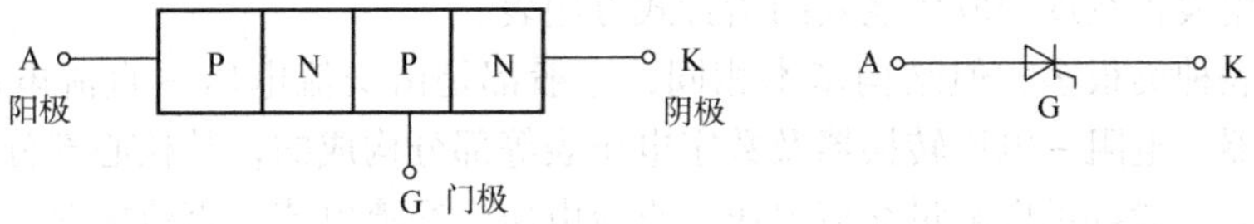


a) 晶闸管的内部结构　　b) 晶闸管的符号

图 3-4　晶闸管的内部结构与符号

在测试中，若极间电阻与上述不符（如门极与阴极之间的正向电阻为∞），则表明晶闸管已损坏。

**4. 用万用表判别电容的好坏**

根据电容的充、放电原理，用万用表的电阻档（$R\times1$k 或 $R\times10$k）可以判断电容的好坏。

1）一般电容（容量在 1μF 以上），欧姆表内部电池对电容的充电过程较明显。用两表笔分别接触电容两端时，表针先很快按顺时针方向（$R=0$ 方向）摆动一下，然后按逆时针方向逐步退回 $R=\infty$ 处。如果回不到“∞”，则指针所指的刻度值就是漏电阻。正常电容的漏电阻很大，为几十至几百兆欧。如比上述数值小得多，则说明电容漏电严重，不能使用。指针的摆动越大，说明充电电流大，即容量越大，有时表针甚至摆过零位。如果接通时表针根本不动，说明电容内部断路；如果表针指到零位不再退回，说明该电容已被击穿。

2）小电容（容量在 0.01～1μF），用 $R\times10$k 档才可以看出指针的微小摆动，可以正、反多测几次。

3）对于容量小于 0.01μF 的电容，可按图 3-5 所示的方法用 $R\times10$k 档进行测量。选用电流放大倍数较高的小功率硅晶体管，只要耐压大于 $R\times10$k 档时的表内电池电压即可。利用晶体管的放大作用，将微小的

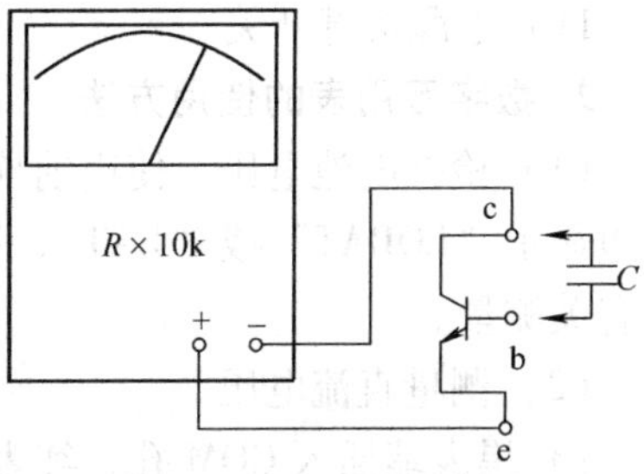


图 3-5　万用表测小电容的测量电路

充电电流放大，使指针有较明显的摆动后复原。

4）对于容量过小的电容，万用表就无法测量了。有些万用表具有测小电容的功能，它采用交流电压法，可以根据说明书和测量结果判断电容的容量大小及好坏。

**特别注意：**极性电容有正、负极之分，测量时应将黑表笔接电容的正极，红表笔接电容的负极。这样测得的漏电阻大，反之较小。在大容量电容（容量在10μF以上）上充有电荷的情况下，应将电容先放电，然后再测，以防止过大的放电电流打坏表头指针。

## 知识拓展

**1. 数字万用表概述**

数字万用表是数字式测量仪表的一种，与指针式万用表相比，它不仅体积小，重量轻，便于携带，而且在测量中能通过数码管直接用数字显示测量结果（被测量值的大小），不但反应快，而且消除了视差，减小了人为误差。另外，它还具有精确度高和灵敏度高的优点，使用也很方便，测电压时的输入阻抗也比指针式万用表高。同时，它还具有自动极性和溢出显示及自动量程和自动计量单位选择功能，能减少仪表损坏事故和误差，其抗磁性能也强。所以，数字万用表正在逐步取代老式的指针式万用表。

数字万用表种类很多，但结构基本相同，一般都是由交流电压－直流电压转换器、电流－电压转换器、电阻－电压转换器及数字电压表等部分构成的，其核心部分就是数字电压表。数字万用表一般都可以测量交流电压、直流电压、交流电流、直流电流、电阻、二极管参数、晶体管参数、电感及电容等。各种数字万用表的使用方法及注意事项基本相同。下面以DT－890型数字万用表为例说明数字万用表的使用方法及注意事项。

DT－890型数字万用表面板如图3-6所示。具体说明如下：

1）A电流插孔：测量0.2～200mA电流用。

2）COM公共插孔：公共“－”端。

3）V/Ω插孔：测电压、电阻时用。

4）10A插孔：测0.2～10A大电流时用。

5）量程转换开关。

6）晶体管插座：测晶体管$h_{FE}$用。

7）发光二极管：连续检测导通指示。

8）液晶显示屏：直流量程时负输入显示“－”，溢出时最高位显示“1”。

9）电容测试插座：$CX_1$接电容正极，$CX_2$接电容负极。

10）电容测量调零旋钮。

11）电源按键开关。

**2. 数字万用表的使用方法**

（1）检查电池电压　使用前应首先检查电池电压。按下ON/OFF开关，若液晶显示屏右边显示“LOBAT”或“BAT”，则电池电压过低，应更换新电池。若无上述字符，则可进行有关测量。

（2）测量直流电压

1）黑表笔插入COM孔，红表笔插入V/Ω孔。

2）将测量转换开关旋到DCV量程的选择量程档。

3）将两表笔的另一端可靠地分别接触两被测试点，即在液晶显示屏上显示出被测直流电压值的大小。若溢出，则可另选高量程档继续测量。

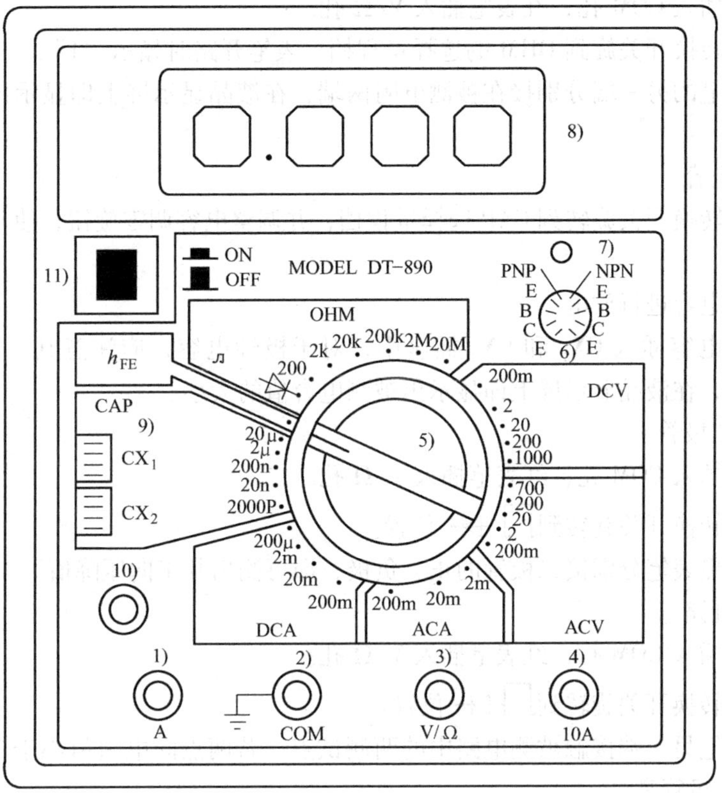


图 3-6　DT－890 型数字万用表面板

（3）测量交流电压

1）黑表笔插入 COM 孔，红表笔插入 V/Ω 孔。

2）将量程转换开关旋转到 ACV 量程的选择量程档。

3）将两表笔的另一端可靠地分别接触两被测试点，即在液晶显示屏上显示出被测交流电压值的大小。

（4）测量直流电流

1）黑表笔插入 COM 孔，红表笔插入 A 孔（若估计被测电流大于 200mA，红表笔应插入 10A 孔）。

2）将量程转换开关旋到 DCA 量程的选择量程档。

3）将数字万用表通过两表笔的另一端串联在被测支路中，液晶显示屏上即显示出被测支路直流电流值的大小。

（5）测量交流电流

1）黑表笔插入 COM 孔，红表笔插入 A 孔（若估计被测电流大于 200mA 且小于 10A，则红表笔应插入 10A 孔）。

2）将量程转换开关旋到 ACA 量程的选择量程档。

3）将数字万用表通过两表笔的另一端串联在被测支路中，液晶显示屏上即显示出被测支路交流电流值的大小。

（6）测量电阻

1）黑表笔插入 COM 孔，红表笔插入 V/Ω 孔。

2）将量程转换开关旋到 OHM 的选择量程档，表笔开路时显示“1”。

3）将两表笔的另一端分别接在被测电阻两端，在液晶显示屏上即显示出被测电阻值的大小。

（7）测量电容

1）将量程转换开关旋转到 CAP 选择量程档，并调整电容调零旋钮，使其显示为“000”或“001”。

2）将被测电容进行放电。

3）将被测电容插入 $CX_1$ 和 $CX_2$ 插座中，对于极性电容，应注意其“+”极接 $CX_1$，“-”极接 $CX_2$，在液晶显示屏上即显示出被测电容值的大小。

（8）测量二极管

1）黑表笔插入 COM 孔，红表笔插入 V/Ω 孔。

2）将量程转换开关旋转到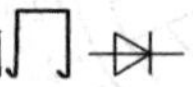位置。

3）将红、黑表笔分别接二极管的正、负极，即可测出其正向压降值。

（9）检测开路

1）黑表笔插入 COM 孔，红表笔插入 V/Ω 孔。

2）将量程转换开关旋转到位置。

3）将两表笔另一端接触被测电路中的两测试点，若两点间电阻值小于 30Ω，则蜂鸣器发声，且发光二极管亮。

（10）测试晶体管的 $h_{FE}$

1）将量程转换开关旋转到 $h_{FE}$ 位置。

2）根据晶体管是 NPN 型还是 PNP 型，将端子正确插入测试插座，即可显示其 $h_{FE}$ 值。

**3. 数字万用表使用注意事项**

1）不要随意拆装仪表。

2）更换电池或熔管时，应先取下表笔，并关掉电源开关，再进行更换。更换完电池并将电池门关好后方可使用。同时，更换的熔管应与原机的规格相同（0.2A/250V）。

3）测量电压、电流时，应注意不能超越测量范围。如果不能估计出被测电压或电流的合理量程，就应先将量程转换开关置于最大量程档，然后视情况选择合理量程。超过 1000V 的直流电压和超过 700V 的交流电压切勿测量，以免损坏仪表。测量较高的直流和交流电压时，应避免触及高压电路，以保证安全。同时，在测量中，不允许拨换量程转换开关，而应先使表笔与被测电路脱离，再转换量程之后重新接入测量。

4）测量电阻时，被测电阻不得带电。

5）测量较大容量的电容时，应预先进行短路放电，才能插入测量插座，以免造成仪器损坏或测量不准。

6）检测开路时，不允许在被测电路通电的情况下进行测量。

7）测量二极管时显示的为正向电压，当二极管反接时，液晶显示屏只显示“1”。

8）存放时应避免潮湿和高温。

## 课后实践

万用表的拆装练习如图 3-7 所示，应在教师指导下进行。

**图 3-7** 万用表的拆装练习

# 任务二 认知钳形电流表

## 任务描述

通常用普通电流表测量电流时，需要将电路切断停机后才能将电流表接入进行测量，这是很麻烦的，有时正常运行的电动机不允许这样做。此时，使用钳形电流表就显得方便多了，可以在不切断电路的情况下来测量电流及电压。所以，了解钳形电流表的使用方法很有必要，会用钳形电流表是电类工作人员必备的技能。

## 相关知识

### 1. 钳形电流表外形

常见的钳形电流表外形如图 3-8 所示。

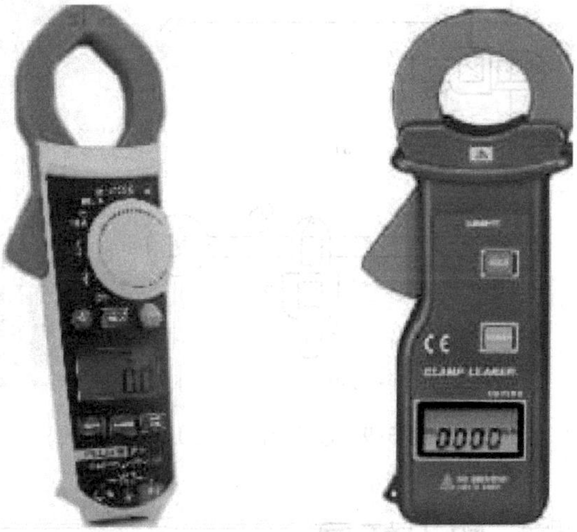


**图 3-8** 常见的钳形电流表外形

### 2. 钳形电流表的正确使用

钳形电流表携带方便，无需断开电源和接线就可直接测量运行中的电气设备的工作电流，方便工作人员及时了解设备的工作状况，因此使用广泛，但在使用中应注意以下几点：

1）测量前首先估计被测负载的电流大小、电压高低，并依此选择合适量程。如无法估计，为防止损坏钳形电流表，应选择最大量程开始测量，逐步变换至合适的量程。改变量程时应将钳形电流表的钳口断开。

2）为减小误差，测量时被测导线应尽量放置在钳口的中央。

3）测量时，钳形电流表的钳口要接合紧密，如有杂音，可重新开闭一次钳口，如果杂音仍然存在，应仔细检查，并清除钳口杂物、污垢，然后再进行测量。

**3. 操作流程**

1）分组。

2）领钳形电流表及其他操作工具并登记。

3）看老师操作演示。

4）按要求自己动手操作并记录有关数据。

5）操作完毕，仪器整理归位。

**4. 注意事项**

1）测量前应先估计被测电流的大小，选择合适量程。

2）测量时，钳形电流表的钳口应紧密接合，若指针抖晃，可重新开闭一次钳口，如果抖晃仍然存在，应仔细检查，注意清除钳口杂物、污垢，然后进行测量。

3）测量小电流时，为使读数更准确，在条件允许时，可将被测载流导线绕数圈后放入钳口进行测量。此时被测导线实际电流值应等于仪表读数值除以放入钳口的导线圈数。

4）测量结束，应将量程转换开关置于最高档位，以防下次使用时疏忽，导致未选准量程进行测量而损坏仪表。

## 任务实施

1. 看懂图3-9所示的意义。

2. 练习使用钳形电流表，分别测三相电源线L1、L2、L3相中的电流，如图3-10所示。

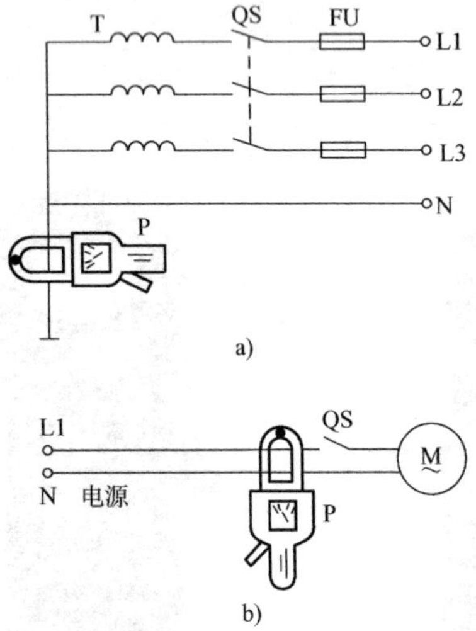


**图3-9**　题1图

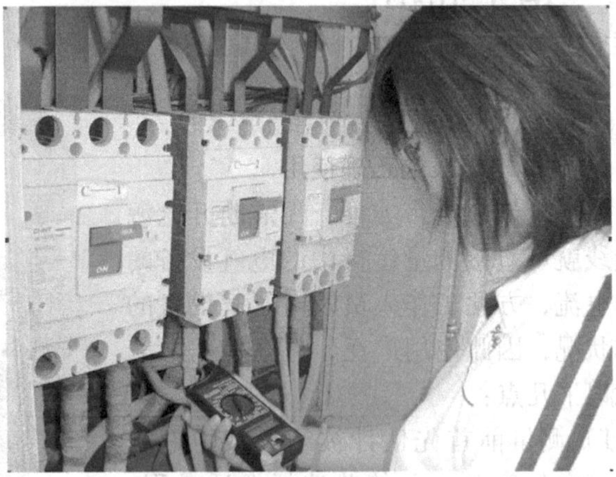

**图3-10**　题2图

## 知识拓展

**钳形电流表的工作原理**

钳形电流表是由电流互感器和电流表组合而成的。电流互感器的铁心在捏紧扳手时可以张开；被测电流所通过的导线可以不必切断就可穿过铁心张开的缺口，当放开扳手后铁心闭合。穿过铁心的被测电路导线就成为电流互感器的一次绕组，其中通过的电流便在二次绕组中感应出电流。从而使与二次绕组相连接的电流表有指示——测出被测电路的电流。钳形电流表可以通过转换开关的拨档，改换不同的量程。但拨档时不允许带电进行操作。钳形电流表一般准确度不高，通常为2.5～5级。为了使用方便，钳形电流表内还有不同量程的转换开关，供不同等级测量使用。

# 任务三　认知绝缘电阻表

## 相关知识

常见绝缘电阻表外形如图3-11所示。绝缘电阻表习称兆欧表，是一种测量高电阻的仪表，经常用来测量电气设备或供电线路的绝缘电阻值，是一种可携带式的仪表。绝缘电阻表的表盘刻度以兆欧（MΩ）为单位。绝缘电阻表的种类很多，有用手摇直流发电机的，如ZC25－4等；还有用晶体电路的，如MODEL3124等。学会使用绝缘电阻表是电工从业人员的基本技能要求之一。

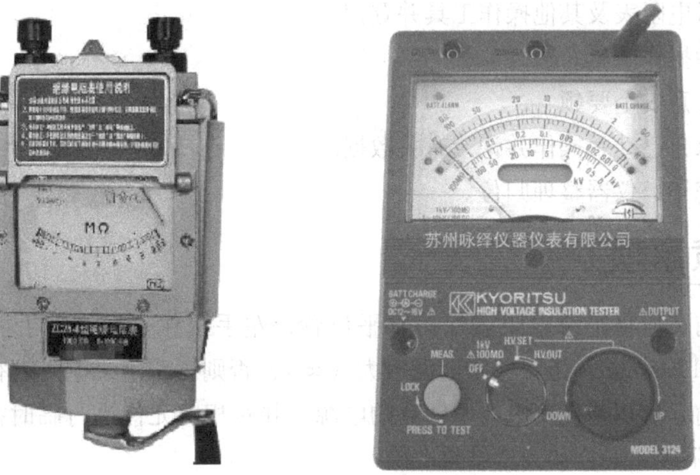


图3-11　常见绝缘电阻表外形

常用手摇直流发电机式绝缘电阻表的测量机构如图3-12所示。它由永久磁铁、固定在同一转轴上的两个动圈、有缺口的圆柱形铁心及指针构成。它的外部有三个端钮，即线路（L）、地线（E）及屏蔽接线（保护环）。

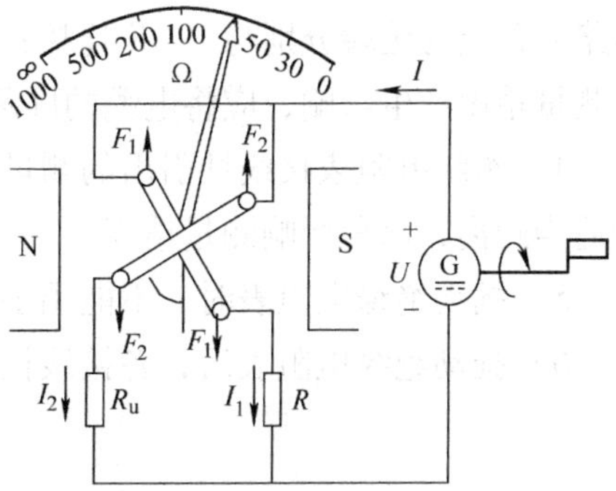


图3-12　绝缘电阻表的测量机构

绝缘电阻表原理：当以120r/min的速度均匀摇动手柄时，表内的直流发电机输出该表的额定电压，在动圈的被测电阻间有电流$I_1$，在动圈表内的附加电阻$R_u$上有电流$I_2$，两种电流与磁场作用产生相反的力矩。当电流$I_1$最大（被测电阻为0）时，指针指向刻度0；当电流 $I_2$ 最大（开路状态）时，指针指向刻度∞，当被测电阻为一定值时，指针指在被测电阻的数值，由于绝缘电阻表没有游丝，不能产生反作用力矩，**所以绝缘电阻表在不测时停留在任意位置（不定位），而不是回到零，这跟其他指针式的仪表是有区别的。**

## 任务实施

1. 用绝缘电阻表测量电缆线壳间的绝缘电阻，如图3-13所示。

2. 用绝缘电阻表测量三相异步电动机相对相的绝缘电阻。

3. 用绝缘电阻表测量变压器的绝缘电阻。

4. 用绝缘电阻表测量照明线路的绝缘电阻。

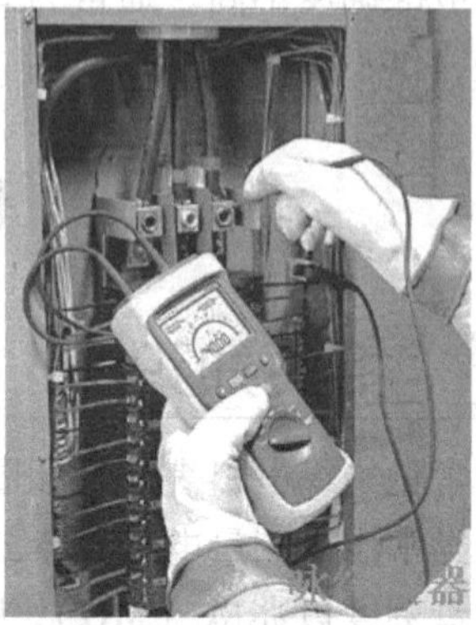

图3-13 用绝缘电阻表测量

## 操作流程

1）分组。

2）领绝缘电阻表及其他操作工具并登记。

3）看老师操作演示。

4）操作注意安全要领。

5）按要求自己动手操作并记录有关数据。

6）操作完毕，仪器整理归位。

## 注意事项

1）测量前，应将绝缘电阻表保持水平位置，左手按住表身，右手摇动绝缘电阻表摇柄，转速约为120r/min，指针应指向无穷大（∞），否则说明绝缘电阻表有故障。

2）测量前，应切断被测电器及回路的电源，并对相关元件进行临时接地放电，以保证人身与绝缘电阻表的安全和测量结果准确。

3）测量时必须正确接线。绝缘电阻表共有三个接线端（L、E、G）。测量回路对地电阻时，L端与回路的裸露导体连接，E端连接接地线或金属外壳；测量回路的绝缘电阻时，回路的首端与尾端分别与L、E连接；测量电缆的绝缘电阻时，为防止电缆表面的泄漏电流对测量精度产生影响，应将电缆的屏蔽层接至G端。

4）绝缘电阻表接线柱引出的测量软线绝缘应良好，两根导线之间和导线与地之间应保持适当距离，以免影响测量精度。

5）摇动绝缘电阻表时，不能用手接触绝缘电阻表的接线柱和被测回路，以防触电。

6）摇动绝缘电阻表后，各接线柱之间不能短接，以免损坏。

# 测评验收

一、知识验收（低压电工、高压电工考证训练单选题）

1. 两个物体或两点之间电位的差，称为电位差，习惯上称（　　）。

A. 电流　　B. 电压　　C. 电阻　　D. 电容

2. （　　）告诉我们，任何时刻流入电路中某节点的电流总和必等于从该节点流出的电流总和。

A. 基尔霍夫第一定律　　B. 诺顿定理

C. 基尔霍夫第二定律　　D. 戴维南定理

3. （　　）理论内容是：在电路的任何一闭合回路中总电位升必等于总电位降。

A. 基尔霍夫第一定律　　B. 诺顿定理

C. 基尔霍夫第二定律　　D. 戴维南定理

4. 当电阻串联时，串联的总电阻等于各分电阻之（　　）。

A. 和　　B. 差　　C. 积　　D. 倒数之和

5. 当电阻并联时，等值电阻的倒数等于各并联电阻（　　）之和。

A. 和　　B. 差　　C. 积　　D. 倒数

6. 电流通过导体时使导体发热的现象称为电流的（　　）效应。

A. 化学　　B. 热　　C. 电流　　D. 电阻

7. 磁性材料按其特性不同，分为软磁材料和硬磁材料两大类，硬磁材料的主要特点是（　　）。

A. 剩磁弱　　B. 剩磁强　　C. 剩磁一样　　D. 剩磁不一样

8. 把由一个线圈中的电流发生变化在另一个线圈中产生的电磁感应现象称为（　　）。

A. 自感　　B. 互感　　C. 电磁感应　　D. 感应电动势

9. 把绕向一致、感应电动势的极性始终保持一致的线圈端点称为（　　）。

A. 接线端　　B. 同名端（或同极性端）

C. 异名端　　D. 端点

10. 把块状金属放在交变磁场中，金属块内将产生感应电流，这种电流在金属块内自成闭合回路，简称（　　）。

A. 交流　　B. 互感　　C. 涡流　　D. 直流

11. 熔体的额定电流在配电系统中，上下级应协调配合，上一级与下一级熔体的额定电流的比值应大于（　　）。

A. 1.5 倍　　B. 1.6 倍　　C. 1.8 倍　　D. 2 倍

12. 垂直接地体的长度一般为（　　）为宜，其下端加工成尖型。

A. 1.5～2.0m　　B. 2.5m 左右　　C. 3.0～3.5m　　D. 3.5m 以上

13. 电缆和架空线路在引入车间或建筑物处，若距接地点超过 50m，应将零线（　　）或者在室内将零线与配电屏、控制屏的接地装置相连。

A. 保护接地　　B. 重复接地　　C. 工作接地　　D. 保护接零

14. 将设备不带电的金属外壳，通过接地装置与大地连接称为（　　）。

A. 保护接地　　B. 工作接地　　C. 保护接零　　D. 重复接地

15. 电介质在直流电压作用下，内部通过稳定的泄漏电流，此时的电压值与电流的比值称为（　　）。

A. 接地电阻　　B. 绝缘电阻　　C. 吸收比　　D. 直流电阻

16. 交流电循环变化一周所需的时间称为周期，用符号（　　）表示。

A. $R$　　B. $C$　　C. $T$　　D. $L$

17. 把交流电和直流电分别通入电阻相同的两个导体，如果在相同的时间内电阻产生的热量相等，我们把直流电的大小定义为交流电的（　　）。

A. 瞬时值　　B. 最大值　　C. 有效值　　D. 峰值

18. 纯电阻交流电路，电阻中通过的电流也按同一频率的正弦规律变化，此外，（　　）。

A. 电压超前电流 90°　　B. 电压电流同相位

C. 电压滞后电流 90°　　D. 电压电流不同相

19. 交流电路中，电感电路因自感电动势与线路电压大小相等，方向相反，所以电压与电流的相位的关系是（　　）。

A. 电压超前电流 90°　　B. 电压电流同相位

C. 电压滞后电流 90°　　D. 电压电流不同相

20. 交流电路中，纯电容电路，在相位上（　　）。

A. 电压超前电流 90°　　B. 电压电流同相位

C. 电压滞后电流 90°　　D. 电压电流相位没有关系

21. 有功功率是指在交流电路中电阻所消耗的功，用符号（　　）表示，单位是瓦（W）或千瓦（kW）。

A. $Q$　　B. $P$　　C. $S$　　D. $W$

22. 交流电路中电感（电容）是不消耗能量的，它只是与电源之间进行能量的互换，我们把与电源之间互换能量的功率称为（　　）。

A. 有功功率　　B. 无功功率　　C. 功率因素　　D. 视在功率

23. 基尔霍夫第一定律也称（　　）定律。

A. 节点电流　　B. 回路电压　　C. 欧姆定律　　D. 楞次定律

24. 基尔霍夫第二定律也称（　　）定律。

A. 节点电流　　B. 回路电压　　C. 欧姆定律　　D. 楞次定律

25. 三相电源每个线圈两端的电压称为（　　）。

A. 相电压　　B. 线电压　　C. 端电压　　D. 是相电压也是线电压

26. 三相电源中任意两根端线间的电压称为（　　）。

A. 相电压　　B. 线电压　　C. 端电压　　D. 是相电压也是线电压

27. 安全色是表达安全信息含义的，国家规定的安全色有（　　）四种颜色。

A. 红、绿、黑、白　B. 红、兰、紫、黄　C. 红、蓝、黄、绿　D. 绿、红、黄、黑

28. 国家规定的安全色，其中警告、注意用（　　）表示。

A. 红色　　B. 蓝色　　C. 黄色　　D. 绿色

29. 国家规定的安全色，其中表示指令、必须遵守的规定用（　　）表示。

A. 红色　　B. 蓝色　　C. 黄色　　D. 绿色

30. 国家规定的安全色，其中禁止、停止用（　　）表示。

A. 红色　B. 蓝色　C. 黄色　D. 绿色

31. 国家规定的安全色，其中提供信息、安全通行用（　）表示。

A. 红色　B. 蓝色　C. 黄色　D. 绿色

32. 大小和方向随时间作周期性变化的电流称为（　）。

A. 照明电流　B. 交流电流　C. 直流电流　D. 恒稳直流电

33. 同一导体在不同温度下它的电阻值是不同的，实践证明各种金属材料温度升高时，电阻将（　）。

A. 降低　B. 减小　C. 增大　D. 不变

34. 串联电路，电阻越大，其分电压（　），这就是串联电阻的分压原理。

A. 越小　B. 越大　C. 减小　D. 没有关系

35. 裸导体采用网状遮拦保护时，离地面最小高度可减低为（　）。

A. 1.5m　B. 2.5m　C. 3m　D. 3.5m

36. 假如对感性负载采用（　）电力电容器进行无功补偿，可以提高功率因数。

A. 并联　B. 串联　C. 并联或串联　D. 混联

37. 穿电缆保护管，伸出建筑物散水坡的长度不应小于（　）。

A. 100mm　B. 150mm　C. 200mm　D. 250mm

38. 测量绝缘电阻前检查兆欧表，短路轻摇，指针应迅速指向（　）位。

A. “0”　B. “∞”　C. 二分之一　D. 四分之三

39. 我国一般常采用的安全电压为（　）。

A. 15V 和 30V　B. 36V 和 12V　C. 25V 和 50V　D. 50V 左右

40. 手动工具的接地线（　）应进行检查。

A. 每天　B. 每月　C. 每年　D. 每次使用前

41. 在建筑物或高大树木屏蔽的街道躲避雷暴时，应离开墙壁和树干（　）以上。

A. 4m　B. 6m　C. 8m　D. 10m

42. 测量绝缘电阻时，正确接线，转动摇表摇把，转速逐渐增加至每分钟（　），一分钟后读数；若指针指向零位，则说明绝缘已经损坏，应停止测量。

A. 100 转　B. 120 转　C. 140 转　D. 无限量

43. 低压验电器可区分相线和地线，正常情况下接触时氖泡发光的线是（　）。

A. 相线　B. 中性线　C. 保护线　D. 地线

44. 由于各种原因需带电灭火，不能用于带电灭火的方法是（　）

A. 四氯化碳　B. 1211 灭火器　C. 干粉　D. 用水灭火

45. 摆脱电流是指人触电后能自主摆脱触电电源（带电体）的最大电流。一般情况下，按 0.5% 的危险度概率考虑，50 ~60Hz 的交流电时成年女性的最小摆脱电流是（　）。

A. 5mA　B. 6mA　C. 7mA　D. 8mA

46. 雷电放电具有（　）的特点。

A. 电流小、电压低　B. 电流大、电压低　C. 电流大、电压高　D. 电流小、电压高

47. 安全带中的牛皮带试验周期是（　）。

A. 3 个月　B. 6 个月　C. 1 年　D. 1.5 年

48. 易受雷击的建筑物和构筑物、有爆炸或火灾危险的露天设备（如油罐、贮气罐）、

高压架空电力线路、发电厂和变电站等也应采取防（ ）措施。

A. 直击雷 B. 球形雷 C. 雷电感应 D. 雷电侵入波

49. 独立避雷针一般情况下，其接地装置应当单设，接地电阻一般不超过（ ）。

A. 4Ω B. 5Ω C. 10Ω D. 30Ω

50. 利用照明灯塔做独立避雷针的支柱时，为了防止将雷电冲击电压引进室内，照明电源线必须采用铁皮电缆或穿入铁管，并将铁皮电缆或铁管直接埋入地中（ ）以上（水平距离），埋深为0.5～0.8m后，才能引进室内。

A. 5m B. 10m C. 15m D. 20m

51. 避雷针及其引下线与其他导体在空气中的最小距离一般不宜小于（ ）。

A. 5m B. 10m C. 15m D. 20m

52. 对于重要的用户，最好采用（ ）供电，将电缆的金属外皮接地。

A. 架空线 B. 全电缆 C. 铝导线 D. 铜导线

53. 雷电时，在户内应注意雷电侵入波的危险，应离开明线、动力线、电话线、广播线、收音机和电视机电源线和天线以及与其相连的各种设备（ ）以上，以防这些线路或导体对人体的二次放电。

A. 1.5m B. 2.0m C. 2.5m D. 3m

54. 雷暴时，应注意关闭门窗，防止（ ）进入室内造成危害。

A. 直接雷 B. 球型雷 C. 雷电感应 D. 雷电侵入波

55. 接地是消除导电体上静电的最简单的办法，一般只要接地电阻不大于1000Ω，静电的积聚就不会产生。但在有爆炸性气体的场所，接地电阻应不大于（ ）。

A. 100Ω B. 150Ω C. 500Ω D. 1000Ω

56. 人体触电的最危险途径为（ ）。

A. 手到手 B. 手到脚 C. 脚到脚 D. 胸至左手

57. 电伤是由电流的（ ）、化学效应或机械效应对人体构成的伤害。

A. 热效应 B. 磁效应 C. 电场效应 D. 电流效应

58. 电击是电流通过人体（ ），破坏人的心脏、肺部以及神经系统。

A. 内部 B. 外部 C. 皮肤 D. 骨骼

59. 我国采用的交流电频率为（ ）。

A. 30Hz B. 50Hz C. 60Hz D. 100Hz

60. 在爆炸危险的场所，接地干线在爆炸危险区域不同方向应不少于（ ）与接地体连接。

A. 1处 B. 2处 C. 3处 D. 4处

61. 为了防止电磁场的危害，应采取接地和（ ）防护措施。

A. 屏蔽 B. 绝缘 C. 隔离 D. 遮拦

62. 静电电压最高可达（ ）伏，可现场放电，产生静电火花引起火灾。

A. 数十 B. 数百 C. 数千 D. 数万

63. 如果触电者伤势严重，呼吸、心跳均停止应竭力施行（ ）。

A. 胸外挤压 B. 口对口吹气 C. 人工呼吸 D. 心肺复苏法

64. 万用表在测量前应选好档位和量程，选量程时应（ ）。

A. 从小到大　　B. 从大到小　　C. 从中间到大　　D. 没有规定

65. 避雷器是一种专门的防雷设备，它（　　）在被保护设备或设施上。

A. 串联　　B. 并联　　C. 混联　　D. 没有要求

66. 金属梯子不适于（　　）的工作场所。

A. 有触电机会　　B. 坑穴　　C. 密闭　　D. 高空作业

67.（　　）是设备在正常运行的相电压下经绝缘部分导入大地的电流。

A. 直流电流　　B. 交流电流　　C. 泄漏电流　　D. 恒稳直流

68. 摆脱电流是指人触电后能自主摆脱触电电源（带电体）的最大电流。一般情况下，按0.5%的危险度概率考虑，50～60Hz 交流电时成年男性的最小摆脱电流是（　　）。

A. 6mA　　B. 7mA　　C. 8mA　　D. 9mA

69.（　　）是指绝缘物在强电场等因素作用下失去绝缘性能的现象。

A. 老化　　B. 损伤　　C. 劣化　　D. 击穿

70. 携带式设备因经常移动，其接地线或接零线应采用（　　）$mm^2$ 以上的多股软铜线。

A. 1.5～2.5　　B. 0.75～1.5　　C. 2.5～4.0　　D. 4.0～6.0

二、技能验收

1. 考查学生使用仪表的方法正确与否。
2. 检验学生使用仪表的熟练程度。
3. 考查学生处理具体问题的能力。

三、电工常用仪表使用验收评价标准见表 3-1。

**表 3-1　电工常用仪表使用验收评价标准**

<table>
<tr><th colspan="2">项　目</th><th>配分</th><th colspan="2">评价标准/分</th><th>得分</th></tr>
<tr><td rowspan="4">指针式万用表的使用</td><td>直流电流的测量</td><td>10</td><td rowspan="4">能熟练、准确测量各物理量，操作步骤正确，得 10 分/项；其他酌情扣分</td><td></td><td rowspan="11">合计</td></tr>
<tr><td>直流电压的测量</td><td>10</td><td></td></tr>
<tr><td>交流电压的测量</td><td>10</td><td></td></tr>
<tr><td>电阻的测量</td><td>10</td><td></td></tr>
<tr><td rowspan="5">DT－890 型数字万用表的使用</td><td>直流电流的测量</td><td>8</td><td rowspan="5">能熟练、准确测量各物理量，操作步骤正确，得 8 分/项；其他酌情扣分</td><td></td></tr>
<tr><td>直流电压的测量</td><td>8</td><td></td></tr>
<tr><td>交流电压的测量</td><td>8</td><td></td></tr>
<tr><td>电阻的测量</td><td>8</td><td></td></tr>
<tr><td>电容、二极管、晶体管的测量</td><td>8</td><td></td></tr>
<tr><td>钳形电流表的使用</td><td>测三相电流</td><td>10</td><td>能熟练、准确测量各物理量，操作步骤正确，得 10 分/项；其他酌情扣分</td><td></td></tr>
<tr><td>绝缘电阻表的使用</td><td>测变压器的绝缘电阻</td><td>10</td><td>能熟练、准确测量各物理量，操作步骤正确，得 10 分/项；其他酌情扣分</td><td></td></tr>
</table>

# 项目四 常用电工材料和电路基本元器件的识别与选用

## 案例引入

小孙在建筑电路安装公司上班的第三天，公司采购部门送给了小孙一份电料购货单，电料购货单没有具体的规格、价格，只有电料的用途，那么小孙应怎样选料、购料才能使公司满意呢？

## 任务一 认知常用导线

### 任务描述

认识、会选用常用导线是电工从业人员必须具备的基本素质。学会根据需要选择各种规格的导线、知道不同导线的不同用途是电工从业人员的基本技能之一。

### 相关知识

**1. 通用型导线**

电气工程中常用的导线有橡皮、塑料绝缘导线，橡皮、塑料绝缘软线以及塑料绝缘屏蔽导线等。各种型号导线的特性和主要用途见表 A-1。

**2. 电力电缆**

（1）基本结构 电力电缆通常由导电线芯、绝缘层和保护层三部分组成。导电线芯的材料一般采用铝、铜等优良导体。绝缘层将线芯与保护层之间绝缘隔离，常用的绝缘材料有油浸纸绝缘、聚氯乙烯绝缘、交联聚乙烯绝缘和橡胶绝缘四种。保护层的作用是防止电缆在运输、贮存、施工以及供电运行过程中受到空气、水、机械外力等损伤使绝缘性能降低，内、外保护层分别由聚氯乙烯、橡胶、铅、铝、钢带以及粗细钢丝组成。电力电缆的型号、特点及用途见表 A-2。

（2）种类 电力电缆的种类有油浸纸绝缘电力电缆、聚氯乙烯绝缘电力电缆、交联聚乙烯绝缘电力电缆和橡胶绝缘电力电缆等。

（3）表示方法

1）聚氯乙烯绝缘电力电缆见表 A-3。

2）在实际工程中确定所需导线、电缆的规格和型号时，载流量的大小是一个决定性的因素。电缆载流量与截面积的关系见表 A-4。

3）仪表用电缆除了专用电缆外，主要分为控制电缆和动力电缆。仪表用负载较小，故动力电缆比较细。铜芯电缆有 1.0$mm^2$、1.5$mm^2$、2.5$mm^2$、4.0$mm^2$ 四种，铝芯电缆有 1.5$mm^2$、2.5$mm^2$、4.0$mm^2$、6.0$mm^2$ 四种。控制电缆是仪表专业使用的主要电缆。由于对线路电阻有较高要求，因此控制电缆几乎都是铜芯。它主要用在单元仪表的连接、热电阻连接、DCS 连接、信号系统、联锁、报警等线路中。控制电缆标准截面积大多采用 $1.0mm^2$ 和 $1.5mm^2$，有 2 芯、3 芯、4 芯、5 芯、6 芯等十几种规格。单元仪表一般采用 2 芯电缆，热电阻采用三线制连接，使用 3 芯电缆。仪表用控制电缆的型号、名称及用途见表 A-5。

4）仪表用绝缘导线常用的有聚氯乙烯绝缘导线和橡皮绝缘导线。由于合成材料，尤其是塑料工业的快速发展，聚氯乙烯绝缘导线被广泛应用，无论是现场还是盘内配线，多采用这种导线。常用的仪表用绝缘导线的型号、名称和主要用途见表 A-6。

**3. 绝缘导线的几种选择方法**

1）根据用途选择。

2）根据电流大小选择。

3）根据材料材质选择。

4）根据材料的经济价值选择。

## 任务实施

请在表 4-1 中填写对应绝缘导线型号的名称。

**表 4-1**

| 型号 | 名称 | 型号 | 名称 |
|---|---|---|---|
| BX | | RVS | |
| BV | | BVR | |
| BLX | | BLXF | |
| BLV | | BXF | |
| BBLX | | LJ | |
| BVV | | TMY | |

# 任务二 认知常用绝缘材料

## 任务描述

1. 绝缘材料也是电工非常重要的电料，认知常用的绝缘材料、掌握常用绝缘材料的性能是从事电工工作的基本技能之一。

2. 学会选用绝缘材料，辨别绝缘材料的好坏，掌握绝缘材料的性能。

## 相关知识

**1. 绝缘材料**

绝缘材料又称电介质，有外加电压作用时，只有微小的电流通过，基本上可以忽略，认为它不导电。绝缘材料的主要作用是隔离带电的或不同电位的导体，使电流能按指定方向流动。有时，绝缘材料往往还能支撑、保护导体。

电工常用绝缘材料及其应用见表 4-2。

表 4-2 电工常用绝缘材料及其应用

| 类 别 | 常用材料 | 应 用 |
|---|---|---|
| 无机绝缘材料 | 云母、石棉、大理石、瓷器、玻璃、硫黄等 | 主要用作电机、电器的绕组绝缘、开关的底板和绝缘子等 |
| 有机绝缘材料 | 虫胶、树脂、棉纱、纸、麻、蚕丝、人造纸、石油等 | 制造绝缘漆、绕组导线的被覆绝缘物 |
| 复合绝缘材料 | 无机、有机绝缘材料中一种或两种经加工制成的各种性能绝缘材料 | 用作电器的底座、外壳等 |

**2. 常见的绝缘材料**

1）橡胶：电工用橡胶是指经过加工的人工合成橡胶，如制成导线的绝缘皮，电工穿的绝缘鞋、戴的绝缘手套等。测定橡胶的耐压能力是以电击穿强度（kV/mm）为依据的。

2）塑料：电工用塑料主要指聚氯乙烯塑料，如制作配电箱内固定电气元件的底板、电气开关的外壳、导线的绝缘外皮等。测定塑料绝缘物的耐压能力也是以电击穿强度(kV/mm)为依据的。

3）绝缘纸：电工使用的绝缘纸是经过特殊工艺加工制成的，也有用绝缘纸制成的绝缘纸板。绝缘纸主要用在电容器中作绝缘介质，绕制变压器时作层间绝缘等。绝缘纸或绝缘纸板作绝缘材料制成电工器材后，要浸渍绝缘漆，加强防潮性能和绝缘性能。

4）棉、麻制品：棉布、丝绸浸渍绝缘漆后，可制成绝缘板或绝缘布。棉布带和亚麻布带是捆扎电动机、变压器线圈必不可少的材料，黑胶布就是白布带浸渍沥青胶制成的。几种常用的电工绝缘带见表 A-7。

## 操作规程

1）学生实训前必须做好准备工作，按规定的时间进入实训室，到达指定的工位，未经同意，不得私自调换。

2）不得穿拖鞋进入实训室，不得携带食物进入实训室，不得让无关人员进入实训室，不得在室内喧哗、打闹、随意走动，不得乱摸乱动有关电气设备。

3）室内的任何电气设备，未经验电，一般视为有电，不准用手触及，任何接、拆线都必须切断电源后方可进行。

4）实践操作时，思想要高度集中，操作内容必须符合教学内容，不准做任何与实训无关的事情。

5）按老师要求找出相应的绝缘材料，并说出绝缘材料的功能。

6）凡因违反操作规程或者随便动用其他仪器设备造成损坏者，由事故人做出书面检查，视情节轻重进行赔偿，并给予批评或处分。

7）保持实训室整洁，每次实训后要清理工作场所，做好设备清洁和日常维护工作，老师同意后方可离开。

## 任务实施

1. 图 4-1 所示为常见的几种绝缘材料，请填写其名称及用途。
2. 查表 A-7 掌握绝缘材料的性能。绝缘材料在使用过程中，由于各种因素的长期作

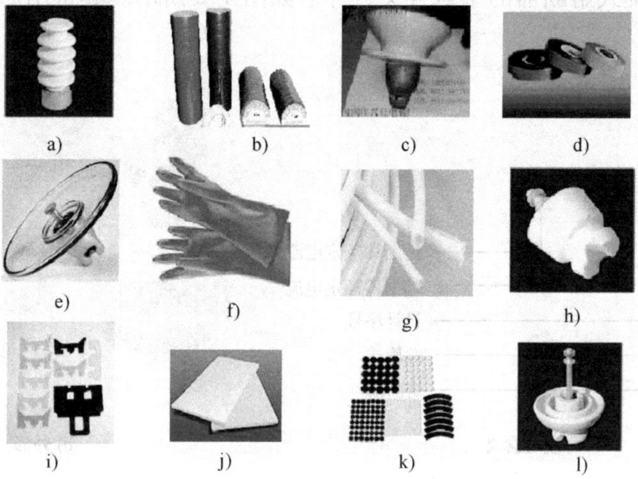


**图 4-1** 常见的几种绝缘材料

用，会发生化学变化和物理变化，使其电气性能和力学性能变差，即所谓的老化。使绝缘材料老化的因素有很多，但主要是热的因素，使用时温度过高会加速绝缘材料的老化过程。因此，对各种绝缘材料都规定了它们在使用过程中的极限温度，以延缓它的老化过程，保证电工产品的使用寿命。如外层带绝缘层的导线，就应远离热源。

## 课后实践

1. 找出你周围的绝缘材料，说明其用途。
2. 以小组为单位相互讨论绝缘材料在电路连接、运行中的重要性。
3. 讨论绝缘材料在什么情况下可以变成不绝缘材料。
4. 到市场上查询 3 ~5 种常用的导电材料和绝缘材料，并从规格、价格、性能上做比较。

# 任务三　熔断器的选择

## 任务描述

1. 识别并选用合适的熔断器是电类从业人员的基本要求，知道常见熔断器的种类、掌握常见熔断器的性能、会正确使用熔断器是电工从业人员必须具备的基本技能。

2. 读懂熔断器的技术参数，知道技术指标的意义。

## 相关知识

熔断器的种类很多，常用的有瓷插式、螺旋式、无填料封闭管式和有填料封闭管式等，常用熔断器的技术数据见表 A-8 和表 A-9。

### 1. 部分常用熔断器

（1）RL1 系列螺旋式熔断器　RL1 系列螺旋式熔断器用于交流 50Hz、额定电压 380/500V、额定电流至 200A 的配电线路，作输送配电设备、电缆、导线的过载和短路保护之用。RL1 系列螺旋式熔断器的型号含义、外形如图 4-2 所示。其常用产品型号及参数见表 4-3、表 4-4。

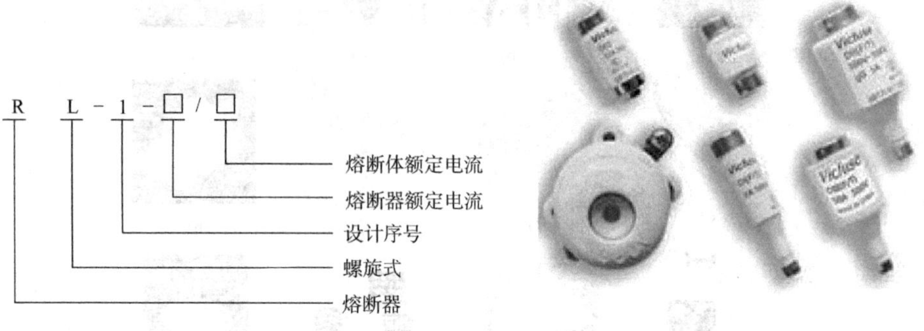


a) 型号含义　　b) 外形

图 4-2　RL1 系列螺旋式熔断器

表　4-3

<table>
<tr><th rowspan="2">产品型号</th><th rowspan="2">额定电流/A</th><th rowspan="2">额定电流/A</th><th colspan="2">极限分断能力</th></tr>
<tr><th>kA</th><th>cosφ</th></tr>
<tr><td>RL1 - 15</td><td>15</td><td>2, 4, 5, 6, 10, 15</td><td rowspan="4">50</td><td rowspan="2">0.35</td></tr>
<tr><td>RL1 - 60</td><td>60</td><td>20, 25, 30, 35, 40, 50, 60</td></tr>
<tr><td>RL1 - 100</td><td>100</td><td>60, 80, 100</td><td>0.25</td></tr>
<tr><td>RL1 - 200</td><td>200</td><td>120, 150, 200</td><td>0.15</td></tr>
</table>

表　4-4

| 额定电流 $I_n$/A | 约定时间/h | 最小试验电流 $I_{nf}$ | 最大试验电流 $I_f$ |
|---|---|---|---|
| $I_n < 4$ | 1 | $1.5I_n$ | $2.1I_n$ |
| $4 < I_n < 15$ | 1 | $1.5I_n$ | $1.9I_n$ |
| $15 < I_n < 60$ | 1 | $1.25I_n$ | $1.6I_n$ |
| $60 < I_n < 150$ | 2 | $1.25I_n$ | $1.6I_n$ |
| $I_n > 150$ | 3 | $1.25I_n$ | $1.6I_n$ |

（2）RL1 系列有填料封闭管式熔断器　RL1 系列有填料封闭管式熔断器适用于交流 50Hz、额定电压至 380V、额定电流至 200A 的线路中，作电气设备短路或过载保护之用。RL1 系列有填料封闭管式熔断器如图 4-3 所示。

1）该熔断器由瓷帽、熔断体和基座三部分组成。

2）该熔断器的主要部分均由绝缘性能良好的电瓷制成，熔断体内装有一组熔丝（片）和充满足够紧密的石英砂。

3）特点如下：

① 具有较高的断流能力。

② 能在带电（不带负载）时不用任何工具安全取下并更换熔断体。

③ 具有稳定的保护特性，能得到一定的选择性保护。

**图 4-3** RL1 系列有填料封闭管式熔断器

④ 具有明显的熔断指示。

（3）RL6 系列螺旋式熔断器　RL6 系列螺旋式熔断器适用于交流 50Hz、额定电压至 500V、额定电流至 63A 的线路中作电气设备的短路或过载保护之用。RL6 系列螺旋式熔断器的型号含义、外形如图 4-4 所示。其常用产品型号及参数见表 4-5。

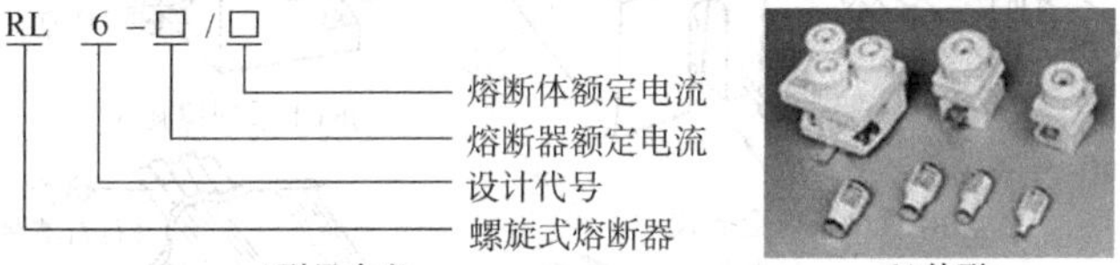


a)型号含义　　b)外形

**图 4-4** RL6 系列螺旋式熔断器

**表 4-5**

| 产品型号 | 国内外同类产品型号 | 额定电压/V | 额定电流/A |
|---|---|---|---|
| RL6 -25 | DⅡ25A（德） E27 | 500 | 25 |
| RL6 -63 | DⅢ63A（德） E33 | | 63 |
| RL6 -25/31 | DⅡ3 ×25A（德） | | 25 |
| RL6 -63/31 | DⅢ3 ×63A（德） | | 63 |

（4）RT0 系列有填料封闭管式熔断器　RT0 系列有填料封闭管式熔断器适用于交流 50Hz、额定电压 380V、额定电流至 1000A 的配电线路中，作过载和短路保护之用。

该系列熔断器的额定分断能力可达到 50kA。RT0 系列有填料封闭管式熔断器如图 4-5 所示。

**2. 熔断器各部分的名称及作用**

图 4-6 所示为熔断器各部分的名称。低压熔断器的作用主要是实现低压配电系统短路保护和过负荷保护，高压熔断器的作用是对电路及设备进行短路保护及运载保护，利用熔体熔断来切断电路，从而保护整个电路。

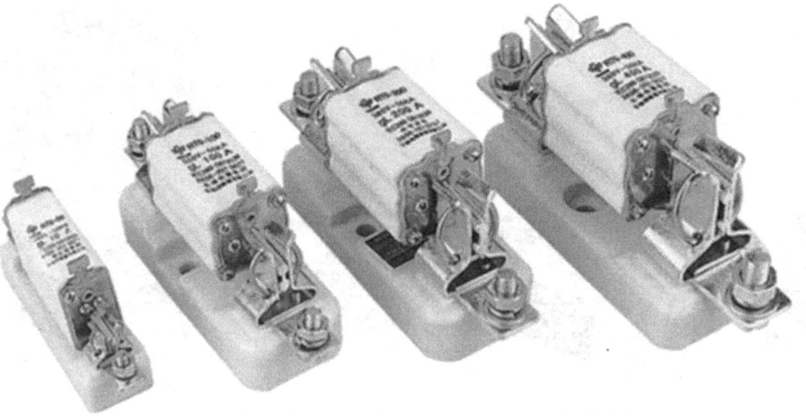

图 4-5 RT0 系列有填料封闭管式熔断器

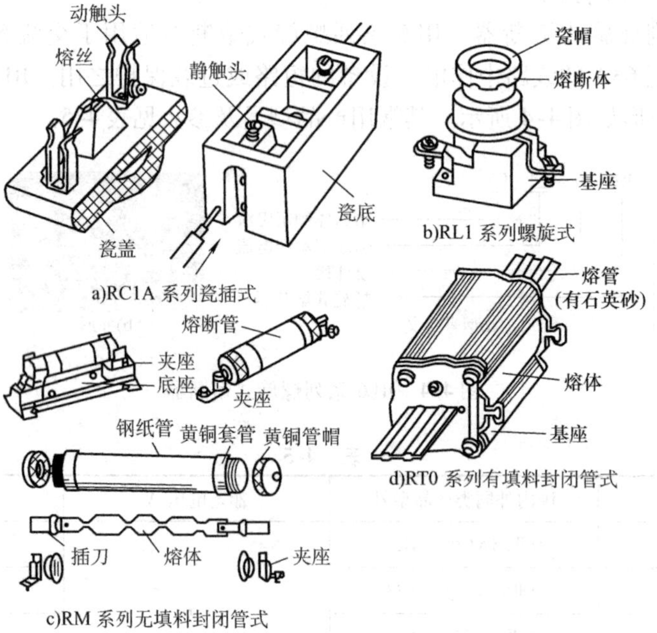


图 4-6 熔断器各部分的名称

## 操作规程

（1）选择熔断器

1）熔断器的保护特性应与被保护对象的过载特性相适应，应根据可能出现的短路电流，选用相应分断能力的熔断器。

2）熔断器的额定电压要适应线路电压等级，熔断器的额定电流要大于或等于熔体的额定电流。

3）线路中各级熔断器熔体的额定电流要相应配合，保持前一级熔体的额定电流必须大于下一级熔体的额定电流。

4）熔断器的熔体应按要求使用相配合的熔体，不允许随意加大熔体或用其他导体代替熔体。

（2）检查熔断器

1）检查熔断器和熔体的额定值与被保护设备是否相匹配。

2）检查熔断器外观有无损伤、变形、瓷绝缘部分有无闪烁放电痕迹。

3）检查熔断器各接触点是否完好，接触是否紧密，有无过热现象。

4）检查熔断器的熔断信号指示器是否正常。

（3）维修熔断器

1）熔体熔断时，要认真分析熔断的原因，可能的原因有：

① 短路故障或过载运行而正常熔断。

② 熔体使用时间过久，熔体因受氧化或运行中温度高，使熔体特性变化而误断。

③ 熔体安装时有机械损伤，使其截面积变小而在运行中引起误断。

2）拆换熔体时，要求做到：

① 安装新熔体前，要找出熔体熔断的原因，未确定熔断原因前，不要拆换熔体。

② 更换新熔体时，要检查熔体的额定值是否与被保护设备相匹配。

③ 更换新熔体时，要检查熔断管内部烧伤情况，如有严重烧伤，应同时更换熔管。瓷熔管损坏时，不允许用其他材质管代替。填料式熔断器更换熔体时，要注意填充填料。

3）熔断器应与配电装置同时进行维修工作，需注意以下几点：

① 清扫灰尘，检查接触点接触情况。

② 检查熔断器外观（取下熔断器管）有无损伤、变形，瓷件有无放电闪烁痕迹。

③ 检查熔断器、熔体与被保护电路或设备是否匹配，如有问题应及时检查。

④ 注意检查在 TN 接地系统中的 N 线、设备的接地保护线，在其上，不允许使用熔断器。

⑤ 维护检查熔断器时，应按安全规程要求切断电源，不允许带电摘取熔断器管。

（4）选择熔断器适配器

熔断器的适配器包括基座、微动指示开关和散热器等，用户可以根据需要与熔断器生产厂家协商定做。

## 任务实施

1. 图 4-7 所示为几种常见的熔断器，试说出其名称及用途。

2. 完成下列选择题。

1）高压开关设备中的熔断器，在电力系统中可作为（　　）。

A. 过载故障的保护设备　　B. 转移电能的开关设备

C. 短路故障的保护设备　　D. 控制设备起停的操作设备

2）RN2 系列熔断器的熔丝是根据对其（　　）的要求来确定的。

A. 机械强度　　B. 短路电流　　C. 工作电流　　D. 工作电压

3）RN1 系列熔断器是（　　）高压熔断器。

A. 限流式有填料　　B. 限流式无填料

C. 非限流式有填料　　D. 非限流式无填料

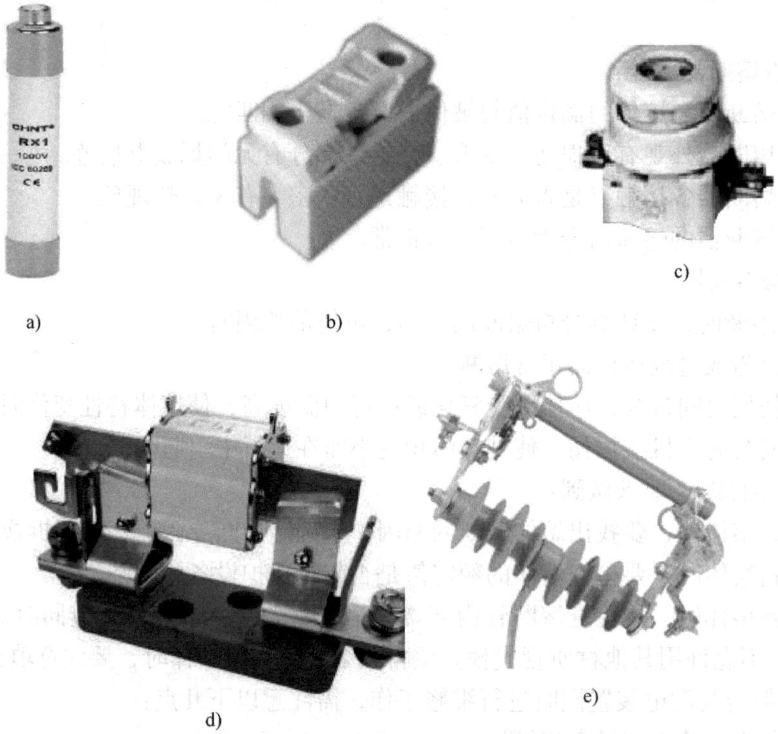


图4-7 几种常见的熔断器

# 任务四 认知开关及其安装方法

## 任务描述

1. 开关是电路控制、电气控制的主要元件，从事电类工作的人员必须了解开关及其性能；掌握开关的使用及正确的连接方法，是电类工作人员必需的基本技能。

2. 知道刀开关又称开启式负荷开关或胶盖瓷底刀开关。它由瓷底、瓷柄、出线座、进线座和胶盖等组成。

3. 会正确熟练安装各种开关。

## 相关知识

**1. 刀开关的选用**

1）额定电压的选择。用于照明、电热电路时，可选用220V或250V的两极刀开关；用于三相电动机的直接起动时，可选用额定电压为380V或500V的三极刀开关。

2）额定电流的选择。用于照明、电热电路时，刀开关的额定电流等于或大于断开电路中各个负载额定电流的总和；若负载是电动机，刀开关的额定电流可取电动机额定电流的3倍。

**2. 开关的操作规程**

1）开关一定上进线、下出线。

2）开关、插座不能装在瓷砖的花片和腰线上。

3）开关、插座底盒在瓷砖开孔时，边框不能比底盒大2mm以上，也不能开成圆孔。为保证以后安装开关、插座方便，底盒边应尽量与瓷砖相平，这样以后安装时就不需另找比较长的螺钉。

4）开关、插座不能安装在有两块以上瓷砖被破坏的地方，并且应尽量安装在瓷砖正中间。

5）刀开关不准横装和倒装，必须垂直地安装在配电板（或箱）上，以防止刀开关使用时间过长后，因自身重力跌下而意外合上造成事故。

6）接线时电源进线应接于上接线柱，如接错则更换熔丝时易发生触电事故。

7）连接刀开关接线桩头的导线线芯应顺时针缠绕，不能在开关外露出铜芯，以免造成触电事故。

8）分断负载时，应尽快拉闸，以减小电弧的影响。

9）使用时，如动触头和静触头接触歪斜，将使接触电阻增大，动触头和静触头会因过热而损坏，故应及时修复接触歪斜的动、静触头。

10）更换熔丝必须在开关断开的情况下进行，而且应换上与原熔丝同规格的新熔丝。

11）修复后的开关，合闸时应保证三相触刀同时合闸，如有一相没合上或接触不良，会使负载电路断电，特别是用于控制三相异步电动机时，会造成电动机断相运行而烧毁。

**3. 开关的分类**

开关的作用是控制电路的通断，它分为明装式和暗装式两种。

明装式开关中应用最普遍的有拉线开关和扳把式开关（又称平开关）两种，均适用于户内，其外形如图4-8所示。

暗装式开关适用于一般户内环境，常用的有跷板式（又称键式）和扳把式，其外形如图4-9所示。

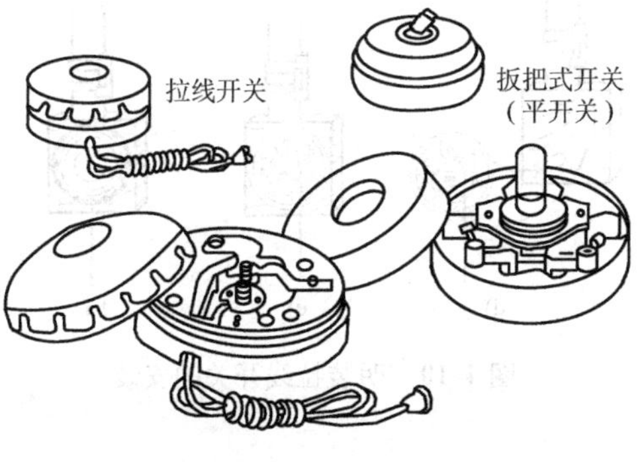


**图4-8** 明装式开关外形

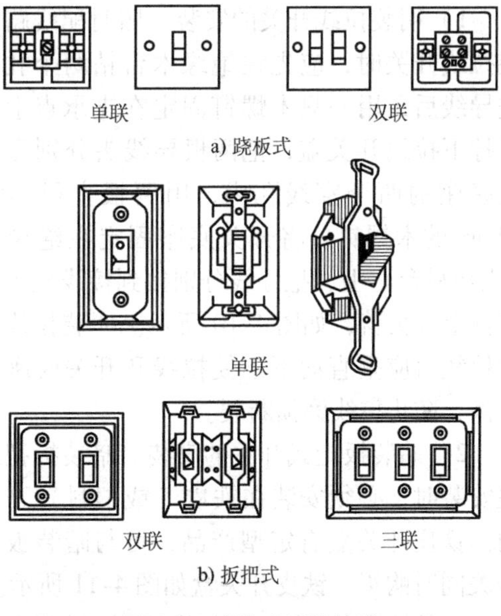


**图4-9** 暗装式开关外形

暗装跷板式开关的板面是开关按键，板后装有开关动、静触头和接线柱，面板分单联、双联、三联等多种。

暗装扳把式开关由盖板和开关两部分组成。开关装在一块桥板上，并在桥板上有承装盖板的螺孔，暗装扳把式开关也分为单联、双联、三联等多种。

**4. 开关的选择**

（1）开关质量的选择　各种灯开关的内部构造基本相似，都由导电部分动、静触头及操作机构和绝缘构件各部分组成。无论选用哪种开关，都必须是经过国家有关部门技术鉴定的正规生产厂家的合格产品。

（2）开关的额定电压和额定电流的选择　家庭供电都为220V电源电压，应选择额定电压开关。

开关在通过额定电流时，其导电部分的温度不超过50℃。开关的操作机构应灵活轻巧，接线端子应能可靠地连接一根或两根1～2.5$mm^2$截面积的导线。开关的塑料或胶木表面应无气泡、裂纹、铁粉、肿胀、明显的擦伤和毛刺等缺陷，并应有良好的光泽等。

开关的额定电流由灯或其他家用电器等负载的额定电流来决定。用于普通照明时，可选用2.5～10A的开关；用于大功率负载时，应计算出负载电流，再按两倍负载电流的大小选择开关的额定电流。

（3）开关种类的选择　根据不同的场合和需要，选择明装开关或暗装开关，而目前使用较多的是暗装开关。暗装开关是一种嵌装在墙壁上与暗线相连的开关，安装后既美观又安全。

暗装开关常用的有跷板式和扳把式两种。面板的颜色有白色和金色等，可根据房间墙面颜色和装饰喜好等来选择。

**5. 开关的安装**

（1）照明开关的安装

1）明装拉线开关的安装。照明配线路中安装拉线开关时，应先在绝缘木台钻两个孔，穿进导线后，用一只木螺钉固定在支承点上。然后拧下拉线开关盖，把两根导线头分别穿入开关底座的两个穿线孔内，用两根直径不大于20mm的木螺钉，将开关底座固定在绝缘木台（或塑料台）上，把导线分别接到接线桩上，然后拧上开关盖，如图4-10所示。明装拉线开关的拉线口应垂直向下不使拉线和开关底座发生摩擦，防止拉线磨损断裂。

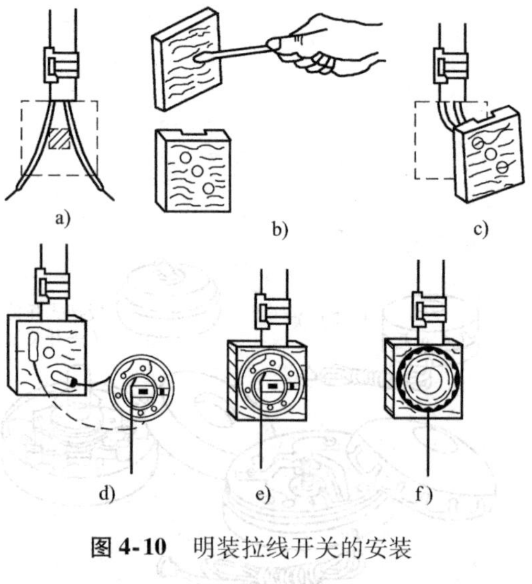

图4-10　明装拉线开关的安装

2）暗装扳把式开关的安装。暗装扳把式开关安装时，必须安装在铁皮（或塑料）开关盒内。铁皮开关盒有定型产品，可与暗装扳把式开关同时购买，铁皮开关盒如图4-11所示。

开关接线时，将电源相线接到一个静触头接线桩上，另一个动触头接线桩来自灯具的导线。在接线时应接成扳把向上时开灯，向下时关灯（两处控制一盏灯的除外）。然后把开关芯线连同支持架固定到预埋在墙内的铁皮盒上，应该将扳把上的白点朝下面安装，开关的扳把必须放正且卡在盖板上，再盖好开关盖板，用螺栓将盖板固定牢固，盖板应紧贴建筑物表面。

双联及多联暗装扳把式开关，每一联即是一只单独的开关，能分别控制一盏灯。电源相线应并好头分别接到与动触头相连的接线桩上，将通往灯具的开关线接在开关的静触头接线桩上。

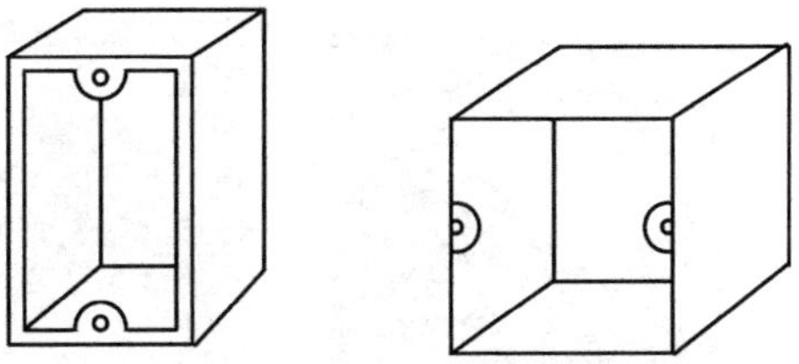

a) 单联铁皮开关盒　b) 双联铁皮开关盒

**图 4-11**　暗装扳把式开关配套的铁皮开关盒

电线管内穿线时，开关盒内应保留有足够长度的导线，开关接线后，两开关之间的导线长度不应小于 150mm。

由两个开关在不同地点上控制一盏灯时，应使用双联（双控）开关。此开关应具有三个接线柱，其中两个分别与两个静触头接通，另一个与动触头接通（称为公用桩），双联开关用于控制电路上的白炽灯，一个开关的公用桩（动触头）与电源的相线连接，另一个开关的公用桩与灯座的一个接线桩连接。采用灯座时，应与灯座的中心触头接线桩相连接，灯座的另一个接线桩应与电源的中性线相连接。两个开关的静触头接线桩，用两根导线分别进行连接。

3）跷板式开关的安装。跷板式开关均为暗装开关，均应与配套的开关盒进行安装。与跷板式开关配套的塑料开关盒如图 4-12 所示。

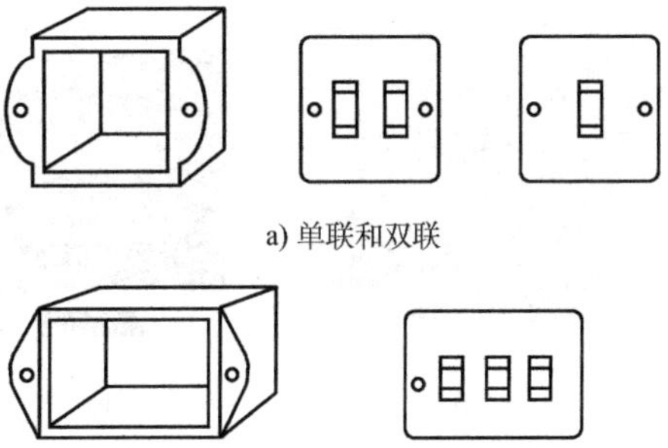

a) 单联和双联

b) 三联

**图 4-12**　与跷板式开关配套的塑料开关盒

跷板式开关的安装和接线方法与扳把式开关类同。

跷板式开关安装接线时，应使开关切断相线，并应根据跷板式开关的跷板或面板上的标志确定面板的装置方向。跷板上有红色标记的应朝下安装；面板上有产品标记或跷板上有英文字母的不能装反，更应注意带有 ON 字母是开的标志，不应颠倒反装成 NO；跷板上部顶端有压制条纹或红色标志的应朝上安装。当跷板或面板上无任何标志时，应装成跷板下部按下时，开关应处在合闸位置，跷板上部按下时，开关应处在断开位置，即从侧面看跷板上部突出时灯亮，下部突出时灯熄。跷板式开关的安装如图 4-13 所示。

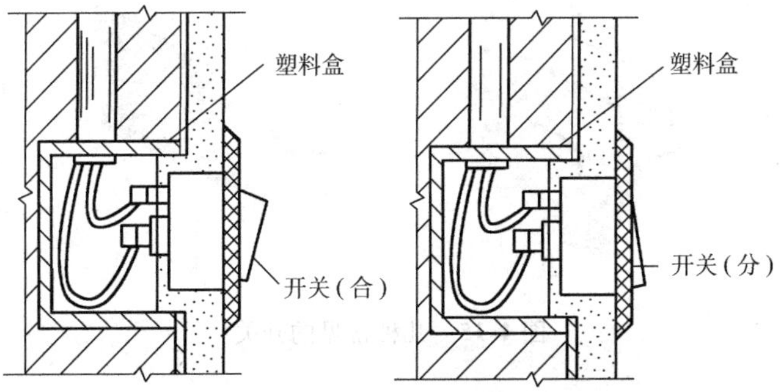


a) 开关处在合闸位置　b) 开关处在断开位置

**图 4-13**　跷板式开关的安装

(2) 开关安装实操

开关安装实操图如图 4-14 所示。

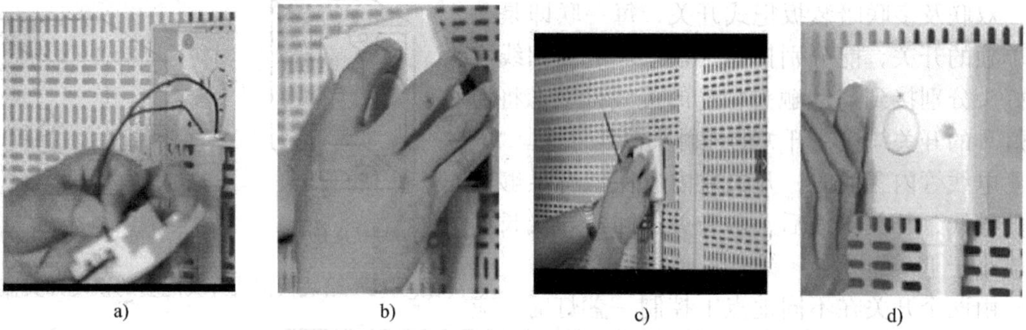


图 4-14 开关安装实操图

## 任务实施

1. 图 4-15 所示为几种常见的开关，试说出其名称及用途。

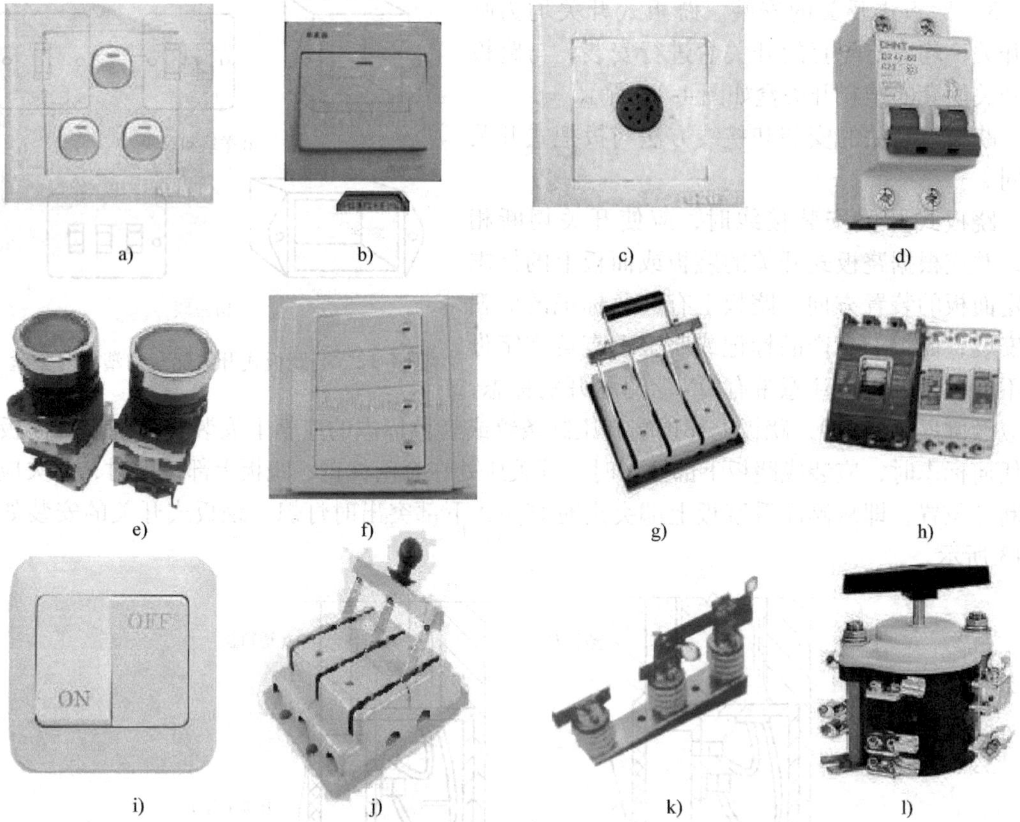


图 4-15 几种常见的开关

2. 图 4-16 所示为刀开关的外形和结构，认知并熟悉之。
3. 试练习开关的选择和安装。

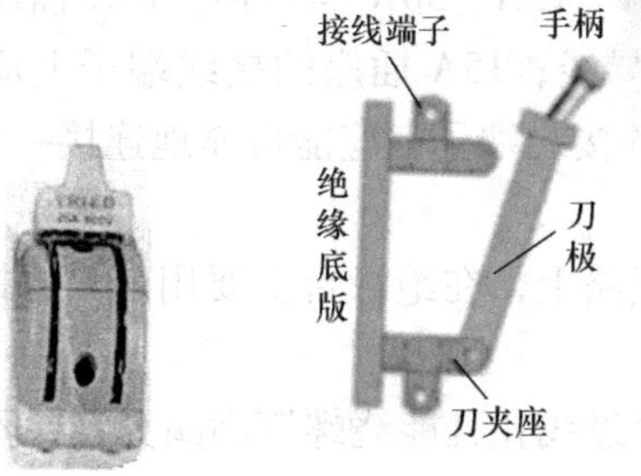


a) 外形　　b) 结构

图 4-16　刀开关的外形和结构

# 任务五　插座的选择和安装

## 任务描述

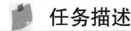

1. 插座是台灯、电风扇、电熨斗、电视机、电冰箱和洗衣机等多种移动电器的电源引接点。随着越来越多的家用电器进入家庭，住宅插座也不断增多，如何正确选择、布置和安装插座，是关系到安全用电的大事，因此电工从业人员应熟练掌握插座的安装方法。

2. 学会插座的选择、安装和调试。

3. 熟悉并掌握常用明装插座的型号、规格（见表 A-10）。

4. 熟悉并掌握常用暗装插座的型号、规格（见表 A-11）。

## 相关知识

**1. 插座的选择**

1）插座质量的选择。插座的塑料零件表面应无气泡、裂纹、铁粉、肿胀、明显的擦伤和毛刺等缺陷，并应具有良好的光泽。

2）插座类型的选择。目前 86 系列插座应用广泛，其面板为电玉粉压制，86 系列插座类型很多。当插座需要降低高度时，应选用带有保护门的安全型插座，这样的插座只有当插头两极同时插入或接地极插头先插入时才能打开保护门，即使小孩用钢丝等金属物件插入相线孔也不会触电。

二极插座是不带接地（接零）桩头的单相插座，用于不需要接地（接零）保护的家用电器；三极插座是带接地（接零）桩头的单相插座，用于需要接地（接零）保护的家用电器。

房间某处装设有多个家用电器时，可选择有一个三极扁插座带两个二极圆孔的通用插座。

对于专门用于电视机的插座，可选用带开关圆孔的两用插座，使用时开、闭开关，可延长电视机本身开关的使用寿命。

若要在厨房、卫生间等较潮湿的场所安装插座，最好选用有罩盖的防溅型插座，可防止水滴进入插孔。

3）插座额定电流的选择。插座的额定电流应根据负载（家用电器）的电流来选择，一般应按两倍负载电流的大小来选择。

插座的额定电流一般有10A、15A、30A等多种。10A插座的接线端子上应能可靠地连接一根或者两根1~2.5$mm^2$的导线；15A插座的接线端子上应能可靠地连接一根或者两根1.5~4$mm^2$的导线；30A插座的接线端子上应能可靠地连接一根或两根2.5~6$mm^2$的导线。

**2. 明装插座的安装**

明装插座一般安装在明敷线路上，在绝缘台上要用两只木螺钉固定，安装步骤如图4-17所示，具体如下：

1）去绝缘护套（刚好能穿过线孔且能绕螺钉满圈为宜，不能穿过圆木的绝缘护套全部去掉）。

2）导线满环连接，紧固。

3）盖上外盖。

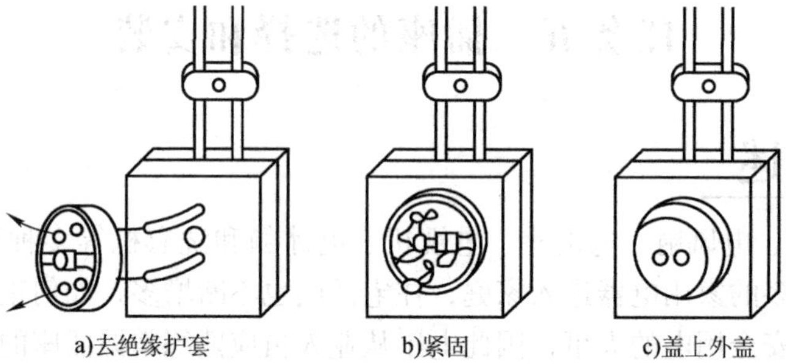


**图4-17** 明装插座的安装步骤

**3. 暗装插座的安装**

暗装插座必须安装到预埋在墙体内的插座盒内，不应直接装入墙体内的埋盒空穴中，插座面板应与墙面齐平，不应倾斜，面板四周应紧贴墙面，无缝隙、孔洞，固定插座面板的螺钉应凹进面板表面的安装孔内，并装上装饰帽，以增加美观。

1）老式通用插座的安装：老式通用插座安装时，需先在插座芯的接线桩上接线，再将固定插座芯的支持架安装到预埋在墙体内的铁皮盒上，然后将盖板拧牢在插座芯的支持架上，如图4-18a所示。

2）新系列插座的安装：新系列暗装插座与面板是连成一体的，在接线桩上接好线后，将面板安装到预埋在墙体内的塑料插座盒内，如图4-18b所示。

**4. 插座接线技术要求**

插座是长期带电的电器，是线路中最容易发生故障的地方。插座的接线孔都有一定的排列位置，不能接错，尤其是单相带保护接地（接零）的三极插座，一旦接错，就容易发生触电伤亡事故。暗装插座接线时，应仔细地辨别盒内分色导线，正确地与插座进行连接。

插座接线时应面对插座：单相二极插座在垂直排列时，上孔接相线（L），下孔接中性线（N），如图4-19a所示；水平排列时，右孔接相线，左孔接中性线，如图4-19b所示。单相三极插座接线时，上孔接保护接地或接零线（PE），右孔接相线（L），左孔接中性线（N），如图4-19c所示。

插座接线完成后，不要马上固定面板，应将盒内导线理顺，依次盘成圆圈状塞入盒内，且不允许使盒内导线相碰。插座面板应在绝缘测试和确认导线连接正确后才能固定。固定面板时切勿损伤导线，面板安装后表面应清洁。

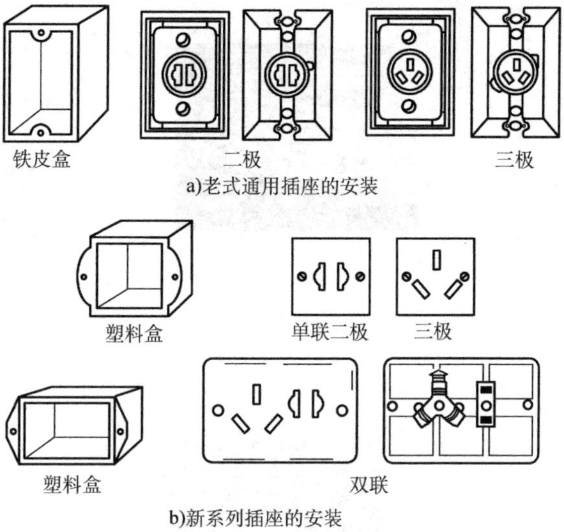


**图 4-18** 暗装插座的安装

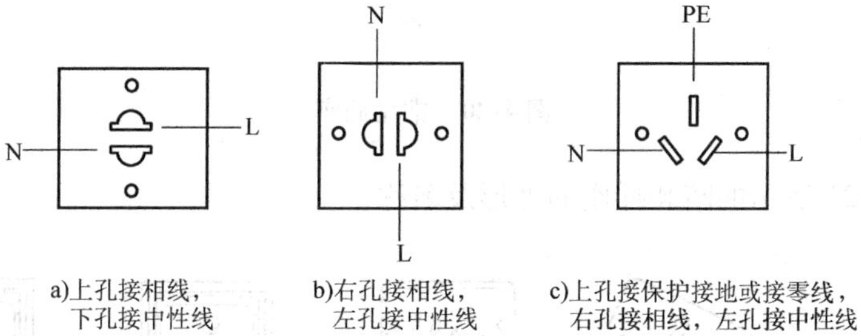


**图 4-19** 新系列插座的安装

**5. 插座的操作规程**

1）插座距地面高度为 1.3 ~ 1.5m；若室内装有护墙板，插座位置应至少距离板顶端 0.2m 以上。

2）明装插座的高度不应低于 1.3m；暗装插座的高度不应低于 0.3m。

3）在托儿所、幼儿园等小孩儿易触的场所，插座的高度不应低于 1.8m。

4）插座不得安装在床头或桌面上，以免接触插孔内带电体。

5）厨房、卫生间内的插座应装设必要的防水罩。

6）接线时一定要在线路无电的情况下进行。

7）装修时最好用塑料袋裹住插座的面板，以免污损。

8）应尽量避免多股线同时装入同一接线柱内，避免负载超过线路功率而引起过载。

9）安装时所有导线应充分与插座后座接线铜柱接触。

10）凡要求接地的场所，均采用带有保护门的插座，即单相设备用三孔插座，三相设备用四孔插座。

## 任务实施

1. 写出图 4-20 所示的常见插座的名称。

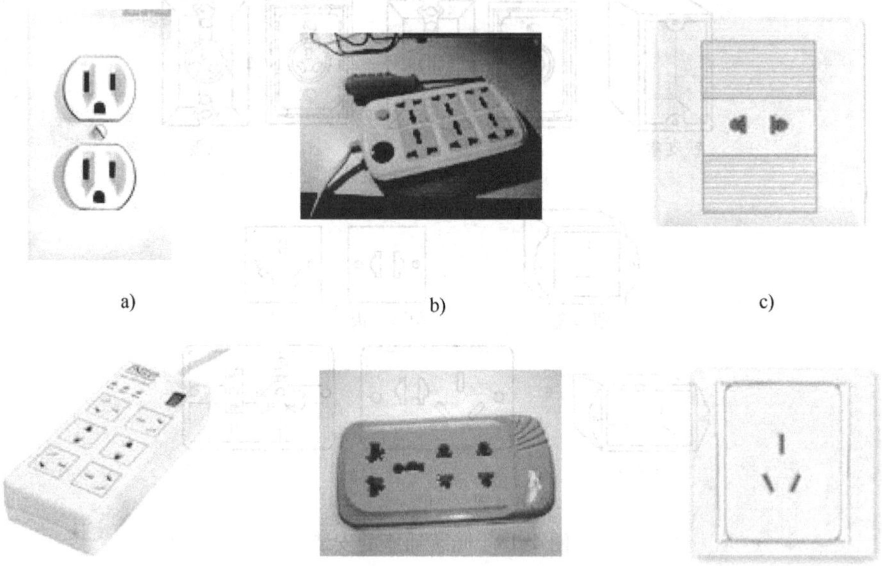

a) b) c)

d) e) f)

图 4-20 常见插座

2. 认知图 4-21 所示的暗装插座的外形及名称。

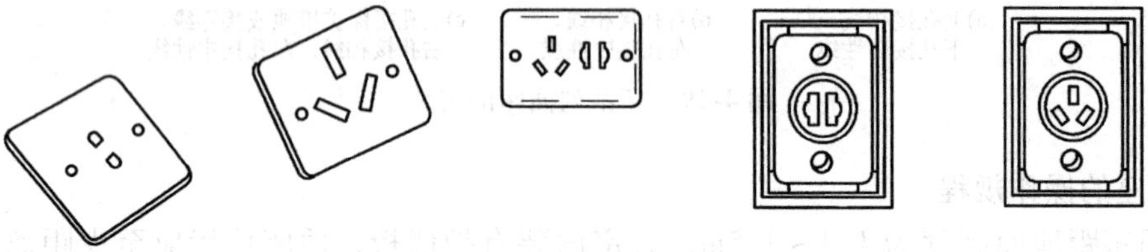

a)新系列二极插座 b)新系列三极插座 c)新系列双联插座 d)老式通用二极插座 e)老式通用三极插座

图 4-21 暗装插座

# 任务六 剩余电流动作保护器的选择和安装

## 任务描述

知道剩余电流动作保护器（RCD）的作用和分类，掌握剩余电流动作保护器的安装是电工从业人员的基本技能。

## 相关知识

**1. RCD 的概念**

低压配电线路在运行中的主要故障为相间短路和单相接地短路故障。相间短路所产生的电流较大，可以用熔断器、断路器等开关设备来自动切断电源；而单相接地短路故障用熔断器、断路器等难以切断电源，它们灵敏度太低，不能满足要求。

当电气线路或电气设备发生单相接地短路故障时会产生剩余电流，利用这种剩余电流来控制开关或继电器动作，达到切断故障线路或电气设备电源的装置就是通常所说的“漏电保护器”（习称漏电开关）。国家标准 GB/T 6829 —2017《剩余电流动作保护器（RCD）的一般要求》中称为“剩余电流动作保护器”，简称为 RCD。

**2. RCD 的分类**

RCD 有多种分类方法，比如按检测信号分，可分为电压型和电流型；按放大机构分，可分为电子式和电磁式，按极数分，可分为单极、二极、三极和四极；按相数分，可分为单相和三相；按漏电动作电流分，可分为高灵敏度、中灵敏度和低灵敏度；按动作时间分，可分为快速型、定时限型和反时限型。根据国家标准 GB/T 6829—2017《剩余电流动作保护器（RCD）的一般要求》和 GB 16917. 1—2014《家用和类似用途的带过电流保护的剩余电流动作断路器（RCBO）第 1 部分：一般规则》的规定，RCD 可划分为以下三种：

1）不带过载、短路保护，仅有漏电保护的 RCD，以前称为漏电开关。

2）带过载保护、短路保护和漏电保护的 RCD，以前称为漏电断路器。

3）没有过载、短路保护功能，也不直接分合电路，仅有漏电报警作用的保护器，以前称为漏电继电器。它可与一般断路器组成前两类 RCD。

**3. 操作规程**

1）单相 220V 电源供电的电气设备，选用二极二线式或单极二线式 RCD；三相四线式 380V 电源供电的电气设备，应选用三极四线式或四极四线式 RCD。

2）对于采用额定电压 220V 的办公室和家用电子电气设备，如电子计算机、电视机、电冰箱、洗衣机、微波炉、电饭锅、电熨斗等，一般应选用额定漏电动作电流不大于 30mA、额定漏电动作时间在 0. 1s 以内的快速动作型 RCD。

3）在医院中使用的医疗电气设备，由于其经常接触病人，考虑到病人触电时的心室颤动值要比正常人低，因此在医疗电气设备供电线路中应选用额定漏电动作电流为 6mA、额定漏电动作时间在 0. 1s 以内的快速动作型 RCD。

4）安装在潮湿场所的电气设备，应选用额定漏电动作时间在 0. 1s 以内的快速动作型 RCD，其额定漏电动作电流为 15 ~ 30mA。

5）安装在游泳池、喷水池、水上游乐场、浴室等的照明线路，应选用额定漏电动作电流不大于 10mA、额定漏电动作时间在 0. 1s 以内的快速动作型 RCD。

6）在高温或特低温环境中的电气设备应优先选用电磁式 RCD。

7）雷电活动频繁地区的电气设备应选用冲击电压不动作型 RCD。

8）安装在易燃、易爆、潮湿或有腐蚀性气体等恶劣环境中的 RCD，应根据有关标准选用具有特殊防护条件的 RCD，否则应采取相应的防护措施。

9）选用的 RCD 的额定漏电动作电流，应不小于电气线路和设备的正常泄漏电流最大值的两倍。

## 任务实施

RCD 的安装如图 4-22 所示。

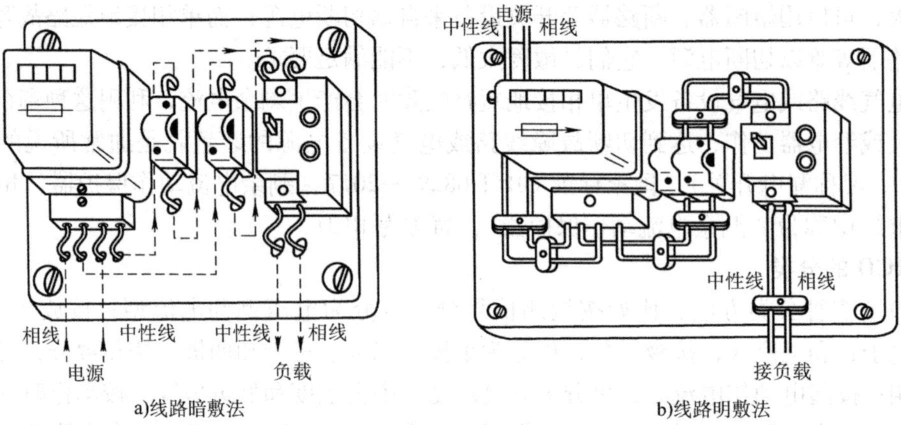


图 4-22 RCD 的安装

## 任务实施注意事项

1）RCD 标有电源侧和负载侧，应按产品说明规定接线，不能接反，并分清相线和零线。

2）带有短路保护的 RCD，必须保证在电弧喷出方向有足够的飞弧距离。飞弧距离的大小应符合 RCD 生产厂的规定。

3）安装 RCD 后，不能撤掉低压供电线路和电气设备的接地保护措施，但应根据安装条件的要求进行检查和调整。

4）RCD 后面的工作零线不能重复接地，否则将引起误动作。

5）安装时必须严格区分中性线和保护零线，三极四线式或四极式 RCD 的中性线应接入 RCD。经过 RCD 的中性线不得作为接零保护线，不得重复接地或接设备外漏可导电部分。保护线不得接入 RCD。

6）RCD 安装完毕后，应进行试验，试验项目如下：

① 开关机构有无卡阻。

② 测试相线与端子间、相线与外壳（地）间的绝缘电阻，其测量值不低于 2MΩ。对于电子式 RCD，不能在极间测量绝缘电阻，以免损坏电子元件。

③ 在接通电源无负载的条件下，用试验按钮实验三次，不应有误动作。

④ 带负载分合 RCD 或交流接触器三次，不应有误动作。

⑤ 各相分别用 3kΩ 实验电阻接地实验，动作应可靠。RCD 一般应安装在总电能表和总熔断器后面，如图 4-22b 所示。

## 测 评 验 收

一、知识验收（低压电工、高压电工考证训练多选题）

1. 电工作业的固有特性，造成了它的高危险性，其特征如下（　　）。

A. 直观识别难，电能传输途径多样性，电气设备都有电容

B. 短路时会产生电弧，运载电能的电网（线路）、设备处于变化之中

C. 有的电工作业会出现多工种，还会出现工种立体交叉作业

D. 有的电工作业场所有油、爆炸危险环境的特征和危险物

E. 恶劣天气的影响

2. 从事电气作业应具备下列条件（　　）。

A. 年满 18 周岁（不超过国家法定退休年龄）

B. 经社区或县级以上医疗机构体检，健康合格，并无妨碍从事特种作业的疾病和生理缺陷

C. 具有初中毕业及以上文化程度，具备必要的安全知识与技能，及相应的特种作业规定的其他条件

D. 经电工安全技术培训并考试（应知、应会）合格，取证后，方可上岗

3. 电气安全管理工作的基本要求是（　　）。

A. 建立健全规章制度

B. 建立安全监督机构和企业的三级安全网

C. 组织安全检查

D. 加强安全教育和技能培训

E. 组织事故分析和经验交流

4. 电气安全检查包括的内容有（　　）。

A. 检查电气设备绝缘有无问题、接地电阻是否合格

B. 保护接零、接地是否正确可靠，是否符合要求

C. 使用局部照明及手提行灯是否是安全电压或是否采取了安全措施

D. 电气安全用具、灭火器材是否合格、齐全、是否在有效使用周期内

5. 对独立电工加强安全教育和安全技能培训的目的是（　　）。

A. 使他们懂得安全法规、提高遵章守纪的自觉性和责任心

B. 不断提高他们的安全知识和技能技术以及掌握安全用电的基本方法

C. 使每个电工都能懂得设备的安装、调试、使用、维护、检修的标准和安全要求

D. 使他们都能熟知和掌握电工安全作业操作规程和其他安全生产制度，学会预防分析、处理电气事故的方法

E. 掌握触电事故抢救（触电救护）和扑灭电气火灾的方法

6. 电工复审的目的有（　　）。

A. 为了不断提高电工的素质

B. 整顿电工队伍

C. 对电工进行安全法制教育

D. 学习安全生产新知识、新技术

E. 对电工的特种作业操作资格证进行复核审查

7. 检修（维修）电工“三熟”“三能”的基本要求有（　　）。

A. 熟悉电气一次系统以及设备参数、接线、工作原理及注意事项

B. 熟悉检修工艺、质量和运行知识。熟悉本岗位的规程、制度

C. 能熟练进行本工种的维修工作和故障排除

D. 能看懂电气图样和绘制简单加工图。能掌握相关的钳工工艺和材料的性能

8. 变电所值班电工的“三熟”“三能”的基本要求有（　　）。
A. 熟悉电气一次系统以及设备参数、接线、基本原理及注意事项
B. 熟悉操作和事故处理
C. 熟悉本岗位的规程和制度，如安全、运行与事故处理、消防等规程及交接班、巡回检查、设备缺陷管理等制度
D. 能熟练正确地进行操作和分析运行情况
E. 能掌握一般的维护技能；能及时发现故障和排除故障
9. 电路一般都是由（　　）组成的。
A. 电源　　B. 导线　　C. 控制电器（开关）　D. 负载
10. 触电形式可分为（　）
A. 单相触电　　B. 两相触电　　C. 跨步电压触电
D. 接触电压、感应电压、雷击、静电触电和直流电触电
11. 触电事故的规律有（　　）。
A. 触电事故季节性明显（特别是6~9月，事故最为集中）
B. 低压设备触电事故多（但专业电工中，从事高压电工作业人员，高压触电事故高于低压触电事故）
C. 携带式设备和移动式设备触电事故多；电气连接部位触电事故多
D. 非专业电工和外用工触电事故多；民营的工矿企业触电事故多
E. 不同地域、不同年龄段的人员、不同行业触电事故不同
F. 错误操作和违章作业造成的触电事故多
12. 应当接地的具体部位有（　　）。
A. 电动机、变压器、开关设备、照明器具、移动电气设备的金属外壳
B. 配电装置金属构架、操作机构、金属遮拦、金属门、配电的金属管、电气设备的金属传动装置
C. 0、Ⅰ、Ⅱ类的电动工具或民用电器的金属外壳
D. 架空线路的金属杆塔、电缆金属外皮、接线盒及金属支架
E. 电压互感器和电流互感器外壳、二次线圈的负极
13. 三相交流电电动势的特点有（　　）。
A. 各电动势的波形都按正弦规律变化
B. 它们的周期和最大值都相等
C. 三个电动势的相位彼此相差120°
D. 任何瞬间，对称三相正弦电动势相加都等
14. 电气常用的标示牌有（　　）等。
A. 禁止合闸，线路有人工作　　B. 禁止分闸
C. 禁止攀登，高压危险　　D. 止步，高压危险
E. “从此上下”“从此进出”
15. 接地装置的运行检查内容有（　　）。
A. 接地装置的接地电阻必须定期进行检测，判断是否符合要求，接地电阻是否超过规定值

B. 检查接地线有无机械损伤或化学腐蚀、防腐油漆有无脱落
C. 检查各连接部分是否牢固，接触是否良好，有无松动、脱焊，有无严重锈蚀
D. 设备每次维修后，应检香接地线是否牢固、可靠
16. 电动机发生火灾的原因有（ ）。
A. 不遵守操作规程及对设备维修保养不够
B. 线圈的匝间或相间发生短路碰壳
C. 维修时绝缘受损、线圈受潮绝缘降低，遇到电压时绝缘被击穿
D. 超负荷运行温度升高、绝缘烧坏
E. 三相绕组在运行中断相，引起线圈过热燃烧
F. 转子的电刷火花、轴承磨损发热、转子碰定子都有可能起火
17. 常见的电磁辐射源有（ ）等。
A. 雷达系统、电视和广播发射系统
B. 射频感应及介质加热设备、射频及微波医疗设备
C. 各种电加工设备、通信设备
D. 发电、输电、变电设备
E. 地铁列车、电气火车
F. 家用电器
18. 安全标志由（ ）构成。
A. 标志牌　　B. 安全色　　C. 几何图形　　D. 图形符号
19. 移动式电气设备的安全要求有（ ）。
A. 外壳完整，无裂纹、破损，铭牌上各项参数清晰可见
B. 配电箱、电源箱必须采用阻燃材料，内部元器件完好
C. 用于室外移动式电气设备要采取防雨措施，但是不能影响通风散热
D. 电器接线盒完整，无裂纹、破损，绝缘良好，安装完好
20. 国家规定的安全色，为使警示更加醒目，反衬应采用（ ）。
A. 蓝色　　B. 黑色　　C. 白色　　D. 绿色
21. 使用移动式电源箱（动力箱、配电箱）的安全技术措施有（ ）。
A. 配电箱、电源箱采用的保护接零或保护接地必须安全、牢固可靠，符合要求
B. 进出线在地面上应采取防护措施
C. 一个动力分路只能接一台设备，动力、照明应分开
D. 避免带电作业，除了合格电工外，严禁其他人员进行带电作业
E. 箱门应加锁
22. 安全标志的一般规定为（ ）。
A. 安全标志都应自带衬底色，采用与安全标志相应的对比色
B. 安全标志牌应用坚固、耐用的材料制作
C. 有触电危险的场所，其标志牌应使用绝缘材料来制作
D. 标志杆的条纹颜色应和安全标志相一致
E. 安全标志牌应放在醒目、与安全有关的地方，每年至少应检查一次
23. 当发现电气火灾后首先要切断电源，并要注意（ ）。

A. 由于受潮或烟熏设备绝缘性能降低，拉开关时应用绝缘工具操作

B. 高压应先拉高压断路器，再拉高压隔离开关

C. 低压应先拉低压断路器，再拉低压刀闸

D. 切断电源的地点选择适当，防止切断电源后影响灭火和人员疏散工作

E. 剪断电线时，非同一相应在不同的部位剪断以免造成短路。剪断空中电线时，剪断位置应选择在电源方向的支持物附近，防止电线掉落造成事故

24. 从业电工享有安全生产的（　　），有权拒绝违章指挥和强令冒险作业，有权制止违章行为。

A. 知情权　　B. 建议权　　C. 保密权　　D. 讨论权

25. 整流器一般是由（　　）三部分组成。

A. 三极管　　B. 整流变压器　　C. 滤波器　　D. 整流电路

26. 晶体三极管由（　　）三个电极组成。

A. 基极　　B. 发射极　　C. 集电极　　D. 阳极

27. （　　）等材料当温度升高时电阻减小。

A. 金属　　B. 石墨　　C. 碳　　D. 电解液

28. 消除静电的危害，采取的静电中和法主要有（　　）。

A. 增湿中和法　　B. 感应中和器　　C. 高压中和器　　D. 放射线中和器

E. 离子流中和器

29. 在使用低压验电器时，（　　）。

A. 低压验电器适用于对地电压为250V及以下的场合

B. 使用前应在确认有电的设备上进行校验，确认验电器良好后方可进行验电

C. 验电器可区分相线 和零线（中性线或地线）

D. 验电器可以区分电路电流是交流电还是直流电

30. 雷电大体可以分为（　　）等几种。

A. 直击雷　　B. 雷电感应　　C. 球形雷　　D. 雷电侵入波

31. 雷电的主要破坏作用有（　　）。

A. 电效应　　B. 热效应　　C. 机械效应　　D. 化学效应

32. 防直击雷的主要措施有装设（　　）。

A. 避雷针　　B. 避雷线　　C. 避雷网　　D. 避雷带

33. 静电的危害有（　　）。

A. 爆炸火灾　　B. 电击　　C. 电伤　　D. 妨碍生产

34. 为了防止静电感应产生的高压，应将建筑物内的（　　）等接地。

A. 工作零线　　B. 金属设备　　C. 金属管道　　D. 结构钢筋

35. 完整的一套防雷装置由（　　）三部分组成。

A. 接闪器　　B. 引下线　　C. 接地装置　　D. 断路器

36. 带电灭火应选用（　　）灭火机。

A. 泡沫　　B. 二氧化碳　　C. 四氯化碳　　D. 干粉

37. 电磁场防护措施有（　　）以及电磁辐射的人员防护措施。

A. 屏蔽　　B. 吸收　　C. 高频接地　　D. 抑制辐射

38. 触电伤害的程度与通过人体的（　　）以及人体状况和电压高低等多种因素有关。

A. 电流大小　　B. 持续时间　　C. 电流途径　　D. 电流的频率和种类

39. 绝缘损坏的主要表现是（　　）。

A. 击穿　　B. 损伤　　C. 老化　　D. 蒸汽

40. 电气设备的使用状态分（　　）等几种。

A. 运行状态：设备接入电气回路带有电压

B. 热备用状态：设备仅已断开电源，而刀闸仍合上

C. 冷备用状态：开关及其刀闸均已断开

D. 检修状态：设备已停电，退出运行，并安装了接地线和挂标示牌

41. （　　）对人体都有伤害作用，其伤害程度一般较工频电流轻。

A. 直流电流　　B. 高频电流

C. 冲击电流对人体外部组织造成的伤害　　D. 静电电荷

42. 电伤是指由（　　）。

A. 电流的热效应　　B. 电流的化学效应　　C. 机械效应　　D. 电流的磁效应

43. 发现有人触电时迅速脱离电源的（低压触电事故）方法有（　　）等。

A. 如果电源开关离救护人员很近时，应立即采用切断断路器、开关、刀闸、拔掉插头等切断电源的方法，或通知拉开前级开关

B. 当电源开关离救护人员较远时，可用电工常用的绝缘工具（如带绝缘手柄的钢丝钳、戴绝缘手套、穿绝缘鞋、用令克棒）切断带电导体、移开带电导体或触电者

C. 用替代的绝缘工具（可用干燥木棍、木板（垫）、塑料管等将电源线挑开）移开带电体或触电者

D. 在保证自己的安全的情况下，拉（拽）触电者干燥的衣服，不要触及其肉体。触电者站立时不能触及其脚部

44. 导线和电缆截面积的选择应满足（　　）的要求。

A. 载流量（发热条件）　　B. 电压损耗

C. 机械强度　　D. 拉力

45. 电磁辐射危害人体的因素有（　　）等。

A. 电磁场强度　　B. 辐射时间、面积、部位

C. 辐射的频率和波形　　D. 人体健康状况

E. 辐射环境，环境温度越高伤害越严重

46. 电磁辐射危害人体的机理主要有（　　）。

A. 化学效应　　B. 热效应　　C. 非热效应　　D. 累积效应

47. 在火灾危险场所中能引起火灾危险的可燃物质为（　　）。

A. 可燃液体：如柴油、润滑油、变压器油等

B. 可燃粉尘：如铝粉、焦炭粉、煤粉、面粉、合成树脂粉等

C. 固体状可燃物质：如煤、焦炭、木材等

D. 可燃纤维

48. 防止静电危害的措施有（　　）。

A. 接地　　B. 泄漏　　C. 静电中和法　　D. 工艺控制法

49. 引起电气设备和导体过度发热的不正常运行情况大体上分为（　　）。

A. 短路　　B. 过载　　C. 接触不良　　D. 铁芯发热

E. 散热不良

50. 中波、短波电磁场对人体作用为引起中枢神经系统功能失调和以交感神经抑制为主的植物神经功能失调，主要表现为（　　）。

A. 神经衰弱综合症　　B. 多见头晕乏力、记忆减退

C. 心悸及头疼、四肢酸痛　　D. 食欲不振、脱发、多汗等症状

51. 超短波和微波电磁场对人体主要作用是除引起严重的神经衰弱综合症外，还能引起植物神经功能紊乱，并出现以副交感神经兴奋为主的心血管系统症状，如（　　）等。

A. 血压不稳（升高或降低）　　B. 心悸

C. 心跳不正常　　D. 心区疼痛

52. 接地线和接零线均可利用自然导体，如（　　），用于1000V以下的电气设备

A. 建筑物梁、柱子和桁架等的金属结构

B. 生产用的行车轨道、配电装置外壳、设备的金属构架等金属结构

C. 配线的钢管

D. 电缆的铅、铝包皮

E. 上下水管、暖气管等各种金属管道（流经可燃或爆炸性物质的管道除外）

53. 防止间接触电的安全措施有（　　）等。

A. 保护接地、保护接零　　B. 双重绝缘、电气隔离

C. 等电位环境、不导电环境　　D. 漏电保护装置、安全电压

54. 电器线路的安全间距决定于（　　）。

A. 设备类型　　B. 电压高低　　C. 安装方式　　D. 环境条件

55. 在使用绝缘电阻表测量设备绝缘电阻工作中，注意事项有（　　）等。

A. 使用绝缘电阻表测量电气设备的绝缘时，必须将被测设备从各方面断开，验明无电后，确实证明设备上无人工作后进行

B. 在测量中禁止他人接近设备

C. 在有感应电压线路上测量绝缘电阻时，必须将另一条线路同时停电，方可进行

D. 雷电时，严禁测量线路绝缘电阻

56. （　　）等建筑物和构筑物应特别注意采取防雷措施。

A. 旷野中孤立的或高于20m的建筑物和构筑物

B. 金属屋面、砖木结构的建筑物和构筑物

C. 河边、湖边、土山顶部的建筑物和构筑物

D. 建筑物群中低于25m的建筑物和构筑物

57. 用于防止触电的安全用具应定期做耐压试验。下列安全用具需每年试验一次的有（　　）。

A. 绝缘杆　　B. 绝缘隔板　　C. 绝缘罩　　D. 绝缘胶垫

E. 绝缘手套　　F. 绝缘靴、绝缘鞋

58. （　　）等场所应采用耐火设施。

A. 变配电室、酸性蓄电池室、电容器室应采用耐火建筑

B. 室内贮油量600kg以上的变压器

C. 电热器具垫座

D. 临近室外变电装置的建筑物外墙也应采用耐火建筑

59. 电气设备正常运行，必须做到并保持（　　）。

A. 电压、电流、温升等不超过允许值

B. 电气设备绝缘良好

C. 各导电部分连接可靠、接触良好

D. 电气设备消洁

60. 绝缘物在（　　）等因素作用下也都会受到损伤而降低甚至失去绝缘性能。

A. 腐蚀性气体　　B. 蒸气、潮气　　C. 粉尘　　D. 机械损伤

二、技能验收（工艺验收）

1. 各元器件的安装位置应整齐、均匀，间距合理，便于元器件的更换。

2. 紧固各元器件时要用力适度。在紧固熔断器、接触器等易碎元器件时，应用手摁住元器件一边轻轻摇动，一边用螺钉旋具轮换旋紧对角线上的螺钉，直到手摇不动后再适当旋紧些即可。

### 布线工艺验收

1）布线通道尽可能少，并行导线按主、控电路分类集中，单层密排，紧贴板面布线。

2）同一平面的导线应高低一致或前后一致，不能交叉。非交叉不可时，该根导线应在电器的接线端子引出时，水平架空跨越，但必须走线合理。

3）布线应横平竖直，分布均匀。变换走向时应互相垂直，线路较长时须用压线夹固定，以防线路晃动。

4）布线时导线剥皮应长短合适，不要使铜导线裸露太长，严禁损伤线芯和导线绝缘。

5）导线与接线端子或接线柱连接时，不得压绝缘层、反圈及露铜过长。

6）同一元器件、同线路的不同接点的导线间距离应保持一致。

## 注意事项

1）安装电路完毕，须经老师检查后方能接通电源。

2）出现异常情况时，应立即拉闸断电，拔掉电源插头。

3）开关必须安装在相线上。

4）电能表应垂直于地面安装。

5）导线接头处，必须用绝缘胶布把裸露的导线包扎好，不能用其他胶布代替绝缘胶布。

6）在拆除电路时，应首先将总电源断开，方能动手拆除电路。

7）严禁带电操作，以防触电事故发生。

三、操作技能验收评价标准

操作技能验收评价标准见表4-6。

表 4-6 操作技能验收评价标准

| 项目 | 配分 | 评价标准/分 | | 得分 | |
|---|---|---|---|---|---|
| 常用电工材料的识别，开关元器件、熔断器的熟练程度（必要时允许查阅资料） | 60 | 很熟练 | 48～60 | | 合计 |
| | | 比较熟练 | 36～47 | | |
| | | 不熟练 | 35及以下 | | |
| 常用电工材料、开关元器件用途的认知程度，以及接线和安装 | 40 | 非常了解，安装符合要求 | 32～40 | | |
| | | 比较了解，安装基本符合要求 | 24～31 | | |
| | | 不了解，安装不符合要求 | 23及以下 | | |

# 项目五 室内配线的基本操作技能

## 案例引入

小李从职业院校电气系毕业以后当了一名村干部，大学毕业的他，想更多、更好地为村民服务，他想利用所学的知识为村民整装室内线路，消除安全隐患，那么他应在学校学会哪些知识呢?

## 任务一 掌握室内配线的基本知识和操作技能

## 相关知识

### 一、室内配线概述

**1. 室内配线的类型**

室内配线就是敷设室内用电器具、设备的供电和控制电路。室内配线有明线安装和暗线安装两种。明线安装是指导线沿墙壁、顶棚、梁及柱子等表面敷设的安装方法；暗线安装是指导线穿管埋设在墙内、地下、顶棚里的安装方法。

**2. 室内配线的主要方式**

室内配线的主要方式通常有瓷（塑料）夹板配线、瓷绝缘子配线、槽板配线、护套线配线、线管配线等。照明线路中常用的是瓷夹板配线、槽板配线和护套线配线；动力线路中常用的是瓷绝缘子配线、护套线配线和线管配线。

**3. 室内配线的技术要求**

室内配线不仅要使电能传送安全可靠，而且要使线路布置正规、合理、整齐、安装牢固，其技术要求如下：

① 所用导线的额定电压应大于线路的工作电压。导线的绝缘应符合线路的安装方式和敷设环境的条件。导线的截面积应满足供电安全电流和机械强度的要求，一般的家用照明线路宜选用 $2.5mm^2$ 的铝芯绝缘导线或 $1.5mm^2$ 的铜芯绝缘导线。

② 配线时应尽量避免导线接头。必须有接头时，应采用压接和焊接，并用绝缘胶布将接头缠好。要求导线连接和分支处不应受到机械力的作用，穿在管内的导线不允许有接头，必要时尽可能把接头放在接线盒或灯头盒内。

③ 配线时应水平或垂直敷设。水平敷设时，导线距地面不小于 2.5m；垂直敷设时，导线距地面不小于 2m。否则，应将导线穿在钢管内加以保护，以防机械损伤。同时，所配线路要便于检查和维修。

④ 当导线穿过楼板时，应设钢管加以保护，钢管长度应从距楼板面 2m 高处至楼板下出

口处。导线穿墙要用瓷管保护，瓷管两端的出线口伸出墙面不小于10mm，这样可以防止导线和墙壁接触，以免墙壁潮湿而产生漏电现象。当导线互相交叉时，为避免碰线，在每根导线上均应套塑料管或其他绝缘管，并将套管固定紧，以防其发生移动。

⑤ 为了确保安全用电，室内电气管线和配电设备与其他管道、设备间的最小距离都有明确规定。施工时如不能满足规定距离，则应采取其他的保护措施。

**4. 室内配线步骤**

1）按设计图样确定灯具、插座、开关、配电箱、启动装置等设备的位置。

2）沿建筑物确定导线敷设的路径、穿越墙壁或楼板时的具体位置。

3）土建未涂灰前，在配线所需处固定点打好孔眼，预埋绕有钢丝的木螺钉、螺栓或木砖。

4）装设绝缘支持物、线夹或管子。

5）敷设导线。

6）处理导线的连接、分支和封端，并将导线出线接头和设备相连接。

## 二、瓷绝缘子配线

**1. 概述**

瓷绝缘子有鼓形、蝶形和针式等多种。由于它机械强度大，绝缘性能好，价格低廉，故主要用于电压较高、电量较大、比较潮湿的明线或室外配线场所，如发电厂、变电所用得较多。目前，在楼宇暗线配线中已基本不用瓷绝缘子配线。

**2. 操作规程**

1）使用的导线其额定电流应大于线路的工作电流。

2）导线必须分色，如发现未按红色为相线、蓝色为零线、白色为控制线、双色线（黄/绿）为地线分色的，必须马上返工。

3）导线在开关盒、插座盒（箱）内的留线长度不应小于150mm。

4）地线与公用导线如通过盒内且是不可剪断直接通过的，也应在盒内留一定裕量。

5）如遇大功率用电器，分线盒内主线达不到负载要求时，需走专线，且线径的大小和断路器额定电流的大小也要同时考虑。

6）接线盒（箱）内导线接头采取焊接且须用防水、绝缘、黏性好的胶带牢固包缠。

7）弱电（电话、电视、网络）导线与强电导线严禁共槽共管，弱电线槽与强电线槽平行间距应不小于300mm，在连接处，电视线必须用接线盒和电视分配器连接。

**3. 工艺要求**

1）定位。定位首先要确定灯具、开关、插座和配电箱等电器设备的安装位置，然后再确定导线的敷设位置、墙壁和楼板的穿孔位置。确定导线走向时，应尽可能沿房檐、线脚、墙角等处敷设；在确定灯具、开关、插座等电器设备时，应考虑在其附近约50mm处安装一副夹板或瓷绝缘子。

2）画线。画线要求清晰、整洁、美观、规范。画线时应根据线路的实际走向，使用粉线袋、铅笔或边缘有尺寸刻度的木板条画线。凡有电器设备固定点的位置，都应在固定点中心处做一个记号。

3）凿眼。按画线定位点进行凿眼。在砖墙上凿眼时，应采用小扁凿或电钻。用电钻钻眼时，要采用金刚石钻头；用小扁凿时，应注意避免建筑物的损坏。在混凝土结构上凿眼时，可用麻线凿或冲击钻。操作时，同样要避免损坏建筑物，造成墙体大块缺损现象。

4）安装木榫或埋设缠有钢丝的木螺钉。凿眼后，通常在孔眼中安装木榫；有时也可埋设缠有钢丝的木螺钉，如图 5-1 所示，先在孔眼内洒水淋湿，然后将缠有钢丝的木螺钉用水泥灰浆嵌入凿好的孔中，当灰浆凝固变硬后，旋出木螺钉，待以后安装瓷绝缘子时使用。

**图 5-1** 缠有钢丝的木螺钉

5）埋设保护管。穿墙瓷管或过楼板钢管最好在土建时预埋，应尽量减少凿孔眼的工作。

6）固定瓷绝缘子。瓷夹板和瓷绝缘子的固定与支持面的结构有关，大致有三种情况：

① 木质结构：在木质结构上只能固定鼓形瓷绝缘子，可用木螺钉直接拧入。木螺钉的规格可按表 5-1 选用。

② 砖墙结构：利用预先埋设的木榫和木螺钉来固定鼓形瓷绝缘子，也可以用预先埋设的支架和螺栓来固定，如图 5-2a 所示。

固定鼓形瓷绝缘子所用的木螺钉的规格见表 5-1。

**表 5-1 木螺钉的规格**

| 导线截面积/mm² | 瓷绝缘子规格 | 木螺钉规格 | |
|---|---|---|---|
| | | 号数 | 长度/cm |
| ≤10 | G20 | 12 | 2.5 |
| 16 ~ 50 | G35 | 13 | 3 |
| ≥75 | G38 ~ 50 | 14 | 3.5 |

③ 混凝土墙结构：可采用环氧树脂黏结剂来固定瓷绝缘子，也可采用与木质结构和砖墙结构相同的方法，如图 5-2b 所示。

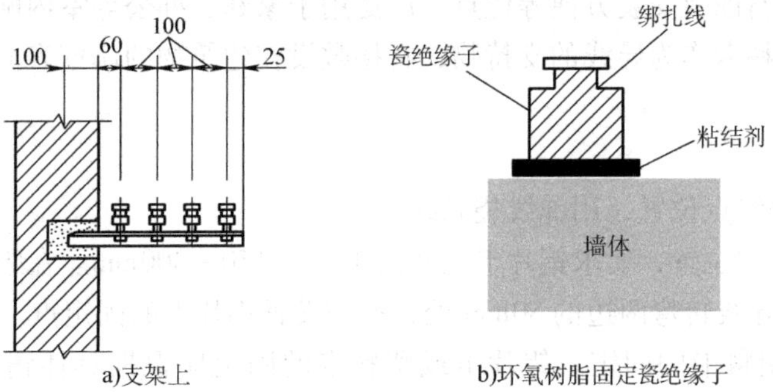


**图 5-2** 瓷绝缘子的固定

7）导线的绑扎。在瓷绝缘子上绑扎导线，应从一端开始。先将导线的一端按要求绑扎在瓷绝缘子上。再将导线向另一端拉直，固定在另一只瓷绝缘子上。在确保导线不弯曲的情况下，最后把中间导线固定。

**4. 注意事项**

① 在建筑物的侧面或斜面配线时，必须将导线绑扎在瓷绝缘子的上方，如图5-3所示。

② 导线在同一平面曲折时，瓷绝缘子必须装设在导线曲折角的内侧，如图5-4所示。

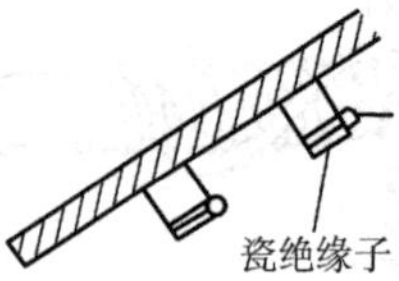


**图5-3** 瓷绝缘子在侧面或斜面上

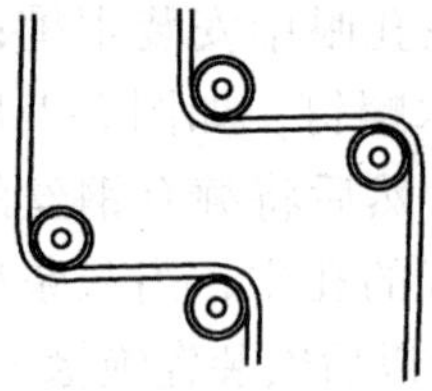

**图5-4** 瓷绝缘子在同一平面的转弯

③ 导线在不同的平面上曲折时，在凸角的两面应装设两个瓷绝缘子，如图5-5所示。

④ 导线分支时，必须在分支点处设置瓷绝缘子，用以支持导线；导线互相交叉，应在靠近建筑物表面的那根导线上套瓷管进行保护，如图5-6所示。

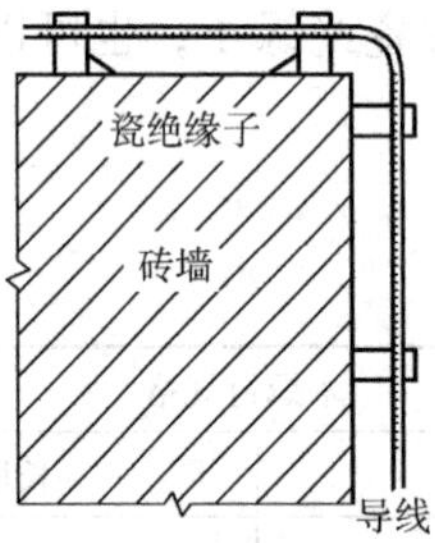


**图5-5** 瓷绝缘子在不同平面的转弯做法

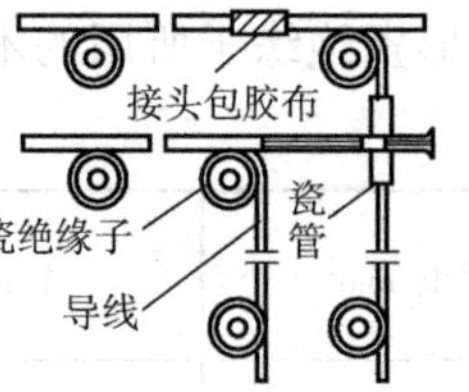


**图5-6** 瓷绝缘子的分支做法

## 三、塑料护套线配线

塑料护套线是一种将双芯或多芯绝缘导线并在一起，外加塑料保护层的双绝缘导线，具有防潮、耐酸、耐腐蚀及安装方便等优点，广泛用于家庭、办公等室内配线中。塑料护套线一般用铝片卡或塑料卡作为导线的支持物，直接敷设在建筑物的墙壁表面，有时也可直接敷设在空心楼板中。

1）画线定位。

① 确定起点和终点位置，用弹线袋画线。

② 设定铝片卡的位置，要求铝片卡之间的距离为150~300mm。在距开关、插座、灯具的木台50mm处及导线转弯两边的80mm处，都需设置铝片卡的固定点。

2）铝片卡或塑料卡的固定。铝片卡或塑料卡的固定应根据具体情况而定。在木质结构、涂灰层的墙上，选择适当的小铁钉或小水泥钉即可将铝片卡或塑料卡钉牢；在混凝土结构上，可用小水泥钉钉牢，也可采用环氧树脂粘接。

3）敷设导线。为了使护套线敷设得平直，可在直线部分的两端各装一副瓷夹板。敷线时，先把护套线一端固定在瓷夹内，然后拉直并在另一端收紧护套线后固定在另一副瓷夹中，最后把护套线依次夹入铝片卡或塑料卡中。护套线转弯时应成小弧形，不能用力硬扭成直角。塑料护套线的配线方法如图5-7所示。

## 四、线管配线

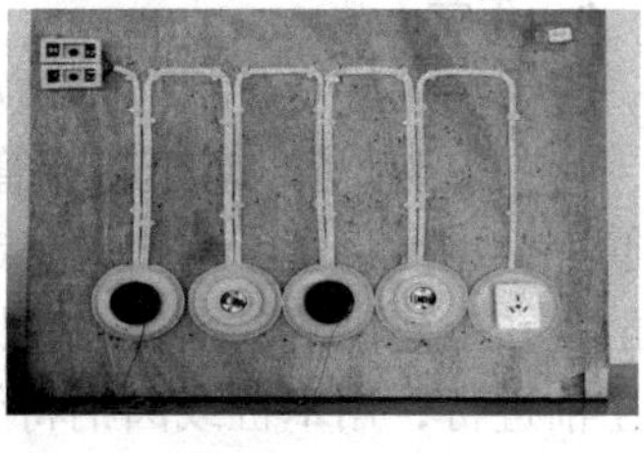

图 5-7 塑料护套线的配线方法

线管的配线方法如图 5-8 所示。

把绝缘导线穿在管内敷设，称为线管配线。线管配线有耐潮、耐腐蚀、导线不易遭受机械损伤等优点，适用于室内外照明和动力线路的配线。

线管配线有明装式和暗装式两种。明装式表示线管沿墙壁或其他支撑物表面敷设，要求线管横平竖直、整齐美观；暗装式表示线管埋入地下、墙体内或吊顶上，不为人所见，要求线管短、弯头少。

图 5-8 线管的配线方法

### 1. 线管的选择

选择线管时，通常根据敷设的场所来选择线管类型；根据穿管导线的截面积和根数来选择线管的直径。选管时应注意以下几点：

1）在潮湿和有腐蚀性气体的场所，不管是明装还是暗装，一般采用管壁较厚的镀锌管或高强度 PVC 线管。

2）在干燥场所内明装或暗装时，一般采用管壁较薄的 PVC 线管。

3）腐蚀性较大的场所内明装或暗装一般采用硬塑料管。

4）根据穿管导线的截面积和根数来选择线管的直径，要求穿管导线（包括绝缘层）的总截面积不应该超过线管内径截面积的 40%。

### 2. 防锈与涂漆

为防止线管年久生锈，在使用前应将线管进行防锈与涂漆。先将管内、管外进行除锈处理，除锈后再将管子的内外表面涂上油漆或沥青。在除锈过程中，还应检查线管质量，保证无裂纹、瘪陷，管内无锋口杂物。

### 3. 锯管

根据使用需要，必须将线管按实际需要切断。切断的方法是用台虎钳将其固定，再用钢锯锯断。锯割时，在锯口上注少量润滑油可防止钢锯条过热；管口要平齐，并锉去毛刺。

### 4. 套丝与攻螺纹

在利用线管布线时，有时需要进行管子与管子、管子与接线盒之间的螺纹连接。为线管加工内螺纹的过程称为攻螺纹；为线管加工外螺纹的过程称为套丝。攻螺纹与套丝的工具选用、操作步骤、工艺过程及操作注意事项要按机械实训的要求进行。

### 5. 弯管

根据线路敷设的需要，在线管改变方向时需将管子弯曲。管子的弯曲角度一般不应小于 90°，其弯曲半径可以这样确定：明装管至少应等于管子直径的 6 倍；暗装管至少应等于管子直径的 10 倍。

### 6. 布管

管子加工好后，就应按预定的线路布管。具体的步骤与工艺如下：

1）固定管子。对于暗装管，若布在现场浇制的混凝土构件内，可用钢丝将管子绑扎在钢筋上，也可将管子用垫块垫起、钢丝绑牢，用钉子将垫块固定在木模上；若布在砖墙内，一般是在土建砌砖时预埋，否则应先在砖墙上留槽或开槽；若布在地坪内，须在土建浇制混凝土前进行，用木桩或圆钢将管子打入地中，并用钢丝将其绑牢。对于明装管，为使线管整齐美观，管路应沿建筑物水平或垂直敷设。当管子沿墙壁、柱子和屋架等处敷设时，可用管卡、管夹或桥架固定；当管子进入开关、灯头、插座等接线盒孔内及有弯头的地方时，也应用管卡固定。对于硬塑料管，由于硬塑料管的膨胀系数较大，因此沿建筑物表面敷设时，在直线部分每隔30m要装设一个温度补偿盒。硬塑料管的固定也可采用管卡，对其间距也有一定的要求。

2）管子的连接。钢管与钢管的连接，无论是明装管还是暗装管，最好采用管接头连接。尤其是地埋和防爆线管，为了保证管接口的密封性，应涂上润滑脂，缠上麻丝，用管子钳拧紧，并使两管端口吻合。在干燥少尘的厂房内，直径50mm及以上的管子，可采用外加套筒焊接，连接时将管子从套筒两端插入，对准中心线后进行焊接。硬塑料管之间的连接可采用插入法和套接法。插入法即在电炉上将硬塑料管加热到柔软状态后扩口插入，并用黏结剂（如过氯乙烯胶）密封；套接法即将同直径的硬塑料管加热扩大成套筒，并用黏结剂或电焊密封。线管与配电箱（或接线盒）的连接如图5-9所示。

3）管子接地。为了安全用电，钢管与钢管、钢管与配电箱及接线盒等连接处都应做系统接地。管路中有接头将影响整个管路的导电性能及接地的可靠性，因此在接头处应焊上跨接线，其方法如图5-10所示，跨接线的长度可参见表5-2。钢管与配电箱的连接地线，均需焊有专用的接地螺栓。

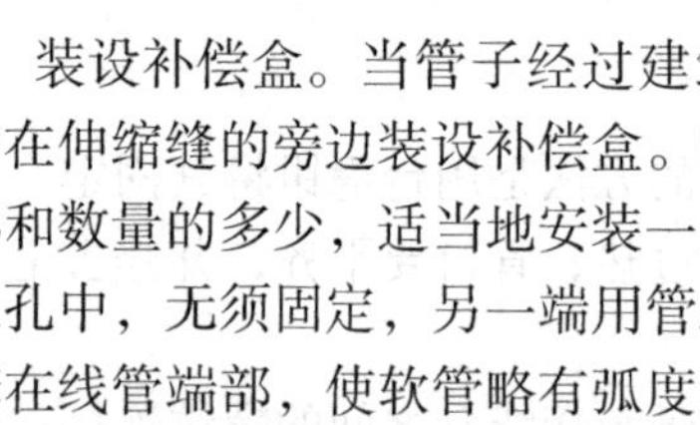

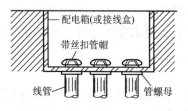


**图5-9** 线管与配电箱的连接

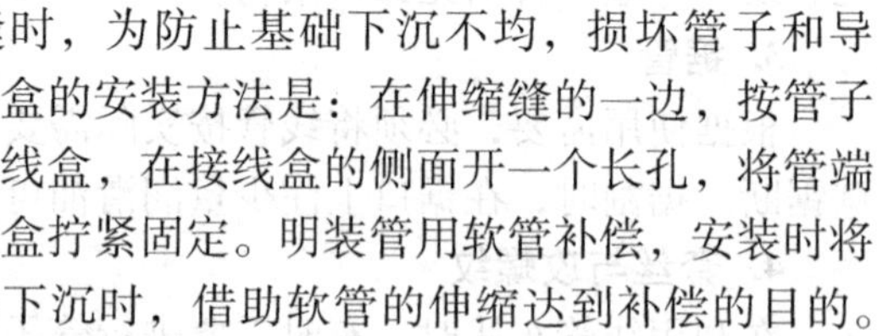

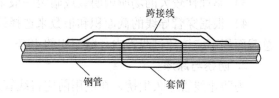


**图5-10** 钢管连接处的跨接线

4）装设补偿盒。当管子经过建筑物伸缩缝时，为防止基础下沉不均，损坏管子和导线，需在伸缩缝的旁边装设补偿盒。暗装管补偿盒的安装方法是：在伸缩缝的一边，按管子的大小和数量的多少，适当地安装一只或两只接线盒，在接线盒的侧面开一个长孔，将管端穿入长孔中，无须固定，另一端用管螺母与接线盒拧紧固定。明装管用软管补偿，安装时将软管套在线管端部，使软管略有弧度，以便基础下沉时，借助软管的伸缩达到补偿的目的。不同线管的跨接线的长度见表5-2。

**表5-2 不同线管的跨接线的长度**

| 线管直径/mm | | 跨接线/mm | | 线管直径/mm | | 跨接线/mm | |
|---|---|---|---|---|---|---|---|
| 电线管 | 钢管 | 圆钢 | 扁钢 | 电线管 | 钢管 | 圆钢 | 扁钢 |
| ≤32 | ≤25 | $\phi6$ | — | ≤50 | 40～50 | $\phi10$ | — |
| ≤40 | ≤32 | $\phi8$ | — | 70～80 | 70～80 | — | 25×4 |

# 任务二 建筑电气工程施工图识图基本知识

## 相关知识

### 一、建筑电气工程施工图概念

建筑电气工程施工图，是用规定的图形符号和文字符号表示系统的组成及连接方式、装置和线路的具体的安装位置和走向的图样。

建筑电气工程施工图的特点如下：

1）建筑电气工程施工图大多是采用统一的图形符号并加注文字符号绘制的。

2）任何线路（包括设备、元器件）都必须通过导线构成闭合回路。

3）在进行建筑电气工程施工图识读时，应阅读相应的土建工程图及其他安装工程图，以了解相互间的配合关系；建筑电气工程施工图对于设备的安装方法、质量要求以及使用维修方面的技术要求等往往不能完全反映出来，所以在阅读图样时有关安装方法、技术要求等问题，要参照相关图集和规范。

### 二、建筑电气工程施工图的类别

（1）系统图　用规定的符号表示系统的组成和连接关系，它用单线将整个工程的供电线路示意连接起来，主要表示整个工程或某一项目的供电方案和方式，也可以表示某一装置各部分的关系。系统图包括供配电系统图（强电系统图）、弱电系统图。

供配电系统图（强电系统图）表示供电方式、供电回路、电压等级及进户方式；标注回路个数、设备容量、启动方法、保护方式、计量方式及线路敷设方式。强电系统图有高压系统图、低压系统图、电力系统图及照明系统图等。

弱电系统图表示元器件的连接关系。包括通信电话系统图、广播线路系统图、共用天线系统图、火灾报警系统图、安全防范系统图及微机系统图。

（2）平面图　是用设备、器具的图形符号和敷设的导线（电缆）或穿线管路的线条画在建筑物或安装场所，用以表示设备、器具、管线实际安装位置的水平投影图，是表示装置、器具、线路具体平面位置的图样。平面图包括强电平面图和弱电平面图。

强电平面图包括：电力平面图、照明平面图、防雷接地平面图、厂区电缆平面图等；弱电平面图包括：消除电气平面布置图、综合布线平面图等。

（3）原理图　表示控制原理的图样，在施工过程中，指导调试工作。

（4）接线图　表示系统的接线关系的图样，在施工过程中指导调试工作。

### 三、建筑电气工程施工图的组成

建筑电气工程施工图的组成有：首页、电气系统图、平面布置图、安装接线图、大样图和标准图。

（1）首页　主要包括目录、设计说明、图例和设备器材表。

1）设计说明包括的内容有：设计依据、工程概况、负荷等级、保险方式、接地要求、负荷分配、线路敷设方式、设备安装高度、施工图未能表明的特殊要求、施工注意事项、测试参数及业主的要求和施工原则。

2）图例：即图形符号，通常只列出本套图样中涉及的图形符号，在图例中可以标注装置与器具的安装方式和安装高度。

3）设备器材表：列出本套图样中的电气设备、器具及材料明细。

（2）电气系统图　指导组织定购，安装调试。

（3）平面布置图　指导施工与验收的依据。

（4）安装接线图　指导电气安装检查接线。

（5）大样图　指施工单位依设计图样深化绘制的施工图样，一层层、一个个螺钉的标明，可以精确到毫米。

（6）标准图　指导施工及验收的依据。

## 任务实施

1. 简述建筑电气工程施工图的特点和类别。
2. 简述建筑物局部房间照明平面图与原理接线图关系。

# 任务三　建筑电气工程施工图的识读

## 相关知识

### 一、常用的文字符号及图形符号

图样是工程“语言”，这种“语言”是采用规定符号的形式表示出来的，符号分为文字符号及图形符号。熟悉和掌握“语言”是十分关键的，对了解设计者的意图、掌握安装工程项目、安装技术、施工准备、材料消耗、安装器具的安排、工程质量、编制施工组织设计、工程施工图预算（或投标报价）意义十分重大。

建筑电气工程施工图常用的文字符号见表5-3。

**表5-3　建筑电气工程施工图常用的文字符号**

| 名称 | 符号 | 说明 |
|---|---|---|
| 线路敷设方式 | SR | 用钢线槽敷设 |
| 相序 | A | A相（第一相）涂黄色 |
| | B | B相（第二相）涂绿色 |
| | C | C相（第三相）涂红色 |
| | N | N相为中性线，涂黑色 |
| 线路敷设方式 | E | 明敷 |
| | C | 暗敷 |
| | SR | 沿钢索敷设 |
| | SC | 穿水煤气钢管敷设 |
| | TC | 穿电线管敷 |
| | CP | 穿金属软管敷设 |
| | PC | 穿硬塑料管 |
| | FPC | 穿半硬塑料管 |
| | CT | 电缆桥架敷设 |

（续）

| 名称 | 符号 | 说明 |
|---|---|---|
| 敷设部位 | F | 沿地敷设 |
| | W | 沿墙敷设 |
| | B | 沿梁敷设 |
| | CE | 沿天棚敷设或顶板敷设 |
| | BE | 沿屋架或跨越屋架敷设 |
| | CL | 沿柱敷设 |
| | CC | 暗设天棚或顶板内 |
| | ACC | 暗设在不能进入的吊顶内 |
| 器具安装方式 | CP | 线吊式 |
| | CP1 | 固定线吊式 |
| | CP2 | 防水线吊式 |
| | Ch | 链吊式 |
| | P | 管吊式 |
| | W | 壁装式 |
| | S | 吸顶或直敷式 |
| | R | 嵌入式（嵌入不可进入的顶棚） |
| | CR | 顶棚内安装（嵌入可进入的顶棚） |
| | WR | 墙壁内安装 |
| | SP | 支架上安装 |
| | CL | 柱上安装 |
| | HM | 座装 |
| | T | 台上安装 |
| 线路的标注方式 | WP | 电力（动力回路）线路 |
| | WC | 控制回路 |
| | WL | 照明回路 |
| | WEL | 事故照明回路 |

## 二、读图的方法和步骤

**1. 读图的原则**

就建筑电气工程施工图而言，一般遵循“六先六后”的原则，即：先强电后弱电、先系统后平面、先动力后照明、先下层后上层、先室内后室外、先简单后复杂。

**2. 读图的方法及顺序**（图5-11）

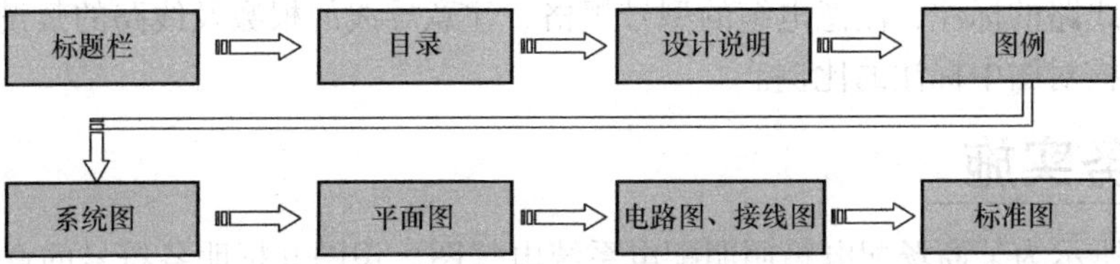


**图5-11** 建筑电气工程施工图的读图顺序

1）看标题栏：了解工程项目名称内容、设计单位、设计日期及绘图比例。

2）看目录：了解单位工程图样的数量及各种图样的编号。

3）看设计说明：了解工程概况、供电方式以及安装技术要求。特别注意的是有些分项局部问题是在各分项工程图样上说明的，看分项工程图样时也要先看设计说明。

4）看图例：充分了解各图例符号所表示的设备器具名称及标注说明。

5）看系统图：各分项工程都有系统图，如变配电工程的供电系统图，电气工程的电力系统图，电气照明工程的照明系统图，了解主要设备、元件连接关系及它们的规格、型号、参数等。

6）看平面图：了解建筑物的平面布置、轴线、尺寸、比例、各种变配电设备、用电设备的编号、名称和它们在平面上的位置、各种变配电设备起点、终点、敷设方式及在建筑物中的走向。

7）读平面图的一般顺序如图5-12所示。

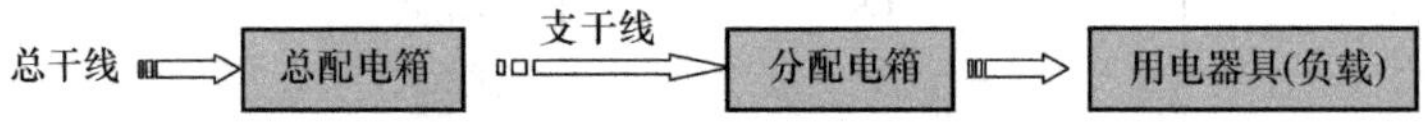


**图5-12** 读平面图的一般顺序

8）看电路图、接线图：了解系统中用电设备控制原理，用来指导设备安装及调试工作，在进行控制系统调试及校线工作中，应依据功能关系从上至下或从左至右逐个回路地阅读，电路图与接线图、端子图配合阅读。

9）看标准图：标准图详细表达了设备、装置、器材的安装方式方法。

10）看设备材料表：设备材料表提供了该工程所使用的设备、材料的型号、规格、数量，是编制施工方案、编制预算、材料采购的重要依据。

## 三、读图注意事项

就建筑电气工程施工图而言，读图时应注意如下事项：

1）注意阅读设计说明，尤其是施工注意事项及各分部分项工程的做法，特别是一些暗设线路、电气设备的基础及各种电气预埋件更与土建工程密切相关，读图时要结合其他专业图样阅读。

2）注意系统图与系统图对照看，例如：供配电系统图与电力系统图、照明系统图对照看，核对其对应关系；系统图与平面图对照看，电力系统图与电力平面图对照看，照明系统图与照明平面图对照看，核对有无不对应的错误。看系统的组成与平面对应的位置，看系统图与平面图线路的敷设方式、线路的型号、规格是否保持一致。

3）注意看平面图的水平位置与其空间位置。

4）注意线路的标注，注意电缆的型号规格、注意导线的根数及线路的敷设方式。

5）注意核对图中标注的比例。

## 任务实施

图5-13所示为某商场配电箱照明配电系统电气图，识图并标明各符号的意义。

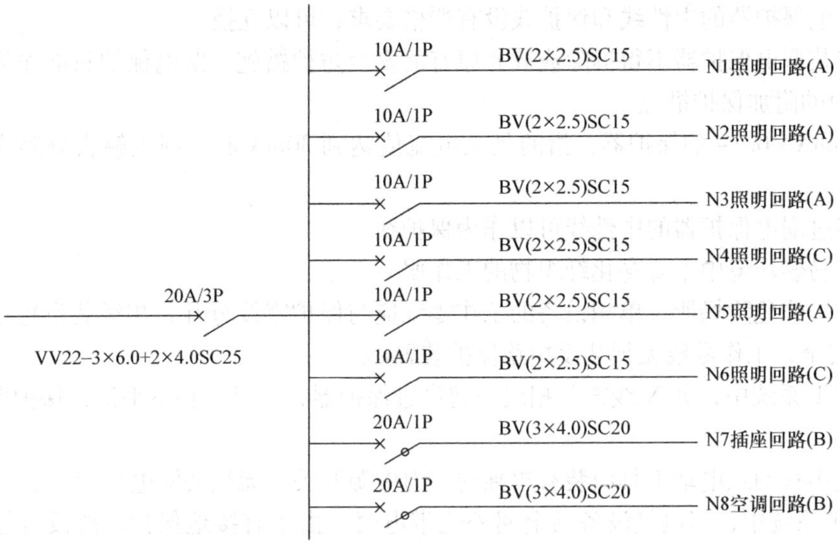


**图 5-13** 某商场配电箱照明配电系统电气图

## 测 评 验 收

一、知识验收（低压电工考证训练判断题）

1. 为保证安全，在选择漏电保护器时，选择的额定动作电流越小越好。（ ）

2. 新装或大修后的低压线路和设备，绝缘电阻不应低于 0. 5MΩ。（ ）

3. 运行中的低压线路和设备，绝缘电阻不应低于每伏工作电压 10000Ω。（ ）

4. 控制线路绝缘电阻一般不应低于 1MΩ。（ ）

5. 爆炸危险场所的接地装置为了保持电流途径不中断，防止出现电火花，必须将所有设备的金属部分、金属管道以及建筑物的金属结构全部接地（或接零），并连接成连续的整体。（ ）

6. 根据工作需要，自耦变压器也可以替代安全变压器使用。（ ）

7. 只要做好设备的保护接地或保护接零，就可以杜绝触电事故的发生。（ ）

8. 可以用一般的绳、带代替安全带使用。（ ）

9. 在爆炸危险场所，绝缘导线可以明敷。（ ）

10. 手提照明灯、高度不足 2. 5m 的一般照明灯、危险环境和特别危险环境的局部照明、携带式电动工具等，无特殊安全结构和安全措施时，应采用 42V 的安全电压。（ ）

11. 安全隔离变压器带电部分与金属壳体之间的绝缘电阻不应小于 7MΩ，初级与次级之间的绝缘电阻不应低于 5MΩ。（ ）

12. 泄漏电流试验一般只针对某些安全要求较高的用具，如某些电工安全用具绝缘手套、绝缘靴、绝缘垫等。（ ）

13. 漏电保护装置可用于过载、过电压、欠电压和断相保护。（ ）

14. 漏电保护器的额定工作电流要和回路中的实际电流一致，若实际工作电流大于保护器的额定电流时，会造成过载使保护器误动作。（ ）

15. 在 TN – C 供电系统中，家用电器不带电的金属部分应保护接地。（ ）

16. 漏电保护器的中性线和保护线没有严格要求，可以互换。（ ）

17. 安装漏电保护器不得拆除或放弃原有的安全防护措施，漏电保护只能作为电气安全防护系统中的附加保护措施。（ ）

18. 30mA×0.1s 的保护器，指的是从电流值达到 30mA 起，到主触头分离为止的时间不超过 0.1s。（ ）

19. 经过漏电保护器的中性线可以作为保护线。（ ）

20. 在易燃环境中不要穿化纤织物的工作服。（ ）

21. 在爆炸危险场所，单相设备的工作零线应与保护零线分开，相线装设短路保护装置即可保证安全，工作零线无须装设短路保护装置。（ ）

22. 在 T 系统中，如 N 线末与相线一起穿过保护器，一旦三相不平衡，保护器即发生误动作。（ ）

23. 使用移动式电动工具应装有单独的双刀电源开关，无须装漏电保护器。（ ）

24. TT 系统中，当电气设备的金属外壳带电时，由于有接地保护，故没有触电的危险性。（ ）

25. 保护接地的作用是限制漏电设备的对地电压，使其不超出安全范围。（ ）

26. 保护接零是借接零线路使设备漏电时形成单相短路，促使线路上保护装置迅速动作。（ ）

27. IT 系统就是保护接零系统。（ ）

28. 保护接地适用于各种接地配电网。（ ）

29. 在不接地配电网中，每台设备单独接地保护，而无须安装漏电保护装置，也没有危险。（ ）

30. TT 系统中，当电气设备的金属外壳带电（相线碰壳或设备绝缘损坏而漏电）时，由于有接地保护，可以大大减少触电的危险性。（ ）

31. TN－S 系统具有专用保护零线（PE 线），是保护零线与工作零线（N 线）完全分开的系统。（ ）

32. 独立附设变电站的车间宜采用 TN－C 系统。（ ）

33. 由同一台变压器供电的配电网中，不允许一部分电气设备采用保护接地，另一部分电气设备采用保护接零。（ ）

34. 中性点直接接地的电网中，中性点直接可靠接地，工作接地电阻应不大于 4Ω。（ ）

35. 中性点直接接地的电网中，保护零线和工作零线（单相用电设备除外）不得装设熔断器或断路器。（ ）

36. 因为直流电流有比较强烈的腐蚀作用，所以一般不采用自然导体作为载流的直流接地体。（ ）

37. 中性点直接接地的低压系统，电气设备的专用接地线可与相线一起敷设。（ ）

38. 电线管道应尽可能敷设在热力管道下方。（ ）

39. 不得使用金属软管、保温管的金属网或外皮及低压照明导线或电缆的铅护套做接地线。（ ）

40. 携带式用电设备应用电缆中的专用线芯接地，此线芯严禁同时用来通过工作电流，

严禁利用设备的零线接地。（　　）

41. 低压断路器自动跳闸后，必须查明原因再合闸送电。（　　）

42. 人体在电流的作用下，没有绝对安全的途径。（　　）

43. 熔断器的熔体熔断电流，是指最大的熔化电流。（　　）

44. 低压电器设备可分为控制电器、保护电器。（　　）

45. 在有爆炸危险的场所，应采用三相五线制和单相三线制线路，即采用保护零线与工作零线分开的 TN－S 系统，相线和工作零线上均应有短路保护。（　　）

46. 低压断路器是低压配电系统中的重要设备，集控制电器、保护电器于一体。（　　）

47. 安全电压插头、插座可以与其他电压的插头、插座通用。（　　）

48. 变电所和配电所与建筑物相毗邻时，隔墙应是非燃烧体的，其门窗应选用铁质材料，且向内开启，通向无火灾和无爆炸危险的场所。（　　）

49. 熔断器额定分断能力，是指熔断器能分断的最小的短路电流。（　　）

50. 泄漏电流是设备在对外高电压作用下经绝缘部分泄漏的电流。（　　）

51. 有爆炸危险的场所，单相设备的工作零线应与保护零线分开，相线和工作零线均应装设短路保护装置，并装设双极刀开关以同时操作相线和工作零线。（　　）

52. 在安全电压下工作肯定不会发生触电事故。（　　）

53. 低压验电器可区分交流电或是直流电，氖泡两极发光的是交流电，一极发光的是直流电，且发光的一极是直流电源的负极。（　　）

54. 在三相电源中，当一相或二相熔断器熔断时，一般三相熔管均应更换，因为尽管其他熔管未熔，有可能已严重受损。（　　）

55. 漏电保护插座是指具有对漏电电流检测和判断，并且能切断回路的电源插座。（　　）

56. 低压带电工作断开导线，应先断开零线再断开相线。（　　）

57. 触电伤害一般指的是电伤。（　　）

58. 熔断器更换熔体无须先将用电设备断开。（　　）

59. 工作零线不得在漏电保护器负荷侧重复接地，否则漏电保护器不能正常工作。（　　）

60. 所有电压值的电器设备均可采用自然体作为接地线、接零线。（　　）

61. TN－S 系统，在机加工车间里安装照明线路时，只允许在相线上装熔断器或开关。（　　）

62. 根据车间的接地线及零线的运行情况，一般每年应检查 1～2 次。（　　）

63. 在锅炉、金属容器、管道内等狭窄场所应使用Ⅱ类工具。（　　）

64. 使用移动式电源箱，一个动力分路只能接一台设备，设备有名称牌。动力与照明回路应分开。（　　）

65. 当上水管与电线管平行敷设且在同一垂直面时，应将电线管路敷设于水管下方。（　　）

66. 1211 和干粉灭火剂为不导电灭火剂。（　　）

67. 当工作地点狭窄、行动困难以及周围有大面积接地体等环境（如金属容器内、隧道内、矿井内）中的手提照明灯，其安全电压应采用 42V 的电压。（　　）

68. 各种防雷装置的接地线每年（雷雨季前）应检查一次。（　）
69. 为减少触电危险，确保安全，隔离变压器次级应接地。（　）
70. 五芯电缆线中，淡蓝色应接工作零线，PD线应接黄/绿双色线。（　）
71. 低压带电工作，在登杆前，应在地面上先分清相线、中性线，选好工作位置。（　）
72. 低压带电工作，人体不得同时接触两根线头。（　）
73. 低压带电工作应设专人监护，穿长袖衣并戴手套和安全帽。（　）
74. 严禁私自拆除漏电保护器，但可以强迫送电。（　）
75. 重复接地可以从零线上重复接地，也可从接零的金属外壳上重复接地。（　）
76. 安全用具的橡胶制品不应与油脂（石油类）接触。（　）
77. 使用移动式电源箱一个动力分路可以接多台设备。（　）
78. 使用移动式电动工具应装有单独的双刀电源开关，无须装漏电保护器。（　）
79. 安全电压是指在各种不同环境条件下，人体接触到带电体后，各部分组织不发生任何损害的电压。（　）
80. 低压电器设备不停电工作和带电作业都必须使用电气工作票。（　）
81. 低压断路器在使用维护过程中，要定期对断路器进行除灰清洁。（　）

二、技能验收

检查学生布线是不是符合布线要求，并检查完成情况。

三、布线及安装评价验收标准（见表5-4）

**表5-4　布线及安装评价验收标准**

| 项目内容 | 配分 | 评价标准 | 得分 |
|---|---|---|---|
| 安装前检查 | 6 | 电气元件漏检或错检，每处扣1分 | |
| 安装元件 | 14 | ①元件安装不牢固，每只扣4分；②元件安装不整齐、不合理，每只扣3分；③损坏元件，扣14分 | |
| 布线 | 30 | ①布线不符合要求，每根扣4分；②接点不符合要求，每个接点扣1分；③损坏导线绝缘相线芯，每根扣4分 | |
| 通电试验 | 40 | ①第一次通电不成功扣20分；②第二次通电不成功扣30分；③第三次通电不成功扣40分 | |
| 实训报告 | 10 | ①无实训报告扣10分；②实训报告不规范，酌情扣分 | |
| 安全文明生产 | 违反安全文明生产规程　扣4～40分 | | |

# 项目六 常用照明电路的安装

## 案例引入

小李从室外工作完毕后，立即投入到室内的照明灯具安装，主人要求既方便，又要体现美观、给人以美的视觉享受，而且还要节能，如图 6-1 所示。那么小李在学校需学哪些知识才能工作得得心应手呢？

图 6-1　常见照明场景

## 任务一　认知照明技术的计算、照度标准、常用电光源的分类及主要技术数据

### 任务描述

认知照明技术的基本计算公式（见表 A-12），掌握照明的照度标准是现代电工从业人员必须具备的知识。目前，在工厂、商店、学校和家庭等照明中，除普遍采用的白炽灯、荧光灯等常用照明光源外，高压水银荧光灯、碘钨灯、钠灯及环形、H 形和 U 形节能灯及 LED 节能灯，亦得到了广泛的应用。照明光源的种类、灯型及其布置，要根据现场对照度及光色的要求来确定。人工照明照度的参考值见表 A-13。

## 相关知识

照明以电光源最为普遍，而电光源所需的电气装置称为照明装置。它包括灯具、灯座、开关、插座及所有的附件等。

照明装置的安装要求是正规、合理、牢固和整齐。正规是指各种器具必须按照有关规范、规程和工艺标准进行安装，达到质量标准的规定；合理是指选用的各种照明装置必须适用、经济、可靠，安装的地点位置应符合实际需要，使用要方便；牢固是指各照明装置安装应牢固、可靠，达到安全运行和使用的功能；整齐是指同一使用环境和统一要求的照明装置，要安装得横平竖直，品种规格要整齐划一，以达到形色协调和美观的要求。在安装的过程中，还要注意保持建筑物顶棚、墙壁、地面不被污染和损伤等。

常用照明电光源的分类及特点见表6-1，不同的照明灯具、光源所用场所各不相同，其使用时的优缺点也不一样。

**表6-1 常用照明电光源的分类及特点**

| 种类 | | 优点 | 缺点 | 适用场合 |
|---|---|---|---|---|
| 白炽灯 | | 结构简单，价格低廉，使用和维修方便 | 光效低，寿命短，不耐振 | 用于室内外照度要求不高，而开关频繁的场合 |
| 碘钨灯 | | 光效较高，比白炽灯高30%左右，构造简单，使用和维修方便，光色好，体积小 | 灯管必须水平安装，倾斜度小于4°，灯管表面温度高，可达500～700℃，不耐振 | 用于广场、体育场、游泳池、车间、仓库等照度要求高、照射距离远的场合 |
| 荧光灯 | | 光效较高，为白炽灯的4倍，寿命长，光色好 | 功率因数低，附件多，故障比白炽灯多 | 广泛用于办公室、会议室和商店等场合 |
| 氙灯 | | 光效极高，光色接近日光，功率可达10kW到几十千瓦 | 启动装置复杂，需用触发器启动，灯在点燃时有大量紫外线辐射 | 广泛用于广场、体育场、公园，适合大面积照明的场合 |
| 高压水银荧光灯 | 外附镇流器式 | 光效高，寿命长，耐振动 | 功率因数低，需附件，价格高，启动时间长，初次启动4～8min，再次启动5～10min | 广场、大车间、车站、码头、街道、道路和仓库等场所 |
| | 自镇式 | 光效高，寿命长，无镇流器附件，使用方便，光色较好，初次启动无延迟 | 价格高，不耐振，再次启动要延时3～6min | |
| 钠灯 | | 光效很高，省电，寿命长，紫外线辐射少，透雾性好 | 分辨颜色的性能差，启动时间为4～8min，再次启动需3min | |

## 任务实施

1. 认知各种灯具的性能及用途。
2. 从节能的观点谈一谈你对节约用电的看法。
3. 上网查一查最近有哪些新的照明灯具。

# 任务二 认知照明光源及电器元件组成

## 相关知识

**1. 白炽灯**

白炽灯为热辐射光源，是靠电流加热灯丝至白炽状态而发光的。白炽灯如图6-2所示。白炽灯有普通灯泡和低压灯泡两种。普通灯泡额定电压一般为220V，功率为10~1000W，灯头有卡口和螺口之分，其中100W以上者一般采用瓷质螺纹灯口，用于常规照明。低压灯泡额定电压为6~36V，功率一般不超过100W，用于局部照明和携带照明。

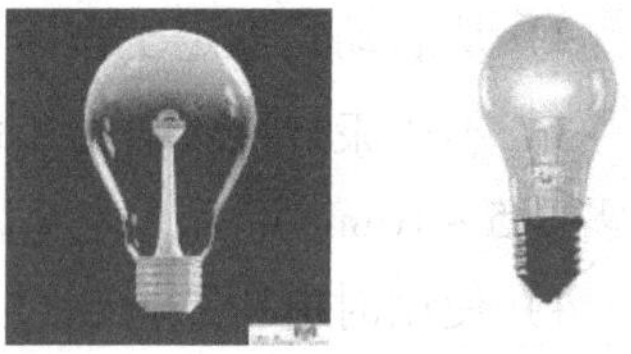

**图6-2** 白炽灯

白炽灯由玻璃泡壳、灯丝、支架、引线、灯头等组成。在非充气式灯泡中，玻璃泡内抽成真空；而在充气式灯泡中，玻璃泡内抽成真空后再充入惰性气体。

白炽灯照明电路由负载、开关、导线及电源组成。安装方式一般为悬吊式、壁式和吸顶式。而悬吊式又分为软线吊灯、链式吊灯和钢管吊灯。白炽灯在额定电压下使用时，其寿命一般为1000h，当电压升高5%时，寿命将缩短50%；电压升高10%时，其亮度提高17%，而寿命缩短到原来的28%。反之，如电压降低20%，其亮度则降低37%，但寿命增加一倍。因此，灯泡的供电电压以低于额定值为宜。

**2. 荧光灯**

荧光灯（旧称日光灯）靠汞蒸气电离产生的紫外线去激发灯管内壁的荧光物质，使之发出可见光。荧光灯由灯管、灯架、镇流器、辉光启动器及电容等组成，其接线如图6-3所示。

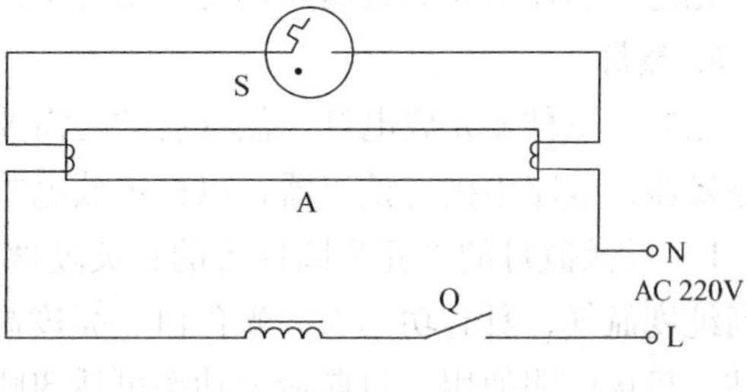


**图6-3** 荧光灯接线

其工作原理是：当荧光灯接通电源后，电源电压经过镇流器、灯丝加在辉光启动器的两端，引起辉光启动器辉光放电而导通。此时线路接通，灯丝与镇流器、辉光启动器串联在电路中，灯丝发热，发射出大量的电子；辉光启动器停止辉光放电，冷却断开。就在辉光启动器断开的一瞬间，镇流器线圈因自感现象产生感应电动势，它与电源电压同时加在灯管的两端，使灯管内惰性气体被电离而引起弧光放电。随着灯管内温度升高，液态汞汽化游离，引起汞蒸气弧光放电而发出肉眼看不见的紫外线，紫外线激发灯管内壁的荧光粉后，发出近似日光的灯光。

荧光灯具有结构简单、光色好、发光效率高、寿命长、耗电量低等优点，在电气照明中被广泛采用。

**3. 高压汞灯**

高压汞灯分为荧光高压汞灯和自镇流高压汞灯两种。荧光高压汞灯（带外接镇流器）是一种在玻璃泡内表面涂有荧光粉的高压汞蒸气放电灯；而自镇流高压汞灯利用钨丝绕在石英管的外面作镇流器，并与放电管串联后装入高压汞灯的玻璃泡内，工作时利用镇流器可限制放电管电流，同时发出可见光。高压汞灯发光效率高、亮度大、耐振性较好，广泛用于工厂车间、街道、广场、车站、码头、建筑工场等场所的一般照明。高压汞灯接线如图 6-4 所示。

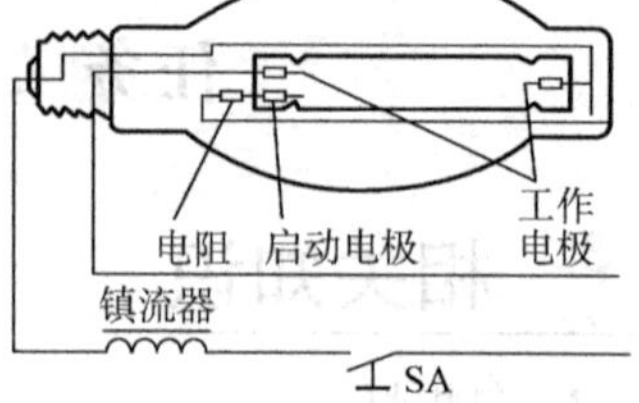


**图 6-4** 高压汞灯接线

高压汞灯在使用时应注意以下几点：

1）灯泡必须与符合要求的镇流器配套使用。

2）从启动到稳定工作需要 4～10min。

3）高压汞灯熄灭后，不能立即再次启动，必须待灯丝冷却，灯泡内汞气压力降低（一般需要 5～10min）后，才允许再次启动。

4）使用时电压跌落超过 5% 可能导致高压汞灯熄灭，因此电源电压波动不宜过大。

**4. 高压钠灯**

高压钠灯利用高压钠蒸气电离导电，发出白色光，其辐射光的波长集中在人眼感受较灵敏的范围内。

**5. 金属卤化物灯**

金属卤化物灯是在高压汞灯的基础上，为改善光色而发展起来的一种新型电光源，具有光色好、发光效率高等特点。若在高压汞灯放电管内添加某些金属卤化物，这些金属卤化物在管壁的工作温度下（700～1000℃）大量蒸发，使金属卤化物不断循环，在电弧放电时提供相应的金属蒸气，就会发出该金属特征光谱线，使这些光谱线接近于太阳光线，这样就改善了光色。选择不同的金属卤化物，便可得到各种不同光色的金属卤化物灯。

**6. 氙灯**

氙灯是一种弧光放电灯，氙灯启动时需要比工作时高得多的电压，因此，启动时需要采用触发器，电路中接有镇流器，以稳定放电管的工作。氙灯有长弧氙灯和短弧氙灯之分。

1）长弧氙灯的外壳为圆柱形的石英玻璃管，两端各封接有一个棒状钍钨电极，内部充有高纯度氙气，具有功率大、光色白、亮度高等特点，故有“小太阳”之称，常作为广场、车站、机场照明使用，目前最大功率可达 300kW 以上。

2）短弧氙灯的外壳为球状或椭圆状石英玻璃管，两端各封接有一个钍钨电极，管内充氙气，具有弧隙短、亮度大而集中的特点，常用于彩色摄影照明和特种仪器光源，功率可达几十千瓦。

**7. 碘钨灯**

碘钨灯是一种热辐射光源，灯管内充入适量的碘，管壁温度可达 250℃以上，灯管由耐高温的石英玻璃制成，灯丝沿玻璃管轴向安装，电源引线由两端接出。通电后，在高温作用下，从钨丝蒸发出来的钨分子向管壁扩散，分解的碘分子与钨化合成碘化钨，当碘化钨移动到灯丝附近时，又分解成碘和钨，而钨又被送回到灯丝，使碘又回到温度较低的管壁周围，再与蒸发出来的钨分子化合为碘化钨，这样不断循环，使灯丝得以提高工作温度，发出耀眼的光。碘钨灯的主要特点是体积小（同功率普通灯泡的 1/100）、寿命长（约为同功率普通灯泡的 1.5 倍）、光色好、光效高、使用方便。碘钨灯主要用于工厂、车间、会场和广告灯箱中。碘钨灯在点燃瞬间，启动电流为工作电流的 5 倍，启动时间约为 0.1s。

**8. 三原色节能荧光灯**

三原色节能荧光灯具有光色柔和、显色性好的特点，管内壁涂有稀土三原色荧光粉，发光效率可比普通荧光灯提高30%左右，是白炽灯的5~7倍。三原色节能荧光灯的工作原理与普通荧光灯相似，可与电感镇流器配套使用，也可与电子镇流器配套使用。常用外形有直管、单U形和H形等。H形节能荧光灯为预热式阴极气体放电灯，由两根顶部相通的玻璃管组成，管内壁有稀土三原色荧光粉、三螺旋状灯丝（阴极）和灯头。H形节能荧光灯与电感镇流器配套使用时，将辉光启动器装在灯头塑料外壳内并与灯丝连接好，另两根灯丝引线由灯脚引出。

**9. 手提低压安全灯**

低压安全灯的电源必须由专用照明变压器供电，这种变压器必须是双绕组的，不能使用自耦变压器进行减压。安装时，变压器的高、低压侧都应安装熔断器，而低压侧的一端必须接地（接零）。

## 任务实施

1. 填写图6-5所示的常见照明灯具的名称。

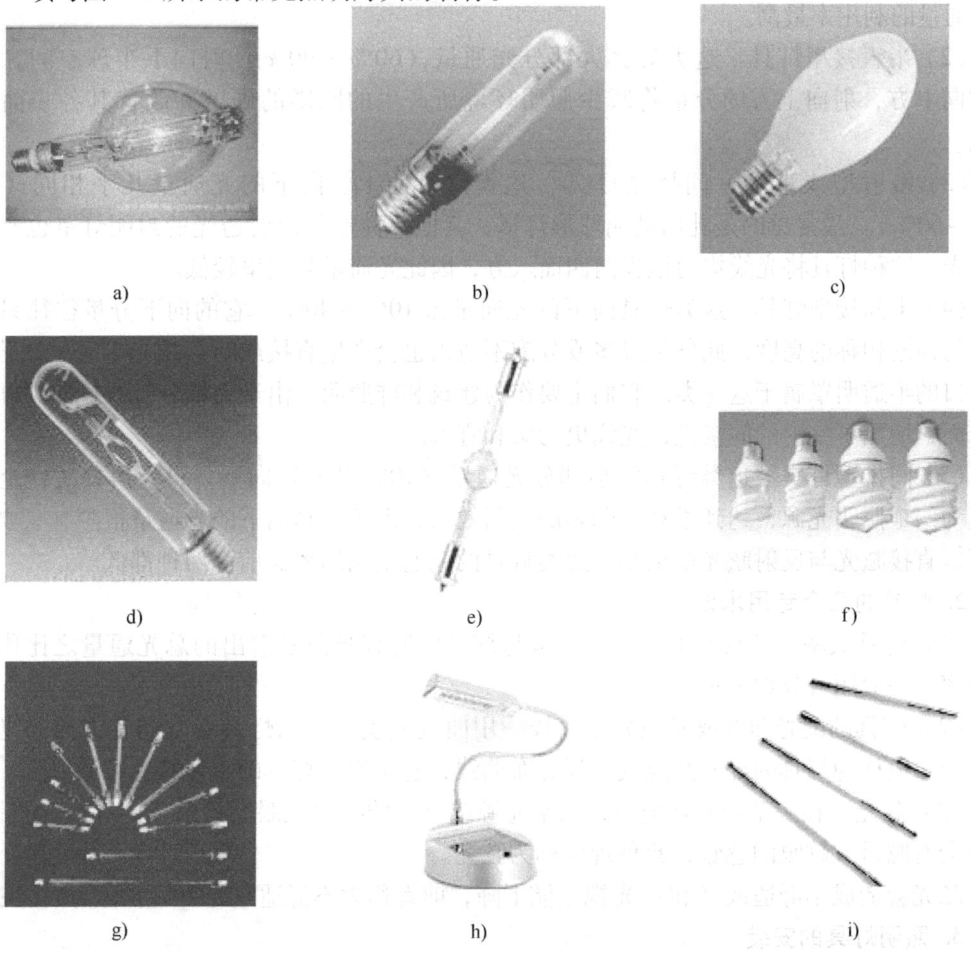


**图6-5** 常见照明灯具

2. 就你知道的节能灯具的使用情况和同组同学交流一下。

# 任务三 白炽灯照明电路的安装与调试

## 相关知识

在照明平面图中，清楚地表明了灯具、开关、线路的具体位置、连接关系和安装方法，但灯具、插座等通常都以并联的方式接于电源进线的两端，且相线必须经开关后再接灯座，保护地线直接与灯具金属外壳相连接，有时导线中间又不允许有硬接头（如管子配线、槽板配线），这就使平面图上灯具之间、灯具与开关之间的导线根数发生变化。

**1. 照明灯具的分类**

照明灯具的分类方法繁多，根据国际照明委员会（CIE）的建议，灯具按光通量在上下空间分布的比例分为五类：直接型、半直接型、全漫射型（包括水平方向光线很少的直接－间接型）、半间接型和间接型。

（1）直接型灯具　这类灯具绝大部分光通量（90%～100%）直接投照下方，所以灯具的光通量的利用率最高。

（2）半直接型灯具　这类灯具大部分光通量（60%～90%）射向下半球空间，少部分射向上方，射向上方的分量将减少照明环境所产生的阴影的硬度并改善其各表面的亮度比。

（3）漫射型或直接－间接型灯具　这类灯具向上、向下的光通量几乎相同（各占40%～60%）。最常见的是乳白玻璃球形灯罩，其他各种形状漫射透光的封闭灯罩也有类似的配光。这种灯具将光线均匀地投向四面八方，因此光通量利用率较低。

（4）半间接型灯具　这类灯具向下的光通量占10%～40%，它的向下分量往往只用来产生与顶棚相称的亮度，此分量过多或分配不适当也会产生直接或间接眩光等一些缺陷。上面敞口的半透明罩属于这一类。它们主要作为建筑装饰照明，由于大部分光线投向顶棚和上部墙面，增加了室内的间接光，光线更为柔和宜人。

（5）间接型灯具　这类灯具的小部分光通量（10%以下）向下。设计得好时，全部顶棚成为一个照明光源，达到柔和无阴影的照明效果，由于灯具向下的光通量很少，只要布置合理，直接眩光与反射眩光都很小。此类灯具的光通量利用率比前面四种都低。

**2. 灯具的几个专用术语**

（1）灯具效率　灯具输出的总光通量与灯具内所有光源发射出的总光通量之比称为灯具效率，一般用百分数表示。

（2）灯具的配光曲线或光强分布曲线　用曲线或表格表示灯具在空间各方向的光输出强度分布值称为灯具的配光曲线或光强分布曲线，它是表征灯具的重要特性参数。

（3）眩光　在一个照明环境中，当某光源或物体的亮度比眼睛已适应的亮度大得多时，人就会有眩目或耀眼的感觉，此种现象称为眩光。

眩光会造成不舒适或（和）光视效能下降，前者称为不舒适眩光，后者称为失能眩光。

**3. 照明灯具的安装**

室内照明安装方式通常有吸顶式、悬吊式和壁式三种，如图6-6所示。

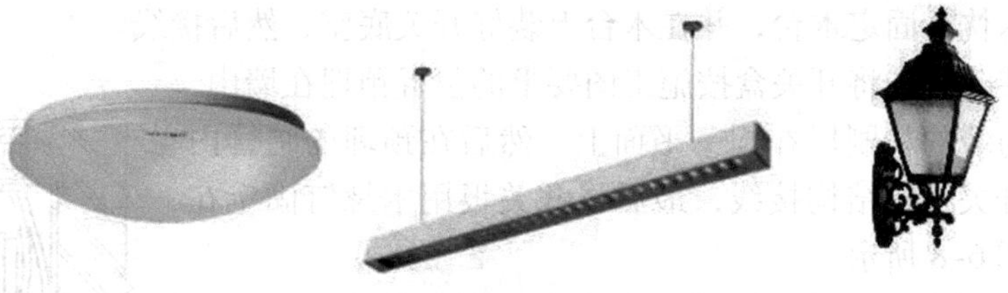

a) 吸顶式　　b) 悬吊式　　c) 壁式

**图 6-6**　室内照明安装的三种方式

（1）灯具的安装规程　灯具的安装规程如下：

1）相线和零线应严格区分，将零线直接接到灯座上，相线经过开关再接到灯头上。对螺口灯座，相线必须接在螺口灯座中心的接线端上，零线接在螺口的接线端上，千万不能接错，否则就容易发生触电事故。

2）用双股棉织绝缘软线时，有花色的一根导线接相线，没有花色的导线接零线。

3）导线与接线螺钉连接时，先将导线的绝缘层剥去合适的长度，再将导线拧紧以免松动，最后环成圆扣。圆扣的方向应与螺钉拧紧的方向一致，否则旋紧螺钉时，圆扣就会松开。

4）当灯具需接地（或零）时，应采用单独的接地导线（如黄绿双色）接到电网的零干线上，以确保安全。

（2）灯具的安装步骤与工艺要求　灯具的安装步骤与工艺要求如下：

1）木台的安装。先在准备安装挂线盒的地方打孔，预埋木枕或膨胀螺栓，然后在木台底面用电工刀刻两条槽，木台中间钻三个小孔，最后将两根电源线端头分别嵌入圆木的两条槽内，并从两边小孔穿出，通过中间小孔用木螺钉将圆木固定在木枕上。

2）挂线盒的安装。将木台上的电源线从线盒底座孔中穿出，用木螺钉将挂线盒固定在木台上，然后将电源线剥去 2mm 左右的绝缘层，分别旋紧在挂线盒接线桩上，并从挂线盒的接线桩上引出软线，软线的另一端接到灯座上。由于固定挂线盒的螺钉不能承担灯具的自重，因此在挂线盒内应将软线打个线结，使线结卡在盒盖和线孔处，如图 6-7a 所示。

3）灯座的安装。旋下灯头盖，将软线下端穿入灯头盖中心孔，在离线头 30mm 处照上述方法打一个结，然后把两个线头分别接在灯头的接线桩上并旋上灯头盖子，如图 6-7b 所示。如果是螺口灯头，相线应接在与中心铜片相连的接线桩上，否则易发生触电事故。

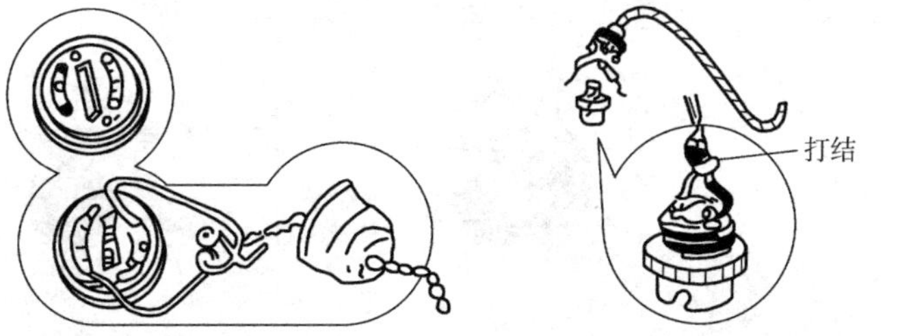


a)挂线盒的接法　　b)灯座的打结方法

**图 6-7**　挂线盒和灯座的安装

4）开关的安装。开关不能安装在零线上，必须安装在灯具电源侧的相线上，确保开关断开时灯具不带电。开关的安装分明、暗两种方式。明开关安装时，应先敷设线路，然后在装开关处打好木枕，固定木台，并在木台上装好开关底座，然后接线。

暗开关安装时，先将开关盒按施工图要求的位置预埋在墙内，开关盒外口应与墙的粉刷层在同一平面上。然后在预埋的暗管内穿线，再根据开关板的结构接线，最后将开关板用木螺钉固定在开关盒上，如图6-8所示。

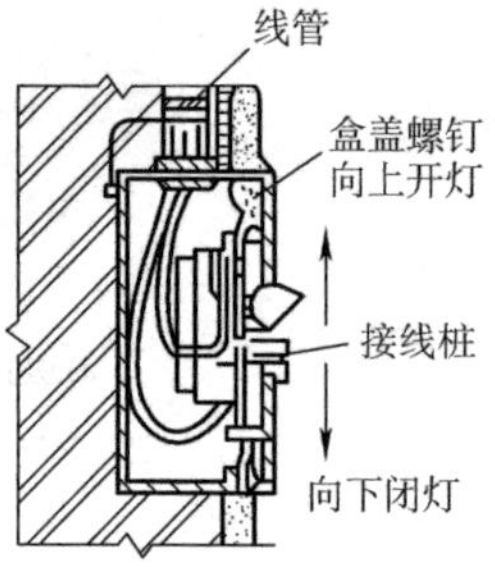

图6-8 暗开关的安装

安装扳动式开关时，无论是明装或暗装，都应装成扳柄向上扳时电路接通，扳柄向下扳时电路断开。安装拉线开关时，应使拉线自然下垂，方向与拉向保持一致，否则容易磨断拉线。

5）插座的安装。插座的种类很多，按安装位置分，有明装插座和暗装插座；按电源相数分，有单相插座和三相插座；按插孔数量分，有两孔插座和三孔插座。目前，新型的多用组合插座或接线板更是品种繁多，将两孔与三孔，插座与开关，开关与安全保护等合理地组合在一起，既安全又美观，在家庭和宾馆得到了广泛的应用。

普通的单相两孔、三孔插座的安装效果如图6-9所示。安装时，插线孔必须按一定顺序排列。对于单相两孔插座，在两孔垂直排列时，相线在上孔，中性线在下孔；水平排列时，相线在右孔，中性线在左孔。对于单相三孔插座，保护接地线在上孔，相线在右孔，中性线在左孔。电源电压不同的邻近插座，安装完毕后，都要有明显的标志，以便使用时识别。

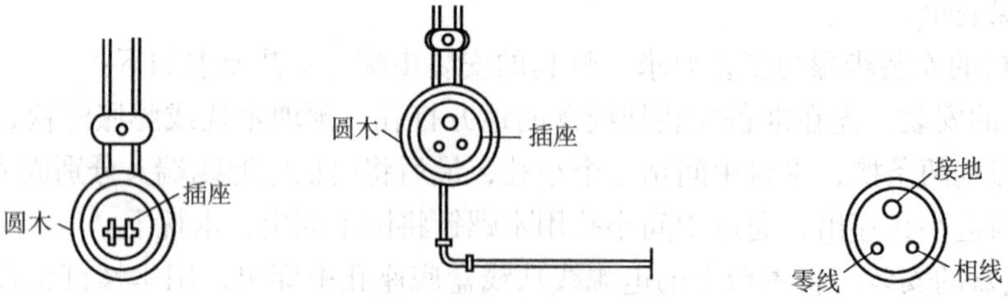

图6-9 插座的安装效果

## 任务实施

按图6-10所示进行白炽灯的安装练习。若练习中出现电路故障，可按表6-2进行处理。

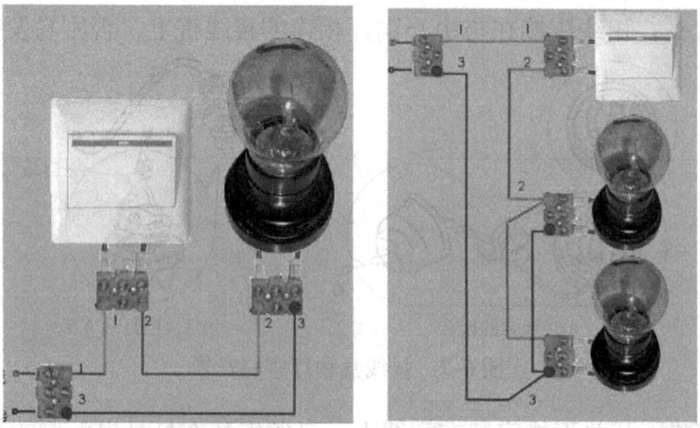
图6-10 白炽灯安装练习

表 6-2　白炽灯常见故障及处理方法

| 序号 | 故障现象 | 故障原因 | 处理方法 |
|---|---|---|---|
| 1 | 灯泡不亮 | 1. 灯丝烧断<br>2. 灯丝引线焊点开焊<br>3. 灯头或开关接线松动、触片变形、接触不良<br>4. 线路断线<br>5. 电源无电或灯泡与电源电压不相符，电源电压过低，不足以使灯丝发光<br>6. 照明变压器一、二次绕组断路或熔丝熔断，使二次侧无电压<br>7. 熔丝熔断、断路器跳闸：灯头绝缘损坏；多股导线未拧紧、未刷锡引起短路；螺纹灯头、顶芯与螺钉口相碰短路；导线绝缘损坏引起短路；负载过大，熔丝熔断 | 1. 更换灯泡<br>2. 重新焊好焊点或更换灯泡<br>3. 紧固接线，调整灯头或开关的触头<br>4. 找出断线处进行修复<br>5. 检查电源电压，选用与电源电压相符的灯泡<br>6. 找出断路点进行修复或重新绕制线圈或更换熔丝<br>7. 判断熔丝熔断及断路器跳闸原因，找出故障点并做相应处理 |
| 2 | 灯泡忽亮忽暗或熄灭 | 1. 灯头、开关接线松动或触头接触不良<br>2. 熔断器触头与熔丝接触不良<br>3. 电源电压不稳定，或有大容量设备启动或超载运行<br>4. 灯泡灯丝已断，但断口处距离很近，灯丝晃动后忽接忽断 | 1. 紧固压线螺钉，调整触头<br>2. 检查熔断器触头和熔丝，紧固熔丝压接螺钉<br>3. 检查电源电压，调整负载<br>4. 更换灯泡 |

# 任务四　荧光灯照明电路的安装与调试

## 相关知识

**1. 荧光灯**

荧光灯两端各有一灯丝，灯管内充有微量的氩和稀薄的汞蒸气，灯管内壁上涂有荧光粉，两个灯丝之间的气体导电时发出紫外线，使荧光粉发出柔和的可见光。

**2. 荧光灯的工作特点**

灯管开始点燃时需要一个高电压，正常发光时只允许通过不大的电流，这时灯管两端的电压低于电源电压。荧光灯管两端装有灯丝，玻璃管内壁涂有一层均匀的薄荧光粉，管内被抽成 10. 3 ~ 10. 4mmHg（1mmHg = 133. 322Pa）真空度以后，充入少量惰性气体，同时还注入微量的液态汞。电感镇流器是一个铁心电感线圈，电感的性质是当线圈中的电流发生变化时，在线圈中将引起磁通的变化，从而产生感应电动势，其方向与电流的方向相反，因而阻碍着电流变化。

**3. 辉光启动器**

辉光启动器在电路中起开关作用，它由一个氖气放电管与一个电容并联而成，电容的作用为消除对电源的电磁干扰并与镇流器形成振荡回路，增加启动脉冲电压幅度。放电管中一个电极由双金属片组成，利用氖泡放电加热，使双金属片在开闭时，引起电感镇流器电流的突变并产生高压脉冲加到灯管两端。当荧光灯接入电路以后，辉光启动器两个电极间开始辉光放电，使双金属片受热膨胀而与静触片接触，于是电源、镇流器、灯丝和辉光启动器构成一个闭合回路，电流使灯丝预热，当受热 1 ~ 3s 后，辉光启动器的两个电极间的辉光放电熄灭，随之双金属片冷却而与静触片断开。当两个电极断开的瞬间，电路中的电流突然消失，于是镇流器产生一个高压脉冲，它与电源叠加后，加到灯管两端，使灯管内的氩气和汞蒸气电离而引起弧光放电。在正常发光过程中，镇流器的自感还起着稳定电路中电流的作用。

**4. 操作规程**

1）安装荧光灯时必须注意，各个零件的规格一定要配合好，灯管的功率和镇流器的功率要相同，否则，灯管不能发光或者会使灯管和镇流器损坏。

2）如果所用灯架是金属材料的，应注意绝缘，以免短路或漏电，发生危险。

3）要了解辉光启动器内双金属片的构造，可以取下辉光启动器外壳来观察。利用用废的荧光灯管了解灯丝的构造时，因灯管内的汞蒸气有毒，应注意通风。

**5. 荧光灯的安装工艺**

（1）荧光灯的安装方法　荧光灯的安装方法如图6-11所示。接线时，辉光启动器座上的两个接线桩分别与两个灯座中的一个接线桩连接。一个灯座中余下的一个接线桩与电源的中性线连接，另一个灯座中余下的接线桩与镇流器的一个线头相连，镇流器的另一个线头与开关的一个接线桩连接，开关的另一个接线桩与电源的相线连接。镇流器与灯管串联，用于控制灯管电流。辉光启动器本质上是带有时间延迟性的断路器。电容并联于氖泡两端，由于镇流器是一个电感性负载，而荧光灯的功率因数很低，不利于节约用电。为提高荧光灯的功率因数，可在荧光灯的电源两端并联一只电容。

（2）故障分析　电路接好后，合上开关，应看到辉光启动器有辉光闪烁，灯管在3s内正常发光。如果发现灯管不发光，说明电路或灯管有故障。

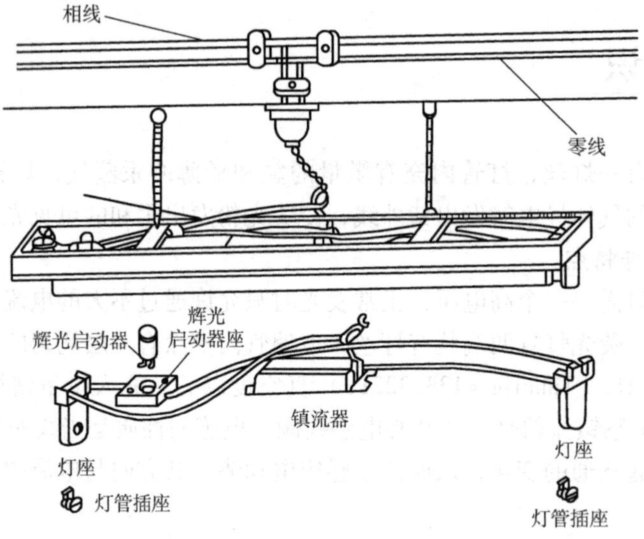


图6-11　荧光灯的安装方法

**6. 荧光灯的调试**

1）用验电笔或万用表检查电源电压是否正常。确认电源有电后，闭合开关，转动辉光启动器，检查辉光启动器与辉光启动器座是否接触良好。如果仍无反应，可将辉光启动器取下，查看辉光启动器座内弹簧片的弹性是否良好，位置是否正确，如图6-12所示，若不正确可用旋具拨动，使其复位。

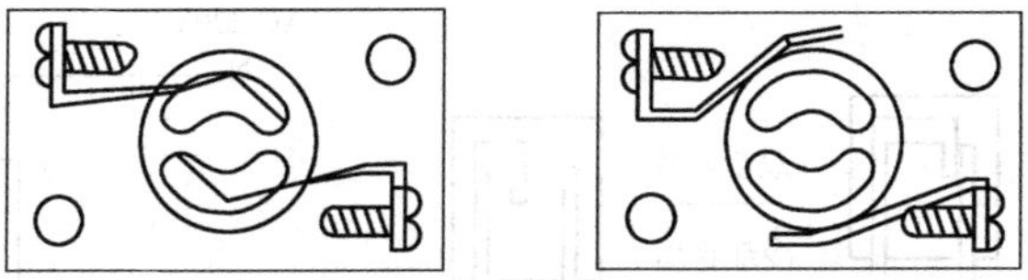

a) 正确　　b)不正确

**图 6-12**　辉光启动器座故障

2）用验电笔或万用表检查辉光启动器座上有无电压，如有电压，则辉光启动器很可能已经损坏，可以换一只辉光启动器重试。若测量辉光启动器座上无电压，应检查灯脚与灯座是否接触良好，可用两手分别按住两个灯脚挤压，或用手握住灯管转动一下。若灯管开始闪光，说明灯脚与灯座接触不良，可将灯管取下来，将灯座内弹簧片拨紧，再把灯管装上。若灯管仍不发光，应打开吊盒，用验电笔或万用表检查吊盒上有无电压。若吊盒上无电压，说明线路上有断路，可用验电笔检查吊盒两接线端，如验电笔均发亮，说明吊盒之前的零线断路。

**7. 安装注意事项**

1）镇流器、辉光启动器和荧光灯管的规格应相配套，不同功率的不能互相混用，否则会缩短灯管寿命造成启动困难。当选用附加线圈的镇流器时，接线应正确，不能搞错，以免损坏灯管。

2）使用荧光灯管必须按规定接线，否则将烧坏灯管或使灯管不亮。

3）接线时应使相线通过开关，经镇流器到灯管。

## 任务解析

1）认知荧光灯的结构（见图 6-13）。

灯管：内壁涂有荧光粉的玻璃管，灯丝通有电流时，发射大量电子，激发荧光粉发出白光。

镇流器：带有铁心的电感线圈，具有自感作用，与辉光启动器配合，产生脉冲高压。

辉光启动器：由氖泡和纸介电容组成，氖泡内有静触片和动触片（双金属片）。

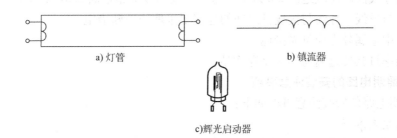

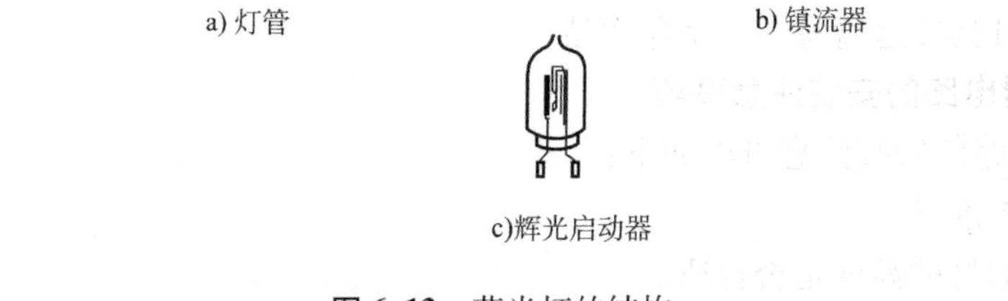


c)辉光启动器

**图 6-13**　荧光灯的结构

2）认知辉光启动器的工作过程（见图 6-14）。

3）认知荧光灯照明电路（见图 6-15）。

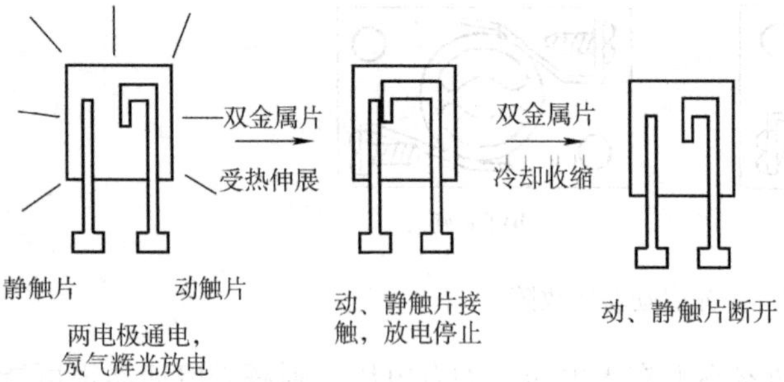


图6-14 辉光启动器的工作过程

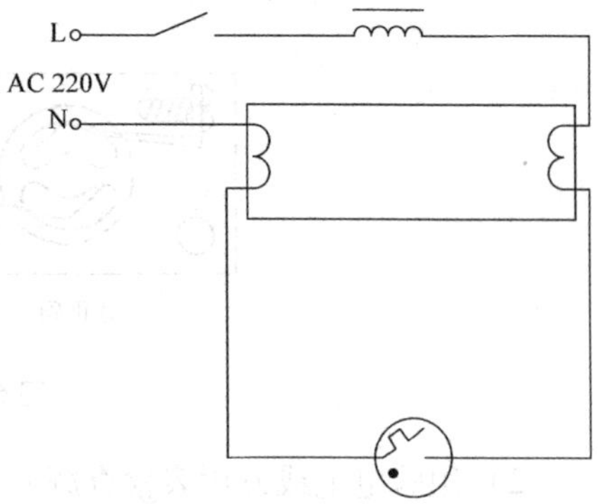


图6-15 荧光灯照明电路

## 知识拓展

荧光灯电路的故障率比白炽灯要高一些，其常见故障及处理方法见表A-14。

# 任务五 临时照明电路的安装

## 任务描述

家庭、办公、建筑工地、外景地等场所有时需要临时照明，电气技术人员应能根据需要快速、合理、安全地安装临时照明电路。临时照明电路的工作原理、安装方法、安装步骤与常规的室内照明电路相同，电工从业人员也应具备这方面的基本技能。

## 相关知识

**1. 临时照明电路的安装技术要求**

临时照明电路的安装技术要求如下：

1）单相电源要就近引入，并在安全、防雨的地方加断路器或刀开关。

2）导线要选择绝缘性能优良的正规产品。

3）室内导线高度应距地面2m以上，室外导线高度应距地面2.5m以上。

4）导线与导线、导线与接线桩之间的连接要采取防拉断措施。

5）线路中金属外壳应可靠接地。

6）大功率灯具要远离易燃、易爆物品。

**2. 临时照明电路的安装注意事项**

临时照明电路的安装注意事项如下：

1）位置是否准确。

2）带吊绳的灯的高度是否合适。

3）灯座是否接触良好，能否全部亮。

4）是否安全，是否妨碍周围环境及其他人的休息等。

## 任务实施

1）认识灯具。要求准确说出其名称、特点、作用和使用场所。

2）在木台上安装白炽灯照明电路。要求：

① 一盏白炽灯由一只单联开关控制，电路中还要有一个不受开关控制的多用插座。

② 安装前写出工艺要求、安装步骤，设计出安装线路图。

③ 配线规范合理，连接安全可靠。

④ 通电试验，并用电压表、电流表、频率表分别测量灯泡两端的电压、流过灯泡的电流及电源的工作频率。

3）在工作台上安装荧光灯电路。要求：

① 按图 6-16 所示连接电路，并按正确配线的方法将各电气元件固定在工作台上。

② 配线规范合理，连接安全可靠。

③ 通电试验，使荧光灯正常工作，并测量电路中的电流值、镇流器两端的电压值和灯管两端的电压值。

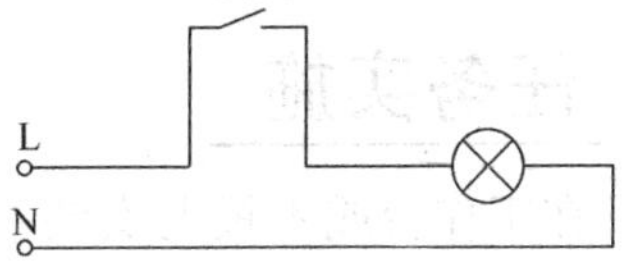

图 6-16　临时照明电路的安装连接电路图

# 任务六　白炽灯两地控制电路的安装

## 任务描述

照明线路由电源、导线、开关和照明灯组成。在日常生活中，可以根据不同的工作需要，用不同的开关来控制照明灯具。通常用一个开关来控制一盏或多盏照明灯，有时也可以用多个开关来控制一盏照明灯，如楼道灯的控制等，以实现照明电路控制的灵活性。电工从业人员必须具备这项操作技能。

## 相关知识

1）用一只单联开关控制一盏灯，如图 6-17 所示。开关必须接在相线端。将开关动作至“开”，电路接通，灯亮；将开关动作至“关”，电路断开，灯熄灭，灯具不带电。

2）用两只双联开关控制一盏灯。用两只双联开关在两个地方控制一盏灯，常用于楼梯和走廊上，如图 6-18 所示。在电路中，两个双联开关通过并行的两根导线相连接，不管开关处在什么位置，总有一条线连接于两只开关之间。如果灯现在处于熄灭状态，动作任一个双联开关即可使灯点亮；如果灯现在处于点亮状态，动作任一个双联开关即可使灯熄灭。从而实现了“一灯两控”。

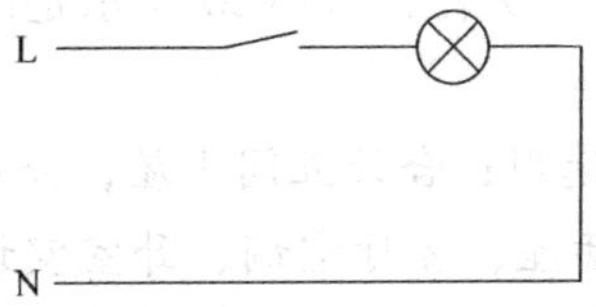

图 6-17　用一只单联开关控制一盏灯

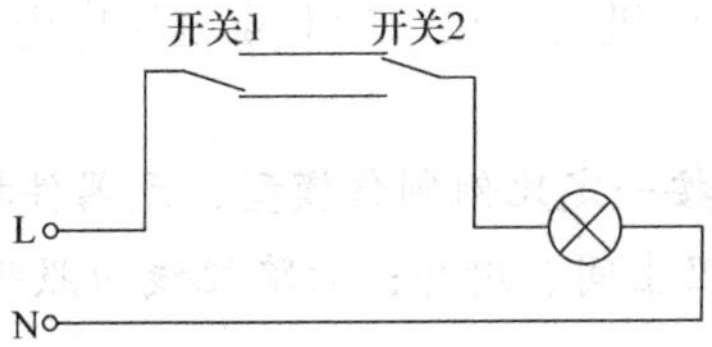

图 6-18　用两只双联开关控制一盏灯

3）多控开关。随着社会的发展，人们生活要求便利快捷，开关也出现了多控开关，以便异地多处控制开、关，如图6-19所示。

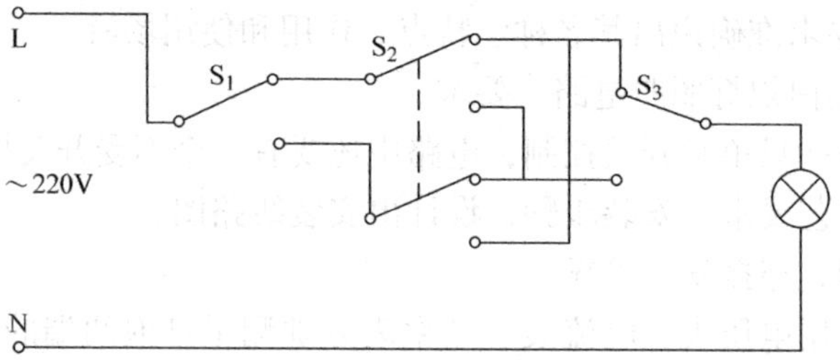


图6-19 多控开关接线图

## 任务实施

1）在工作台或木板上安装一只开关控制两盏灯的线路。要求自己设计电路、分析原理，并写出工艺要求和注意事项。

2）在工作台或木板上安装两只双联开关控制一盏灯的线路。要求自己设计电路、分析原理，并写出工艺要求和注意事项。

3）在工作台或木板上安装两只双联开关和一只三联开关共同控制一盏灯的线路。要求自己设计电路、分析原理，并写出工艺要求和注意事项。

## 课后实践

1）完成两只双联开关在两地控制一盏灯的安装。

2）熟悉常见照明灯安装案例，见附录B。

# 任务七 现代家庭两居室配电电路的安装

## 任务描述

社会的发展越来越城镇化，人们的居住正发生着根本的变化，单元居住已不再是城市人的选择，许多农村人也住进了单元楼房。懂得单元楼供电电路的安装是电类从业人员必须具备的基本技能。

## 任务要求

1. 能根据实际要求设计出电路图。

2. 能根据电路图正确地选择测试仪器、元器件及线材。

3. 能正确进行装接，能对家庭用电电路进行设计、安装。图6-20所示是两室一厅配电接线图。

**说明：** 按一定比例制作模型，元器件按实际规格选用；合计五间小屋，分别为客厅、卧室1和2、卫生间、厨房；六路配线为照明及吊扇、插座、客厅空调、卧室空调、热水器和备用。

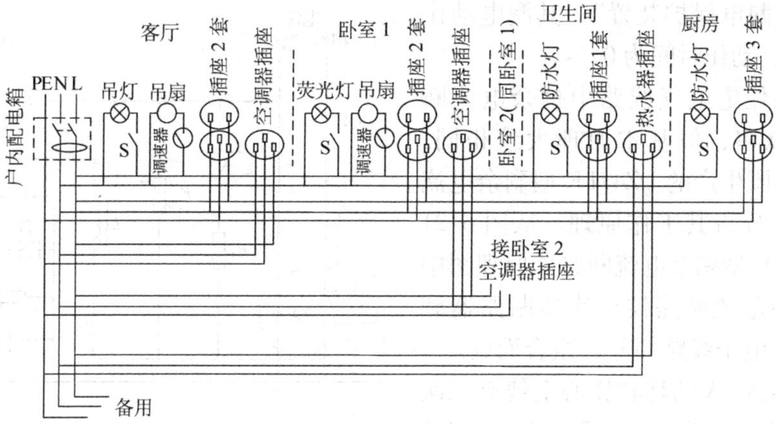


图 6-20　两室一厅配电接线图

## 任务实施

1）熟悉表 6-3 所示的各种元器件。

表 6-3　元器件明细表

| 序号 | 名称 | 规格 | 要求 |
| --- | --- | --- | --- |
| 1 | 电能表 | 单相电子式电能表 DDS858 型（长寿命型）或 DDSH1159 型（预付费型） | 设计使用功率为 11.5kW |
| 2 | 剩余电流断路器或断路器 | DZ47LE，C45N/1P 16A | 除两路空调外，其余均须有漏电保护 |
| 3 | 灯开关 | 按钮式 | |
| 4 | 插座 | 空调器插座，15～20A<br>厨房插座，20A<br>热水器插座，10～15A<br>其余插座，10A | 空调器插座距地面 1.8m<br>厨房插座距地面 1.3m<br>热水器插座距地面 2.2m<br>其余插座距地面 0.3m |
| 5 | 照明灯 | 客厅：有 LED 变色的吊灯；卧室：荧光吸顶灯；厨房和卫生间：防水灯 | 照明灯功率为 20～40W |
| 6 | 吊扇 | 悬挂式吊扇 | 功率为 20W |
| 7 | 调速器 | 简易调速器 | |
| 8 | 导线 | 进线 BV－2×16＋1×6DG32<br>支线 BV－3×2.5DG20 | |

2）认知剩余电流断路器。

近年来，大量的家用电器进入家庭，人们与电接触的机会越来越多，为了人身与设备安全，剩余电流断路器作为一项有效的电气安全技术装置已经被广泛使用。根据医学研究，当人体接触 50Hz 的交流电、触电电流在 30mA 及以下时，可以承受几分钟的时间。这就界定了人体触电的安全电流，为设计和选用漏电保护装置提供了科学依据。因此，在移动电器、潮湿场所的电器所在的电源支路设置剩余电流断路器，是防止间接接触触电的有效措施。在国家标准 GB 50096—2011《住宅设计规范》中明确规定，“除空调电源插座外，其他电源插座回路应设置漏电保护装置”，其漏电动作电流为30mA，动作时间为0.1s。

目前，在住宅电气线路中剩余电流断路器的型号众多，但基本原理大致相同。现以德力西集团生产的DZ47LE型剩余电流断路器为例，分析其工作原理。从图6-21所示的DZ47LE型剩余电流断路器原理图中可知，此剩余电流断路器由小型断路器和漏电控制器（电子线路部分）组合而成。

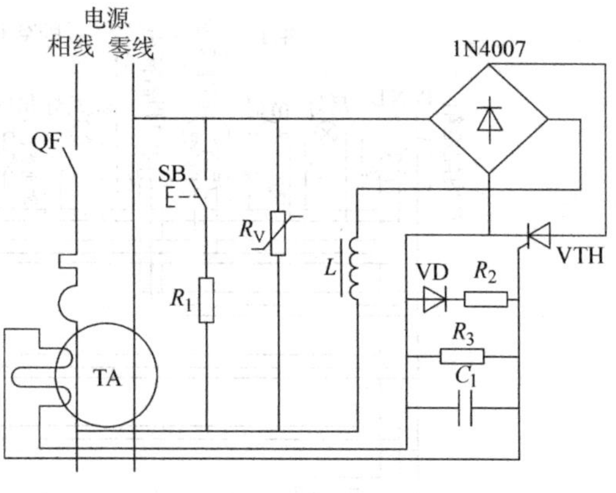

**图6-21**　DZ47LE型剩余电流断路器原理图

电流互感器TA的环状铁心上绕有二次绕组。电源相线经开关QF后与零线从TA中穿过，构成一次绕组。TA反映漏电电流信号，构成漏电控制器的检测部分；VTH为单向晶闸管，与整流桥构成漏电控制器的比较部分；$L$为电感线圈，是漏电控制器的执行元件；按钮SB与电阻$R_1$为剩余电流断路器的试验装置；$R_V$为压敏电阻。

在正常情况下，剩余电流断路器所控制的电路没有人身触电及漏电接地等故障时，TA中的相线和零线中电流相量为零，TA的二次绕组没有感应电动势输出，剩余电流断路器的比较控制部分及执行元件不工作。当电路中发生触电和漏电故障时，相线对地产生漏电电流，导致TA中的相线和零线中电流大小不同，因而TA中存在一定大小的磁通，其二次绕组输出一定大小的感应电动势，加在VTH的门极上，当其值大于VTH门极触发电压时，VTH导通，电感线圈$L$中有直流电流流过，产生磁通吸引衔铁，带动脱扣装置使QF跳闸，负载侧线路断电，达到安全保护的目的。当按下SB时，TA中仅相线有电流流过而零线没有，同样使TA二次绕组输出感应电动势，QF跳闸。$R_V$的作用是当回路中发生过电压故障时，对后续线路及设备进行保护。同时，剩余电流断路器对线路中的过载和短路也能起保护作用。

## 知识拓展

### LED在照明工程中的应用（阅读材料）

过去数年来，LED在颜色种类、亮度和功率方面都发生了极大的变化。LED以其令人惊叹而欣喜的应用在城市室内外照明中发挥着传统光源无可比拟的作用。LED寿命长达100000h，意味着每天工作8h，可以有35年免维护的理论保障。它在低压运行时，几乎可达到100%的光输出，调光时低到零输出，可以组合出成千上万种光色，而发光面积可以很小，能制作成$1mm^2$。经过二次光学设计，照明灯具达到理想的光强分布。快速发展的LED技术将为照明设计与应用带来崭新的可能性，这是许多传统光源所不可能实现的。LED灯外形如图6-22所示。

**1. LED的特点**

今天似乎全世界的目光都聚焦在LED这个新型的光源上，它被誉为21世纪的绿色照明产品，甚至人们预言未来它会取代大部分传统的光源。因为它具有寿命长、启动时间短、结构牢固、节能、需要的灯具薄、灯具材料选择范围大、不需要加发射器、低压、没有紫外辐

图 6-22　LED 灯外形

射、尤其在公共环境中使用更加安全等特点。再加上 LED 光源的生产可实现无汞化，对环境保护和节约能源更具有重要意义。传统的 LED 主要用于信号显示领域、建筑物航空障碍灯、航标灯、汽车信号灯、仪表背光照明，如今它在娱乐、建筑物室内外、城市美化、景观照明中的应用也越来越广泛。

**2. LED 的应用**

LED 被称为第四代照明光源或绿色光源，具有节能、环保、寿命长、体积小等特点，广泛应用于各种指示、显示、装饰、背光源、普通照明和城市夜景等领域。

（1）显示屏应用　LED 显示屏具有亮度高、视角大、可视距离远、造型灵活多变、色彩丰富等优点，目前主要应用于广告传媒、体育场馆、舞台背景、市政工程等户外领域。

（2）背光源应用　液晶显示屏需使用背光模组作为驱动光源。在色彩显示上，LED 背光可以提供前所未有的色彩还原性，还可以利用 LED 瞬间启动的优势消除普通液晶显示在显示快速移动物体时出现的拖尾模糊现象，画面质量将显著提升；在生产成本上，利用 LED 背光中不同单色灯的瞬间切换，实现场序显色，可以替代液晶显示器中占成本 30% 左右的彩色滤光片；在外观上，LED 背光可以使液晶屏幕变得更为轻薄；在使用寿命上，LED 背光具有节能省电的优点，以笔记本电脑为例，通过使用 LED 背光源，电池使用时间可延长 40% 以上。LED 背光源具有不可比拟的优势，因而近年来在液晶屏背光源领域得到了广泛的应用。

（3）照明应用　LED 照明较普通照明具有节能、响应时间短、使用时间长、绿色环保、色彩可调等优势。LED 照明应用市场主要可分为户外通用照明、建筑物外观照明、景观照明、交通信号照明、室内空间展示照明、娱乐场所及舞台照明、车辆指示灯照明等。

## 测评验收

一、知识验收（低压电工考证训练单选题）

1. 在保护接零的供电系统中，中性导体和保护导体结构上前部分是共用，后部分是分开的，表示是（　）。

A. TN－C 系统　　B. TT 系统　　C. TN－S 系统　　D. TN－C－S 系统

2. 表示中性导体和保护导体结构上是分开的，也就是工作中性线（N）和保护线（PE）完全分开的系统是（　），它是三相五线制系统。

A. TT 系统　B. TN－C 系统　C. TN－S 系统　D. TN－C－S 系统

3. 表示中性导体和保护导体结构上是合一的，也就是工作中性线（N）和保护零线（PE）完全合一（PEN）的系统是（　　），它是三相四线制系统。

A. TT 系统　B. TN－C 系统　C. TN－S 系统　D. TN－C－ S 系统

4. 工作接地与变压器外壳接地、避雷器接地是共用的，又称（　　）。

A. 保护接地　B. 工作接地　C. 重复接地　D. 三位一体接地

5. 将中性线上一处或多处，通过接地装置与大地再次连接，称为（　　）。

A. 重复接地　B. 工作接地　C. 保护接地　D. 保护接零

6. 中性点直接接地低压线路，一般至少应有（　　）进行重复接地。

A. 一处　B. 二处　C. 三处　D. 四处

7. 螺旋式熔断器进线应安装在（　　）。

A. 螺纹壳上　B. 底座的中心点上

C. 没有规定　D. 螺纹壳上或底座的中心点上都可以

8. 单台电动机熔丝的选择等于（　　）乘电动机额定电流。

A. 1.5～2.5 倍　B. 3.5～5.5 倍　C. 4～7 倍　D. 5～7 倍

9. 多台电动机熔丝的选择，是最大的一台电动机额定电流 1.5～2.5 倍加（　　）。

A. 其余各台电动机额定电流 1.5～2.5 倍的总和

B. 其余各电动机额定电流的总和

C. 所有电动机额定电流的总和

D. 所有电动机额定电流 1.5～2.5 倍的总和

10. 在 TN 系统中，为了电路或设备达到运行要求将变压器的中性点接地，该接地称为（　　）或配电系统接地。

A. 重复接地　B. 工作接地　C. 保护接地　D. 正常接地

11. 安装漏电保护器时，必须严格区分中性线和保护线。经过漏电保护器的（　　）不可以作为保护线。

A. 相线　B. 接地线　C. 中性线　D. 保护线

12. 漏电保护器安装完成后，要按照《建筑电气工程施工质量验收规范》（GB50303—2015）的要求，对完工的漏电保护器进行试验，以保证其灵敏度和可靠性。试验时可操作试验按钮三次，带负荷分合（　　），确认动作正确无误，方可正式投入使用。

A. 一次　B. 二次　C. 三次　D. 四次

13. 漏电保护器在使用中发生跳闸，经检查未发现开关动作原因时，允许试送电（　　）次，如果再次跳闸，应查明原因，找出故障，不得连续强行送电。

A. 一次　B. 二次　C. 三次　D. 四次

14. 独立避雷针的接地装置在地下与其他接地装置的距离不宜小于（　　）。

A. 10m　B. 5m　C. 3m　D. 4m

15. 通风、正压型电气设备应与通风、正压系统联锁，停机时，应先停（　　）。

A. 通风设备　B. 电气设备　C. 总开关　D. 没有要求

16. 屏护装置把（　　）同外界隔离开来，防止人体触及或接近。

A. 绝缘体　B. 带电体　C. 电器　D. 导体

17. 直埋电缆的埋设深度不小于（　　），并应埋于冻土层以下。

A. 0.5m　　B. 0.6m　　C. 0.7m　　D. 1m

18. 在10kV及以下线路上工作时，人体或携带工具与邻近带电线路的最小距离不小于（　　）。

A. 0.6m　　B. 0.7m　　C. 1m　　D. 1.5m

19. 电工工作中使用喷灯或气焊时，在10kV及以下，火焰与带电体之间的最小距离不小于（　　）。

A. 0.6m　　B. 1m　　C. 1.5m　　D. 3.5m

20. 在TN系统中，当某一相直接连接设备金属外壳时，即形成单相短路。短路电流促使线路上的（　　）装置迅速动作，在规定的时间内将故障设备断开电源，消除电击的危险。

A. 短路保护　　B. 过载保护　　C. 失压保护　　D. 欠压保护

21. 一般环境选择动作电流不超过（　　），动作时间不超过0.1s的漏电保护器。

A. 10mA　　B. 15mA　　C. 30mA　　D. 50mA

22. 在浴室、游泳池等场所漏电保护器的额定动作电流不宜超过（　　）。

A. 10mA　　B. 15mA　　C. 30mA　　D. 50mA

23. 在特别潮湿处，若采用220V电压时，应选择动作电流小于（　　）的快速型漏电保护器。

A. 5mA　　B. 15mA　　C. 30mA　　D. 50mA

24. 在一般住宅办公室里可选用（　　）的漏电保护器。

A. 10mA　　B. 15mA　　C. 30mA　　D. 50mA

25. 接地装置的接地体与建筑物墙基之间的距离不应小于（　　）。

A. 1m　　B. 1.5m　　C. 2m　　D. 3m

26. 接地装置的接地体，与独立避雷针的接地体之间的距离不应小于（　　）。

A. 1m　　B. 1.5m　　C. 2m　　D. 3m

27. 为了便于操作，开关手柄与建筑物之间应保持（　　）的距离。

A. 100mm　　B. 150mm　　C. 200mm　　D. 250mm

28. 国际电工委员会规定接触电压的限定值（即相当于安全电压）为50V，并规定在（　　）以下时，不需考虑防止电击的安全措施。

A. 25V　　B. 36V　　C. 42V　　D. 50V

29. 当工作地点狭窄、行动困难以及周围有大面积接地体时，其安全电压应采用（　　）的电压。

A. 12V　　B. 24V　　C. 36V　　D. 42V

30. 漏电保护器后方一相或两相对地绝缘破坏，或对地绝缘不对称降低，都会产生不平衡的泄漏电流，并导致漏电保护器（　　）。

A. 拒动作　　B. 动作不正常　　C. 误动作　　D. 不能工作

31. 螺旋熔断器文字符号用（　　）表示。

A. RL　　B. RTO　　C. RC　　D. RSO

32. 电源采用漏电保护器做分级保护时，应满足上、下级开关动作的选择性。一般上一级漏电保护器的额定漏电电流（　　）下一级漏电保护器的额定漏电电流。

A. 小于　　B. 大于　　C. 不小于　　D. 不大于

33. 漏电保护器质量低劣，零件质量不高或装配质量不符合要求，均会降低保护器的可靠性和稳定性，并导致漏电保护器（　　）。

A. 拒动作　　B. 误动作　　C. 动作不正常　　D. 不能工作

34. 保护器动作电流选择过大或整定过大将造成保护器（　　）。

A. 误动作　　B. 拒动作　　C. 动作不正常　　D. 不能工作

35. 在低压配电网中，限制电气设备的保护接地电阻不超过（　　）即能将其故障时对地电压限制在安全范围以内。

A. 4Ω　　B. 10Ω　　C. 15Ω　　D. 30Ω

36. 爆炸危险性较大或安全要求较高的场所应采用（　　）系统供电。

A. TT　　B. TN－S　　C. IT　　D. TN－C

37. 厂区设有变电站、低电进线的车间以及民用楼房可采用（　　）系统。

A. TN－C　　B. TN－S　　C. TN－C－S　　D. IT

38. 无爆炸危险和安全条件较好的场所可采用（　　）系统。

A. TN－C　　B. TN－S　　C. TN－C－S　　D. II

39. 凡可以直接接触带电部分、能够长时间可靠地承受电气设备工作电压的用具，称为（　　）安全用具。

A. 基本　　B. 辅助　　C. 特殊　　D. 常用

40. 明装插座离地面高度为（　　）。

A. 0.5～1m　　B. 1.2～2m　　C. 1.3～1.5m　　D. 2m

41. 我国电压互感器的二次电压一般规定为（　　）。

A. 50V　　B. 100V　　C. 150V　　D. 220V

42. 我国电流互感器的二次电流一般规定为（　　）。

A. 5A　　B. 10A　　C. 50A　　D. 100A

43. 熔断器的额定电压，必须（　　）配电线路电压。

A. 大于或等于　　B. 小于　　C. 等于　　D. 没有要求

44. 爆炸危险场所使用的电缆和导线的额定电压不得低于（　　）。

A. 220V　　B. 380V　　C. 500V　　D. 1000V

45. 绝缘是用绝缘材料把带电体（　　）起来，这种绝缘物只有在遭到破坏时才会失去绝缘性能。

A. 敞开　　B. 封闭　　C. 连接　　D. 隔离

46. 对电气开关及正常运行产生火花的电气设备，应远离存放可燃物质的地点，最小距离应大于（　　）。

A. 10m　　B. 8m　　C. 5m　　D. 3m

47. 熔断器的额定电压一般不宜低于线路电压，熔体的额定电流（　　）熔管的额定电流。

A. 不宜大于　　B. 小于　　C. 大于　　D. 没有要求

48. 常用照明开关的安装高度为（　　）。

A. 0.5～1m　　B. 1.0～2m　　C. 1.3～1.5 m　　D. 2m

49. 室内吊灯灯具高度应大于（　　）。

A. 1.2m　　B. 2.5m　　C. 2m　　D. 1.3～1.5m

50. 接地线和接零线可利用自然导体，如（　　）等。

A. 埋在地下与大地紧密可靠连接的建筑物及构筑物的金属结构（除有规定外）

B. 金属井管、水中构筑物的金属柱

C. 直接埋地的电缆金属外皮（铝皮除外）

D. 以上都可以

51. （　　）的作用是保持系统电位的稳定性，即减轻低压系统由高压窜入低压等原因所产生的过电压的危险性。

A. 接地保护　　B. 保护接地线　　C. 保护接零线　　D. 工作接地

52. （　　）电压为防止触电事故而采取的由特定电源供电的电压系列。

A. 直流　　B. 交流　　C. 安全　　D. 静电

53. 各保护接零设备的保护线与电网零干线相连时，应采用（　　）方式，保护线与工作零线不得共线。

A. 串联　　B. 并联　　C. 混联　　D. 没有要求

54. 在电动机的控制和保护电路中，安装的熔断器主要起（　　）保护作用。

A. 短路　　B. 过载　　C. 漏电　　D. 缺相

55. 为了防止人体接近带电体，必须保持足够的检修间距，在低压操作中，人体或所携带工具等与带电体的距离不应小于（　　）。

A. 0.5m　　B. 0.1m　　C. 0.2m　　D. 0.3m

56. 低压接户线对地距离不应小于（　　）。

A. 1.5m　　B. 2m　　C. 2.5m　　D. 3m

57. 10kV 接户线对地距离不应小于（　　）。

A. 2.5m　　B. 3.5m　　C. 4m　　D. 5m

58. 电工工作中使用喷灯或气焊时，在 35kV 火焰与带电体之间的最小距离不小于(　　)。

A. 1m　　B. 1.5m　　C. 2.5m　　D. 3m

59. 漏电保护器，应（　　）检查一次，即操作漏电保护器按钮，检查其是否能正常断开电源。

A. 每星期　　B. 每月　　C. 每季度　　D. 每年

60. 新装和大修后的低压线路和设备，绝缘电阻不应低于（　　）。

A. 0.5MΩ　　B. 1MΩ　　C. 3 MΩ　　D. 5 MΩ

61. 明装电度表板底口距地面高度可取（　　）。

A. 1.5m　　B. 1.3～1.5m　　C. 1.8m　　D. 2m

62. 户外变配电装置的围墙高度一般不应低于（　　）。

A. 1.5m　　B. 2.0m　　C. 2.5m　　D. 3.0m

63. 裸母线应敷设在经常维修的管道（　　）。

A. 左边　　B. 右边　　C. 上方　　D. 下方

64. 安装漏电保护器时，必须严格区分（　　）和保护线。

A. 中性线　　B. 相线　　C. 接地线　　D. 保险线

二、技能验收

主要衡量指标如下：

① 布线是否合理。

② 相线接法是否正确（开关是否接在相线上）。

③ 接线是否满环。

④ 导线露出是否合理（约2mm）。

三、评价验收标准

评价验收标准同项目四。

# 项目七 小型配电盘的制作

## 案例引入

小王从职业院校电气系毕业后，到某社区主管收缴电费的工作，由于前任管理者管理不科学，电费收缴误差大，致使该小区经常为缴电费的矛盾而停电，小区业主意见很大，那么小王怎么办呢？

室内照明布线图如图7-1所示。

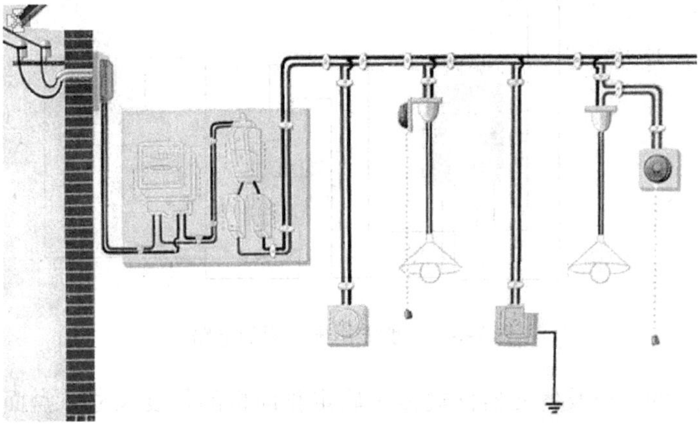

图7-1 室内照明布线图

## 任务一 家用配电盘的制作

### 任务描述

1. 认知各种电能表，单相电能表的外形如图7-2所示。

2. 掌握常用电能表的主要技术参数（见表A-15）。

3. 熟练掌握单相电能表的接法，学会制作照明配电盘。

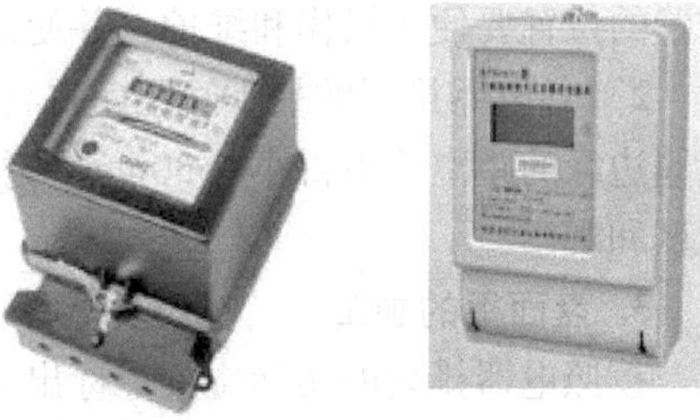

a) 机械表　　b) 数字表

图7-2 单相电能表外形

### 相关知识

家用配电盘是供电部门和用户之间的中间环节，通常也称为照明配电盘。配电盘的盘面一般固定在配电箱的箱体里，是安装电器元件用的，其组成元件、作用和安装方式见表7-1。

表 7-1 配电盘的组成元件、作用和安装方式

| 组成元件 | 作　用 | 连接方式和位置 |
|---|---|---|
| 电能表 | 用来测量一定时间内消耗的电能 | 与进户线相接，串联在干路中 |
| 总开关（刀开关） | 检修更换元件时切断电源，以免触电 | 连在电能表后面，串联在干路中 |
| 熔断器盒 | 电路中电流过大时自动切断电路，避免引起火灾 | 连在总开关后面，串联在干路中 |
| 开关 | 控制单个用电器的通电 | 接在相线上与各用电器相连 |
| 插座 | 给可搬动的家用电器供电 | 与其他用电器并联在电路中 |
| 用电器 | 消耗电能，为人们服务 | 各用电器之间是并联的 |

## 任务实施

**1. 盘面板的制作**

根据设计要求来制作盘面板。一般家用配电板的电路如图 7-3 所示。

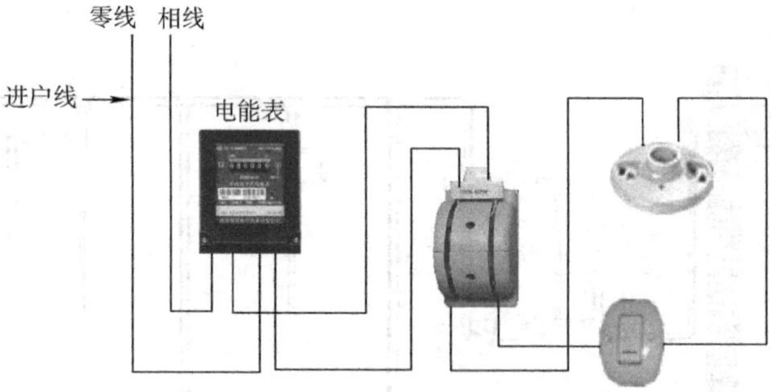


图 7-3 一般家用配电板的电路

根据配电线路的组成及各元器件规格来确定盘面板的长度尺寸，盘面板四周与箱体边之间应有适当缝隙，以便在配电箱内安装固定；并在盘面板后加框边，以便在反面布设导线。为节约木材，盘面板的材质已广泛采用塑料代替。

**2. 电器排列的原则**

1）将盘面板放平，全部元器件、电器、装置等置于上面，先进行实物排列。一般将电能表装在盘面的左边或上方，刀开关装在电能表下方或右边，回路开关及灯座要相互对应，放置的位置要便于操作和维护，并使面板的外形整齐美观。**注意：一定要相线进开关。**

2）各电器排列的最小间距应符合电气距离要求，除此之外，各元器件、出线口距盘面四周边缘的距离均不得小于 30mm。总之，盘面布置要求安全可靠、整齐、美观，便于加电测试和观察。

**3. 盘面板的加工**

按照电器排列的实际位置，标出每个电器的安装孔和出线孔（间距要均匀），然后进行盘面板的钻孔（如采用塑料板，应先钻一个 $\phi$3mm 的小孔，再用木螺钉装固定电器）和刷漆，盘面板的刷漆干了以后，在出线孔套上瓷管头（适用于木质和塑料盘面）或橡皮护套（适用于铁质盘面）以保护导线。

**4. 电器的固定**

待盘面板加工好以后，将全部电器摆正固定，用木螺钉将电器固定牢靠。

**5. 盘面板的配线**

1）导线的选择：根据电能表和电器规格、容量及安装位置，按设计要求选取导线截面积和长度。

2）导线敷设：盘面导线须排列整齐，一般布置在盘面板的背面。盘后引入和引出的导线应留出适当的裕量，以便于检修。

3）导线的连接：导线敷设好后，即可将导线按设计要求依次正确、可靠地把电器元件进行连接。

**6. 安装技术要求**

1）如有条件可最后制作配电箱体。箱体形状和外表尺寸一般应符合设计要求，或根据安装位置及电器容量、间距、数量等条件进行综合考虑来选择。

2）单相电能表是累计用户一段时间内消耗电能多少的仪表，其下方接线盒内有四个接线柱，从左至右按1、2、3、4编号。连接时按编号1、3作为进线，其中1接相线，3接零线；2、4作为电能表出线，2接相线，4接零线。具体接线时，还要以电能表接线盒内侧的电路图为准。

**图7-4** 单相电能表安装训练

**7. 注意事项**

刀开关主要用于控制用户电路的通断。**安装刀开关时，操作手柄要朝上，不能倒装，也不能平装，以避免刀开关手柄因自重下落引起误合闸而造成事故。**

单相电能表安装训练如图7-4所示。

# 任务二 综合盘的制作

## 相关知识

**1. 概述**

综合盘利用断路器控制整个版面的安全通断，通过两个双联开关实现一盏照明灯的两处控制，配套一个五孔插座，实现用电所需，同时配有电话和网线插口。综合盘的制作及连线如图7-5所示。

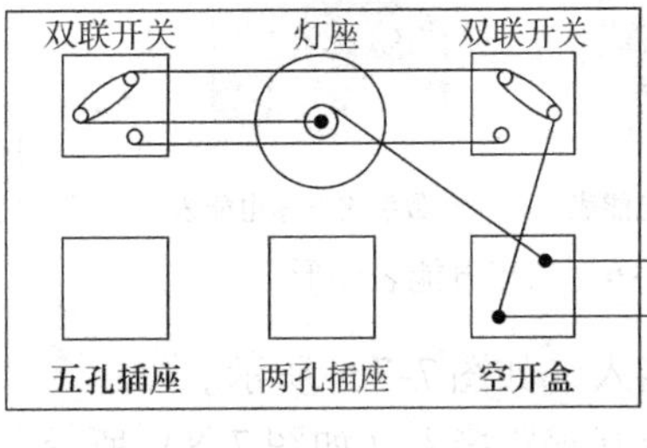


**图7-5** 综合盘制作及连线

**2. 安装技术要求**

进行插座接线时，每一个插座的接线柱上只能接一根导线，因为插座接线柱一般都很小，原设计只接一根导线，如硬要连接多根，当其中一根发生松动时，必会影响其他插座的正常使用；另外，接线柱上若连接插座超过一只，当一个插座工作时，另一个插座也会跟着发热，轻者对相邻插座寿命产生影响，发热严重时还可能烧坏插座接线柱。

对家庭安装来讲，插座的安装位置一般距地面30cm。卫生间、厨房插座高度另定。卫生间要安装防溅型插座，浴缸上方三面不宜安装插座，水龙头上方不宜安装插座。燃气表周围15cm以内不能安装插座。燃具与电器设备属错位设置，其水平净安装距离不得小于50cm。

安装单相三孔插座时，面对插座正面位置，正确的方法是把单独一孔放置在上方。而且，让上方一孔接地线，下方两孔的左边一孔接零线，右边一孔接相线，这就是常说的“左零右火”。安装两孔插座时，左边一孔接零线，右边一孔接相线，不能接错。否则，用电器的外壳会带电，或打开用电器时外壳会带电，易发生触电事故。

**3. 注意事项**

家用电器一般忌用两孔电源插座，尤其是台扇、落地风扇、洗衣机、电冰箱等，均应采用单相三孔插座。浴霸、电暖器安装不得使用普通开关，应使用与设备电流相配的带有漏电保护的专门开关。

# 任务三　认知三相电能表及其接法

## 相关知识

**1. 三相电能表的接线方法**

三相电能表是按两表法测功率的原理，采用两只单相电能表组合而成的，其外形如图7-6所示。

**2. 三相三线有功电能表接线**

机械式三相电能表的接线方法依据三相电源线制的不同略有不同，常用的三相电能表接线原理如图7-7～图7-9所示。

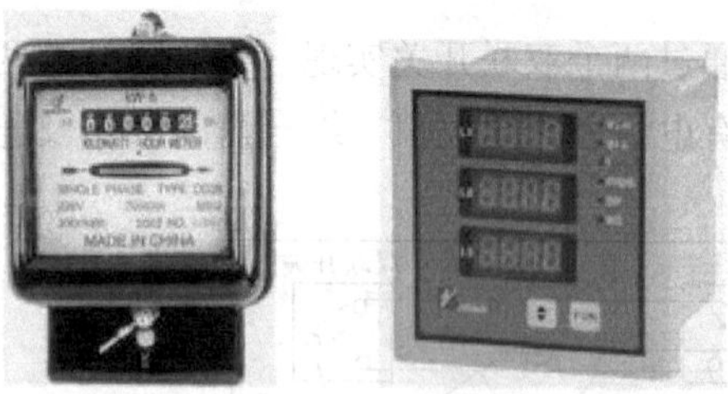

a) 机械式三相电能表　　b) 数字式三相电能表

图7-6　三相电能表外形

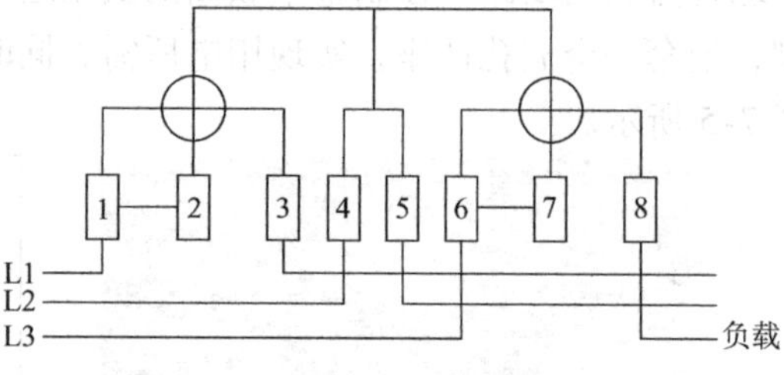


图7-7　三相三线有功电能表直接接入

1）直接接入（如图7-7）所示。

2）经电流互感器接入（如图7-8）所示。

3）经电流互感器及电压互感器接入（如图7-9）所示。

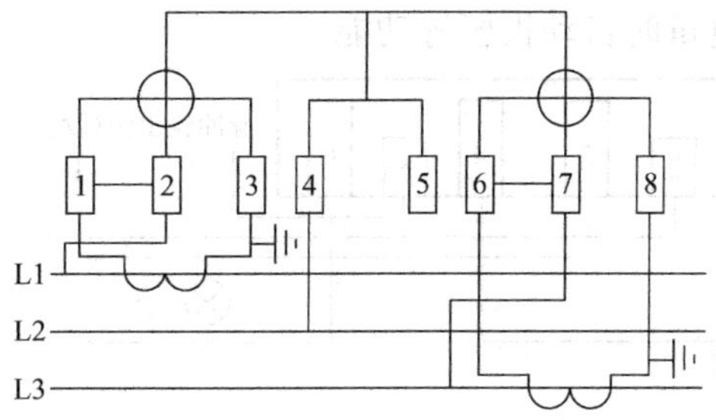


**图 7-8** 三相三线有功电能表经电流互感器接入

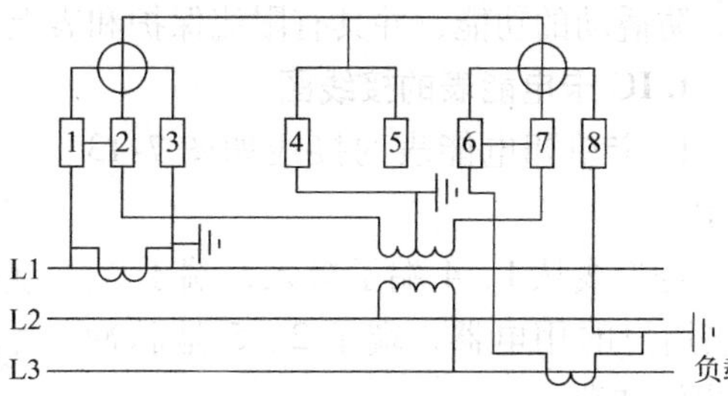


**图 7-9** 三相三线有功电能表经电流互感器及电压互感器接入

## 任务实施

1）三相四线有功电能表接线如图 7-10 所示。

2）不带互感器三相四线电能表接线如图 7-11 所示。

3）带互感器三相四线电能表接法如图 7-12 所示。

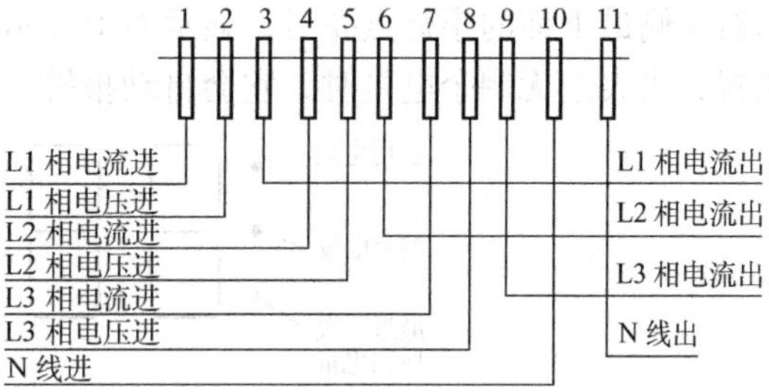


**图 7-10** 三相四线有功电能表接线

4）对于直接式三相三线电能表，从左至右共 8 个接线柱，1、4、6 接进线，3、5、8 接出线，2、7 可空着；对直接式三相四线电能表，从左至右共有 11 个接线柱，1、4、7 为 L1、L2、L3 三相进线，10 为中性线进线，3、6、9 为三根相线出线，11 为中性线出线，2、5、8 可空着。对于大负载电路，必须采用间接式三相电能表，接线时需配2～3个同规格的电流互感器。

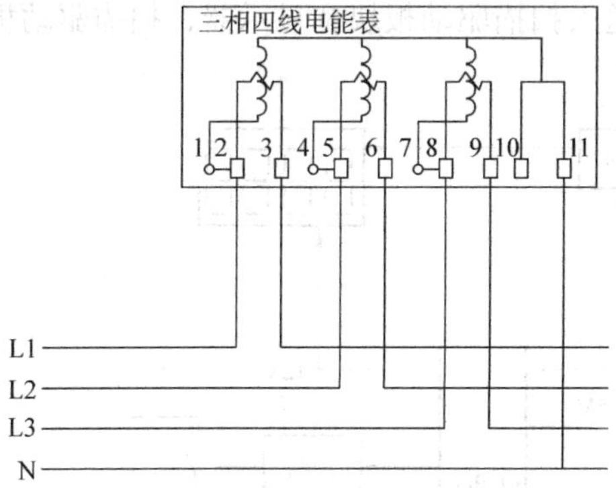


**图 7-11** 不带互感器三相四线电能表接线

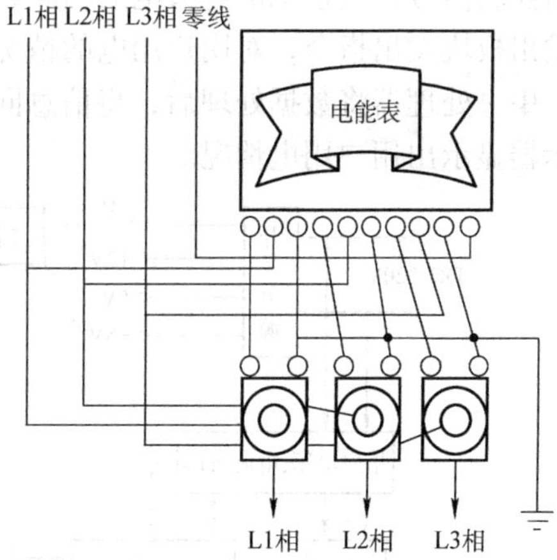


**图 7-12** 带互感器三相四线电能表接法

## 知识拓展

### IC 卡电能表

IC 卡电能表又称电子式预付费电能表。它的特点是先付费后用电，它具有良好的防窃电、防撬动的功能，并具有限流保护和表上无剩余电量时自动报警等功能。

**1. IC卡电能表的接线图**

IC卡单相电能表的接线如图7-13所示。

进户线从1、4端子接入，端子3、6接用户的用电器，端子2、5是脉冲输出测试端。

**注意：** 脉冲输出测试端切忌接入220V电压。

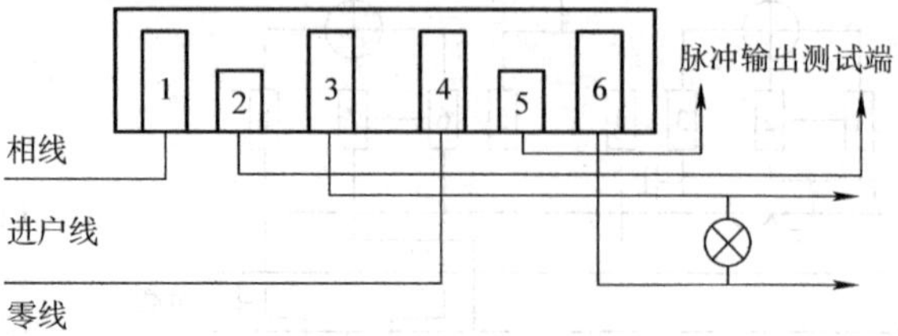


**图7-13** IC卡单相电能表的接线

**2. IC卡电能表的显示器**

图7-14给出了IC卡单相电能表的显示器说明。当显示器左侧最上面的小灯点亮时，显示器上显示的是已用电量。当显示器左侧中间的小灯点亮时，显示器上显示剩余电量。当显示器左侧最下面的小灯点亮时，显示器上显示的是最近一次所购电量。显示器右边装有报警装置，当表上无剩余电量时，它会自动报警。

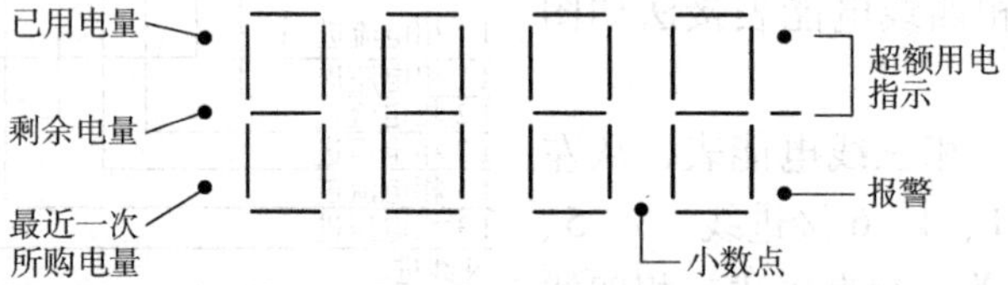


**图7-14** IC卡单相电能表的显示器说明

**3. IC卡电能表的工作原理**

图7-15是IC卡电能表结构图，当用户将IC卡插入卡口内时，中央处理器（CPU）立即送出控制信号，当系统确定买电成功后，立即启动用户的用电系统，同时送出采样信号，采样输出板块发出指令，对用户用电的情况进行电压、电流采样，并将采样数据送回中央处理器。中央处理器将数据处理后，将信息同时送入扫描驱动板块和显示器，扫描驱动板块驱动显示器显示出用户用电情况。

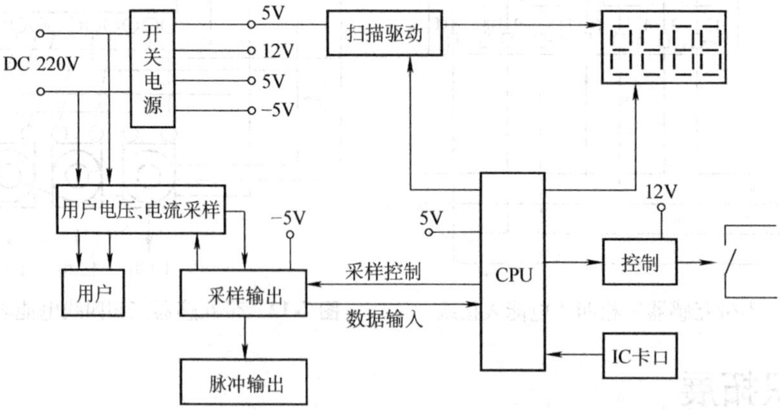


**图7-15** IC卡电能表结构图

**4. 使用说明**

1）电能表安装好后，用户携带表上对应的IC卡到供电部门指定的售电系统对IC卡进行初始化（买电）。

2）买电后，将IC卡插入对应电能表的电卡插口内，并可观察到显示器左侧中间的小灯被点亮，说明显示器内容转换到剩余电量，并由原来的值变为新值时，说明买电成功。

3）买电成功后，可将IC卡从电能表内拔出妥善保管。

**5. 使用电能表的注意事项**

1）3～5A的单相电能表每月空载消耗能量约为1kW·h。

2）三相电能表任一电压线圈消耗功率不超过1.5W。三相三线有功电能表和DX1型（或同类型）无功电能表的电压线圈共两个，总消耗功率一般不超过3W。三相四线有功电能表的电压线圈共有三个，总消耗功率一般不超过4.5W。

3）电能表运行时有轻微的嗡嗡声，这是正常现象，不是故障。

4）不允许将电能表安装在负载小于10%额定负载的电路中。

5）不允许电能表经常在超过额定负载值125%的电路中使用。

6）直接接入式电能表的连接导线的载流量应大于电能表的额定电流。

7）电能表的铭牌数据应与接入电路的电压、电流和频率相适应。

8）使用电压互感器、电流互感器时，其实际功耗应乘以相应的电流互感器及电压互感器的变比。

9）电压互感器的二次绕组端钮到电能表的接线端钮的电压下降不应超过5%。

10）在一般情况下，三相三线电能表不可与三相四线电能表互换。

## 课后练习

1. 说出电能表的正确接线规则。
2. 电动系电能表是如何读数的？
3. 说出用单相电能表测量三相电路的有功功率时，一表法、两表法和三表法所适用的电路。

## 测评验收

一、知识验收（低压电工考证训练多选题）

1. 保护接零有（　　）等方式。

A. TN－C　　B. TN－S　　C. TN－C－S　　D. TT－S

2. 绝缘指标包括（　　）等。

A. 绝缘电阻　　B. 吸收比　　C. 耐压强度　　D. 泄漏电流

E. 介质损耗

3. 移动电动机除本体完整无损外，在使用前还应检查（　　）等。

A. 外壳　　B. 插头　　C. 开关　　D. 引线

4. 漏电保护继电器具有对漏电流（　　）的功能。

A. 检测　　B. 判断　　C. 切断　　D. 接通

5. 标有（　　）的漏电保护器不得接反。如果接反，会导致电子式漏电保护器的脱扣线圈无法随电源切断而断电，以致长时间通电而烧毁。

A. 电源侧　B. 负荷侧　C. 中性点　D. 接地点

6. 人工垂直接地体敷设，可采用（　　）等材料。

A. 扁铁　B. 圆钢　C. 钢管　D. 角钢

7. 中性点直接接地的电网中，采用保护接零时，必须满足以下条件：（　　）。

A. 任何时候都应保证工作零线和保护零线的畅通

B. 工作零线、保护零线应可靠重复接地，重复接地的次数应不小于3次

C. 重复接地的接地电阻应不大于10Ω

D. 保护零线和工作零线（单相用电设备除外）不得装设熔断器或断路器

8. 凡与大地有可靠接触的金属导体，除有规定外，均可作为自然接地体，如（　　）。

A. 埋设在地下的金属管道（流经可燃或爆炸性物质的管道除外）

B. 金属井管

C. 与大地有可靠连接的建筑物及构筑物的金属结构

D. 水中构筑物的金属桩

E. 直接埋地的电缆金属外皮（铝皮除外）

9. 接地装置和接零装置安全要求主要有：（　　）。

A. 导电的连续性，连接可靠

B. 足够的机械强度，足够的导电能力和热稳定性

C. 防止机械损伤，防腐蚀

D. 必要的地下安装距离，接地支线或接零支线不得串联

10. 爆炸危险区域内的电气设备，应符合周围环境内（　　）等不同环境条件对电气设备的要求。

A. 机械的　B. 化学的　C. 热、霉菌、风沙　D. 低温

11. 引起电动机过度发热的不正常运行情况，除短路外，还有（　　）等原因。

A. 断相　B. 过载　C. 接触不良　D. 散热不良

12. 白炽灯、霓虹灯等照明灯具引起火灾的主要原因有（　　）等。

A. 镇流器的铁心松动、线圈短路、连续使用时间过长等将镇流器烧坏引起火灾

B. 碘钨灯灯管表面温度可达500~800℃，与可燃物接触或靠近，易引起燃烧

C. 高压水银灯灯管表面温度可达150~2500℃（指400W水银灯），与可燃物接触或靠近，易引起燃烧

D. 气温异常

13. 防止直接触电的安全技术措施有（　　）等。

A. 绝缘　B. 屏护　C. 间距　D. 漏电保护装置

E. 安全电压

14. 低压电器可分为（　　）。

A. 控制电器　B. 保护电器　C. 调节电器　D. 检测和切换电器

15. 在爆炸危险场所，对接地装置的要求是（　　）。

A. 除生产上有特殊要求的以外，一般场所不要求接地（或接零）的部分仍应接地（或接零）

B. 设备的接地（或接零），不必要连接成整体

C. 单相设备的工作零线应与保护零线分开，相线和工作零线均应装设短路保护装置，并装设双极刀开关以同时操作相线和工作零线

D. 接地干线在爆炸危险区域的不同方向应不少于两处与接地体连接

16. 辅助绝缘安全工、器具中绝缘鞋（靴）要求（　　）。

A. 外观完整，不破裂、不脏污

B. 鞋（靴）底及边缘的橡胶防滑层完好，绝缘层不外露

C. 鞋（靴）干燥，无金属屑等杂物

D. 在预防性试验周期内使用

17. 在爆炸危险场所，电气设备的运行保持电压、电流、温升等不超过允许值，要能做到（　　）。

A. 通过所有导线的电流不得超过其安全载流量

B. 所用导线允许载流量不应低于线路熔断器额定电流

C. 电气线路上必须装设过电流保护装置，在不影响电气设备正常工作的情况下，应尽量整定得小一些

D. 高压线路应按短路电流进行热稳定校准（指1000V 以下）

18. 电伤对人体表面造成的局部伤害包括（　　）。

A. 电灼伤（烧伤）　B. 电烙印　C. 皮肤金属化　D. 电弧灼伤

19. 漏电保护器的作用有（　　）。

A. 防止漏电引起的单相电击事故

B. 检测和切断各种一相接地故障

C. 用于防止由于漏电引起的火灾和设备烧毁事故

D. 具有过载、过电压、欠电压、短路和断相等保护

20. 接零装置由（　　）组成。

A. 接闪器　B. 保护零线网（不包括工作零线）

C. 圆钢　D. 角钢

21. 接地装置由（　　）组成。

A. 接零线　B. 接地体　C. 接地线　D. 角钢

22. 下列检查周期正确的是（　　）。

A. 变电所的接地网一般每年检查一次

B. 根据车间的接地线及零线的运行情况，每年一般应检查 1 ~2 次

C. 各种防雷装置的接地线每年（雨季前）检查一次

D. 对有腐蚀性土壤的接地装置，安装后应根据运行情况（一般每五年左右）挖开局部地面检查一次

23. 互感器的作用是（　　）。

A. 电能测量　B. 电压测量　C. 电流测量　D. 继电保护

24. 低压断路器运行与维护，说法正确的是（　　）。

A. 断路器额定电压应大于或等于线路的额定电压

B. 断路器额定电流应大于计算负荷电流，如断路器装设在箱柜内使用，额定电流应按

80%计算

C. 根据线路可能出现的最大短路电流去选择断路器额定运行短路分断能力，短路分断能力应大于线路最大短路电流

D. 热脱扣整定电流应等于所控制负荷计算电流。但不能选择热脱扣电流太接近负荷电流，不然会误动作，而无法去调整整定值

E. 瞬时脱扣电流不宜选择倍数过大，否则不能降低故障，反而会造成损坏

25. 熔断器的选用和使用要求，说法正确的是（　　）。

A. 熔断器的额定电压必须大于或等于配电线路电压

B. 熔断器的额定电流应等于熔体的额定电流

C. 熔断器的分断能力必须大于使用配电线路可能出现的最大短路电流

D. 熔体额定电流的选用必须满足线路正常工作电流和电动机起动电流

E. 接零保护系统中的零线应装设熔体。

26. 安装漏电保护器除遵守电气设备安装规程外，应注意（　　）。

A. 必须符合厂家说明书的要求

B. 标有电源侧和负荷侧的漏电保护器不得接反

C. 工作零线不得在漏电保护器负荷侧重复接地

D. 不可以放弃原有防护措施

27. 变压器中性点接地的主要作用是（　　）。

A. 减轻一相接地的危险性　　B. 降低漏电设备的对地电压

C. 稳定系统电位　　D. 改善架空线的防雷性能

28. 重复接地的作用有（　　）。

A. 降低漏电设备的对地电压　　B. 减轻零线断电的危险性

C. 缩短故障时间　　D. 改善架空线的防雷性能

29. 目前市场上漏电保护开关有以下几种类别的安全功能（　　）。

A. 只具有漏电保护断电功能，使用时必须与熔断器、热继电器、过电流继电器等保护元件配合

B. 同时具有过载保护功能

C. 同时具有短路保护功能

D. 同时具有短路、过负荷、漏电、过电压、欠电压保护功能

30. 关于漏电保护器安装与使用，以下说法正确的是（　　）。

A. 使用的漏电保护器应符合选择条件，即电网的额定电压等级应等于保护器的额定电压，保护器额定电流应大于或等于线路的最大工作电流

B. 保护器试验按钮回路的工作电压不能接错，电源侧和负载侧也不能接错

C. 总保护和干线保护装在配电室内，支线或终端线保护装在配电箱或配电板上并保持干燥通风、无腐蚀性气体的损害

D. 在保护器负荷侧零线不得重复接地或与设备的保护接地线相连接

31. 防爆电气设备的选型依据有（　　）。

A. 防爆电气设备的选型应安全可靠、经济合理

B. 根据爆炸危险区域的分区、电气设备的种类和防爆结构的要求，选择相应的电气

设备

C. 选用的防爆电气设备的级别和组别，不应低于该爆炸性气体环境内爆炸性气体混合物的级别和组别

D. 爆炸危险区域内的电气设备，应符合周围环境内化学的、机械的以及风沙等不同环境条件对电气设备的要求，并且各种电气设备防爆结构的选型应符合国家规定

32. 安全间距可分为（　　）。

A. 线路间距　　B. 检修间距　　C. 设备间距　　D. 人体间距

33. 对运行中的漏电保护器，进行检查试验的内容有（　　）。

A. 动作特性是否变化（动作电流和动作时间）

B. 接线端子有无松动和发热，接线有无断裂和碰线等

C. 密封及清洁状况

D. 外壳有无损坏

34. 低压三相异步电动机的保护方式有（　　）。

A. 短路保护　　B. 过载保护

C. 断相保护　　D. 欠电压保护、失电压保护

35. 螺口灯具的正确接法是（　　）。

A. 相线进开关　　B. 开关线进灯头中心点

C. 开关线进灯头螺纹端　　D. 中性线进灯头螺纹端

36. 电动机在正常运行时应做到（　　）。

A. 进出风口畅通　　B. 电流保持恒定

C. 不允许水油杂物落入　　D. 经常保持清洁。

37. 火灾危险环境下，安装电气线路应遵守的规定有（　　）等。

A. 可采用非铠装电缆或钢管配线明敷设

B. 沿未抹灰的木质吊顶和木质墙壁敷设，木质屋顶内的电气线路应穿钢管明敷设

C. 对于携带式、移动式设备的线路，应采用移动电缆或橡套电缆

D. 电力、照明线路的绝缘导线和电缆的额定电压，不应低于线路的额定电压，且不低于500V

38. 防止雷击人体的注意事项有（　　）等。

A. 雷暴时，非工作必要，应尽量少在户外或野外逗留，在建筑物或高大树木屏蔽的街道躲避雷暴时，应离开墙壁和树干8m以上

B. 雷暴时，应尽量离开小山、小丘、海滨、湖滨、河边、池旁、铁丝网、金属晒衣绳、旗杆、烟囱、宝塔、孤独的树木和无防雷设施的小建筑物和其他设施

C. 雷暴时，在户内应注意雷电侵入波的危险

D. 雷暴时，还应注意关闭门窗，防止球型雷进入室内造成危害

二、技能验收

实操制作配电盘，主要考察如下内容：

1）接线是否合理，并通电进行检验。

2）电压互感器、电流互感器接法是否正确。

3）单相照明电路和三相动力电源是否分开接。

4）指出图 7-16 接线中的错误之处。

5）图 7-17 所示为配电盘技能训练主要项目。

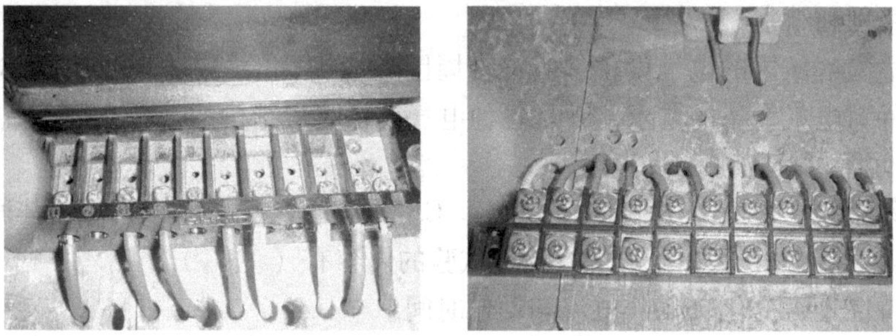

图　7-16

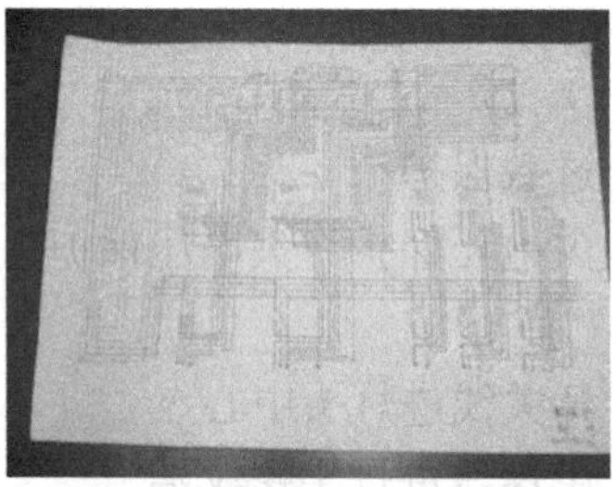

a) 配电盘电路布线图

b) 研究互感器接法

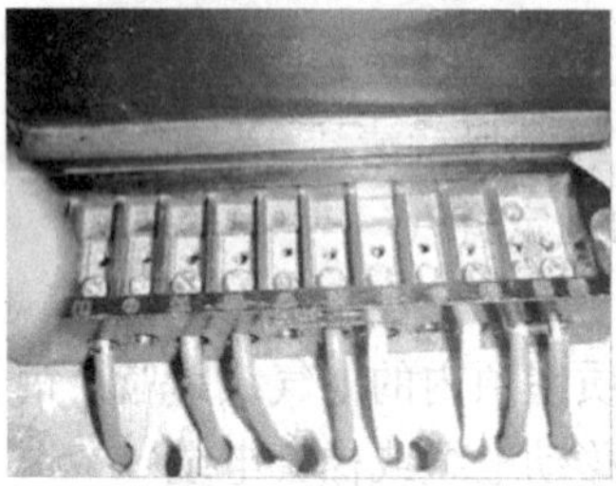

c) 接线端子排列图

d) 通电验收

图 7-17　配电盘技能训练主要项目

三、小型配电盘制作验收标准及工艺验收标准

1）小型配电盘制作验收标准见表 7-2。

表 7-2　小型配电盘制作验收标准

| 项目内容 | 配分 | 评价标准 | 得分 |
|---|---|---|---|
| 装前检查 | 6 | (1) 电气元件漏检或错检，每处扣1分<br>(2) 丢失小元件扣3分 | |
| 安装元件 | 14 | (1) 元件安装不牢固，每只扣4分<br>(2) 元件安装不整齐、不合理，每只扣3分<br>(3) 损坏元件，扣10分<br>(4) 互感器装反，扣4分 | |

（续）

| 项目内容 | 配分 | 评价标准 | 得分 |
| --- | --- | --- | --- |
| 布线 | 30 | （1）布线不符合要求，每根扣4分<br>（2）接点不符合要求，每个接点扣1分<br>（3）损坏导线绝缘相线芯，每根扣4分<br>（4）三相和单相照明不分者，扣3分 | |
| 通电试验 | 40 | （1）第一次通电不成功扣20分<br>（2）第二次通电不成功扣30分<br>（3）第三次通电不成功扣40分 | |
| 实训报告 | 10 | （1）无实训报告，扣10分<br>（2）实训报告不规范，酌情扣分 | |
| 安全文明生产 | 违反安全文明生产规程，扣4～40分 | | |

2）工艺验收标准同项目四。

# 项目八 基于工作过程的知识拓展

完成学业，走向社会、走向生活的学子，你身边的家电出现小故障时，会不会维修它？你要了解哪些知识，才能正确排除故障使它们正常运行呢？

## 任务一　家用电冰箱简介

家用电冰箱外形如图 8-1 所示。

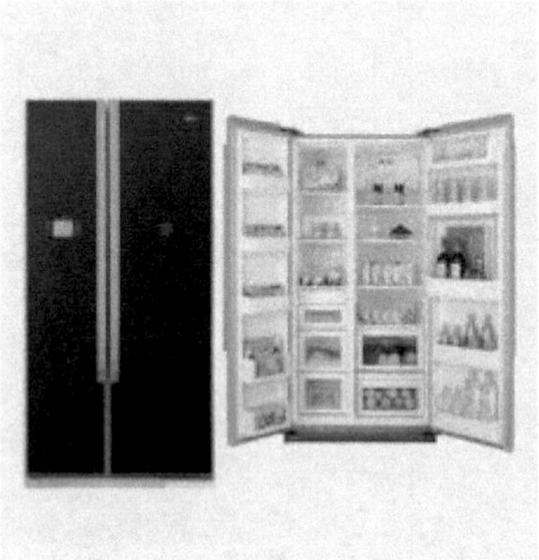

图 8-1　家用电冰箱外形

**1. 电冰箱的选购**

选购电冰箱时应选择容积适宜、性能优良、安全可靠、耗电量低、造型美观、寿命长、维修方便的产品。购买电冰箱时应着重注意以下事项：

选择电冰箱形式：按照制冷原理，电冰箱分为电机压缩式、吸收式和电磁振荡式等形式的电冰箱。家用电冰箱应选用使用最为普遍的电机压缩式电冰箱，它具有效率高、噪声小、寿命长等优点。

确定电冰箱容量：一般选购容量在 150～250L（升）为宜，如果经济条件好，也可购买大容量、多功能电冰箱，使用较方便。箱体外形轮廓要清晰，高度比例要适宜，装饰件造型新颖，色彩淡雅，美观大方。表面颜色均匀一致，漆层附着力好，硬度高，无划伤、脱落等现象。箱门开关灵活，门封严密，箱门开启力应不小于 1.5kgf（1kgf = 9.80665N）的拉力。仔细检查塑料内箱厚薄是否均匀、有无裂纹，箱壁隔热材料发泡是否均匀一致。检查时，可用手轻敲内壁表面，以没有明显的“空感”为好。

电冰箱的功能检查：将温度控制器旋钮调至“停”（OFF）的位置，接通电源时，压缩机不应运转，否则温度控制器有故障。温度控制器旋钮“开”“关”应明显，转动灵活，打开箱门时照明灯应接通发光，关门时照明灯关闭，且箱体不得带电。将温度控制器旋钮调至“弱冷”位置时，压缩机应起动运转，运转时声音应很轻，振荡很小，在城市白天环境应听不到运转声，手摸压缩机只有微微振动。再将温度控制器旋钮调至“强冷”与“弱冷”中间的位置，关闭箱门，当门缝为1cm左右时照明灯应关闭；30min后开门观察，冷冻室（蒸发器内）表面应有均匀薄霜，用湿手接触应有冻结的感觉。再将温度控制器旋钮调至“停”的位置，压缩机应停止运转。

**2. 电冰箱的结构**

电机压缩式电冰箱由箱体、制冷系统和自动控制系统组成。

1）箱体：箱体内有冷冻室和冷藏室，存放各种食品和物品。

2）制冷系统：制冷系统的功能是给箱体内降温。制冷系统由全封闭式压缩机、冷凝器、干燥过滤器、节流毛细管和蒸发器等组成，如图8-2所示。

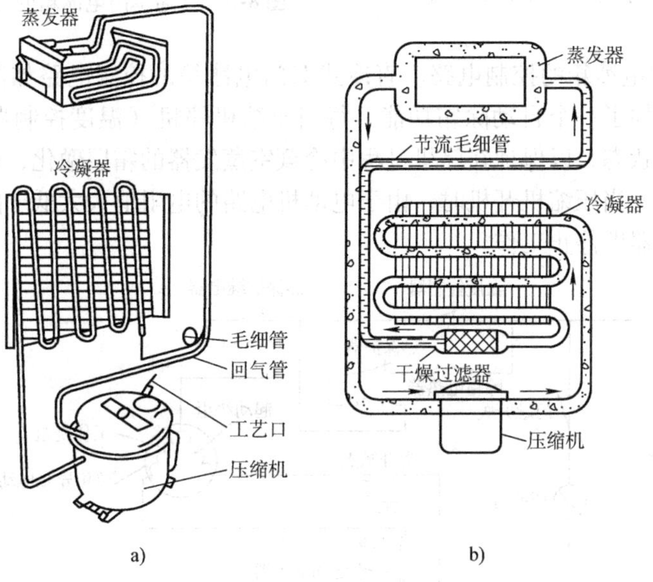


**图8-2** 电冰箱制冷系统

① 压缩机：将在蒸发器中吸收蒸发的制冷剂蒸气吸入，并压缩成高温高压蒸气，送至冷凝器。

② 冷凝器：将由压缩机输送来的高温高压蒸气，通过冷凝器散热，使气态制冷剂冷凝液化。

③ 节流毛细管：将来自冷凝器的液态制冷剂经过节流毛细管，进入蒸发器膨胀蒸发，由于节流毛细管的作用，降低了冷凝剂的压力和温度。

④ 蒸发器：进入蒸发器的制冷剂压力骤降，之后吸热并急剧沸腾蒸发起制冷作用，使储藏的物品达到冷却的效果。

蒸发器中吸热蒸发的制冷剂变成蒸气后再次被压缩机吸入压缩，送至冷凝器，进行再一次循环，如此周而复始不断循环，维持着电冰箱的制冷功能。

3）自动控制系统：自动控制系统有以下几种：

① 普通单门电冰箱的控制电路。普通单门电冰箱的控制电路如图 8-3 所示。接通电源，分相式单相异步电动机起动，由于电动机起动时，工作绕组中的起动电流较大，起动继电器吸合，其常开触点闭合，自动将起动继电器释放，其常开触点断开，起动绕组断电退出运行，单相异步电动机带动压缩机工作。电冰箱工作温度是通过温度控制器控制压缩机的开停自动调节的。热保护继电器是压缩机的安全保护装置，当电动机电流超过允许值或机壳温度过高时即切断电路。箱内的照明灯用门触开关来控制，开门时，开关合上，灯亮；关门时，开关断开，灯灭。

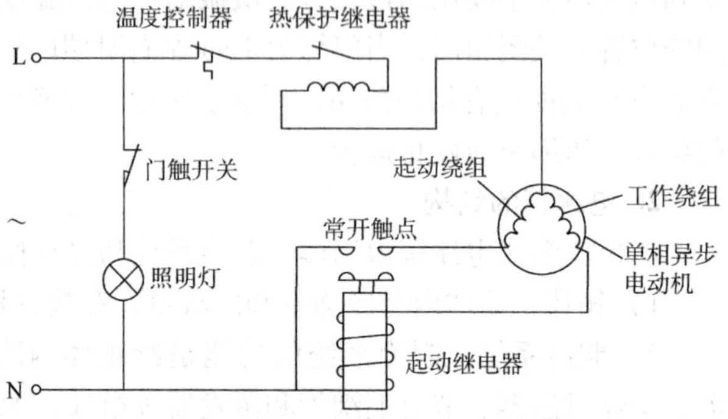


**图 8-3** 普通单门电冰箱的控制电路

② 直冷式双门电冰箱的控制电路。直冷式双门电冰箱的控制电路如图 8-4 所示。该电路比单门电冰箱增加了一个自动除霜功能。每当压缩机停机（温度控制器切断）时，除霜电热器即进入工作状态，以保证在停机过程中冷藏室蒸发器的霜层融化，可使蒸发器经常保持较高的传热效率。当压缩机开机时，由于电动机电路的电阻值大大低于除霜电热器的电阻值，因而除霜电热器即停止工作。

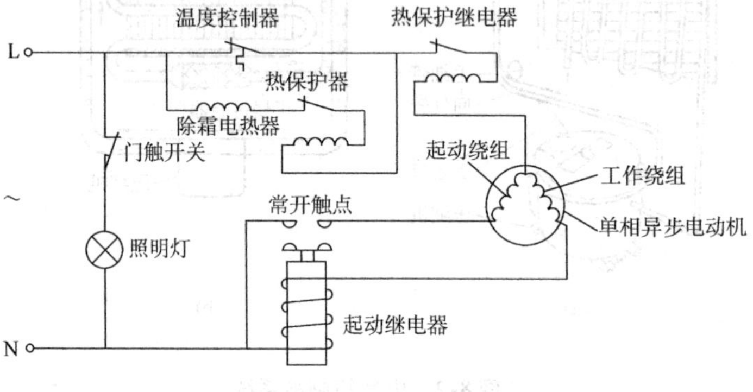


**图 8-4** 直冷式双门电冰箱的控制电路

**3. 电冰箱的安置和使用**

1）电冰箱搬运时不能撞坏制冷管道系统，装卸时应抬底盘，不能就地拖拉，也不能剧烈振动。

2）电冰箱要带包装运输，移动时不能过度倾斜，倾斜角最好不要超过 40°。

3）电冰箱应避开热源和阳光照射，安置在干燥通风的地方，箱体后面的冷凝器与墙壁应保持 40cm 的距离，以利于空气对流，提高散热质量。

4）电冰箱停机后，必须等 4 ~5min 后才能再行起动。因为电冰箱停机时，压缩机的吸气侧和排气侧的压力差很大，如果停机后立即起动，压缩机活塞压力将增大，单相电动机起动转矩不能克服这样高的压差，故意损坏电动机。

5）电冰箱使用时，存放食物不宜过满、过紧，要留有空隙，以利于冷空气对流，减轻机组负载，延长使用寿命，节省电能。

6）鲜鱼要用塑料袋封装，放在冷冻室储藏。蔬菜、水果要把外表面水分擦干，放入箱内冷藏室最下面，以温度高于0℃为宜。

7）不能把瓶装液体放入冷冻室内，以免冻裂包装瓶，应放在冷藏室内或门挡上，以4℃左右温度贮存最好。

8）电冰箱使用时应定期做好清洁卫生工作，以免产生异味。

9）电冰箱长期停用，应将电源断开，内外擦净、晾干，将温度控制器旋钮旋到“强冷”位置；不要把门关严，可用厚纸条分段垫在门封条与门口之间，保持通风，防止门封粘连。

**4. 电冰箱常见故障及检修方法**（见表8-1）

**表8-1　电冰箱常见故障及检修方法**

| 故障现象 | 产生原因 | 检修方法 |
|---|---|---|
| 通电后不运转，没有声音 | 1. 电源插头接触不良或熔丝熔断<br>2. 电源丝折断或脱焊<br>3. 温度控制器感温剂漏失、断路<br>4. 重锤式起动器T形架受阻不能上移，电流线圈断线<br>5. 过载保护继电器短路<br>6. 电动机工作绕组断路 | 1. 插好电源插头或更换同规格熔丝<br>2. 修复或更换<br>3. 将温度控制器旋至不停点或将接线端子短路接通，如果运转，则应更换温度控制器<br>4. 拆下起动继电器修复或更换<br>5. 拆下保护继电器修复或更换<br>6. 拆修或更换 |
| 通电后压缩机不运转，有嗡嗡声 | 1. 电源电压过低或过高<br>2. 重锤式起动器T形架受阻不能下移，动、静触点不能分开<br>3. 压缩机卡死，不能转动 | 1. 测量电压，如果超出规定范围（180～240V），不是故障<br>2. 拆下重锤式起动器，修理或更换<br>3. 拆开压缩机，修理或更换 |
| 压缩机温度过高 | 1. 检修后制冷系统充灌制冷剂过多，影响制冷剂循环<br>2. 充灌制冷剂时有空气进入制冷系统<br>3. 箱内存放物品过多，或门封不严，开机时间过长 | 1. 放出多余的制冷剂<br>2. 将制冷系统的制冷剂放掉，然后干燥抽空，充灌适量的制冷剂<br>3. 适当减少存放物品，或修理或更换磁性门封 |
| 漏电 | 1. 未安装接地线<br>2. 电路中导线破损或带电器件绝缘不好或箱体碰撞 | 1. 为保障人身安全，按规定安装好接地线<br>2. 检查漏电部位，将碰触点移开，加强绝缘 |
| 压缩机运转不停，但不制冷 | 1. 制冷剂全部泄漏<br>2. 严重冰堵<br>3. 严重脏堵<br>4. 压缩机内高压缓冲管破裂或吸、排气阀片损坏 | 1. 仔细检漏和补焊，对制冷系统干燥抽空，重新充灌适量的制冷剂<br>2. 对制冷系统干燥抽空，重新充灌适量的制冷剂<br>3. 更换毛细管和干燥过滤器，对制冷系统干燥抽空，充灌适量制冷剂<br>4. 拆开压缩机检修，然后检漏、干燥抽空，充灌适量制冷剂 |

（续）

| 故障现象 | 产生原因 | 检修方法 |
|---|---|---|
| 压缩机运转不停，但不制冷 | 1. 环境温度过高 | 1. 环境温度高于43℃造成不制冷，运转不停，不是故障 |
| | 2. 箱内存放了过多的温度较高的物品，或连续冻结大量冰块 | 2. 适当减少放入的物品，并使物品降至常温再放入，减少冻冰量 |
| | 3. 开箱门过于频繁或开箱门时间过长 | 3. 减少开门次数和时间 |
| | 4. 制冷剂部分泄漏 | 4. 仔细检漏和补焊，然后干燥抽空，充灌适量制冷剂 |
| | 5. 部分冰堵，制冷剂循环不畅 | 5. 对制冷系统干燥抽空，重新充灌适量的制冷剂 |
| | 6. 部分脏堵，制冷剂循环不畅 | 6. 更换毛细管和过滤器，检漏、干燥抽空，充灌制冷剂 |
| | 7. 压缩机活塞和气缸磨损，或气门阀门或阀片底座封闭不严 | 7. 压缩机使用8年以上是正常磨损，可更换压缩机；如果使用时间短，可拆开检修 |
| 压缩机起动频繁 | 1. 温度控制器控制范围过小 | 1. 把温度控制器旋钮向“冷”点适当调整 |
| | 2. 温度控制器触点接触不良 | 2. 拆下温度控制器，用金相砂纸将触点磨光 |
| | 3. 磁性门封不严，保温不好，箱内温升过快 | 3. 更换磁性门封，修理箱门 |
| 噪声大 | 1. 电冰箱的4只脚没有放平，箱体振动 | 1. 调整电冰箱底脚螺钉，或用木块、橡胶将电冰箱的4只脚垫平 |
| | 2. 管路间有物体与箱体碰撞摩擦 | 2. 适当移开管路 |
| | 3. 压缩机内吊簧折断，机壳发出振动声响 | 3. 拆开压缩机，更换吊簧 |
| | 4. 压缩机的减振垫压得过紧或老化 | 4. 调松减振胶垫，或更换新胶垫 |

## 任务二　洗衣机简介

家用洗衣机外形如图8-5所示。

图8-5　家用洗衣机外形

**1. 洗衣机的选购**

（1）洗衣机的类型

1）按形状可分为立式洗衣机和卧式洗衣机。

2）按自动化程度可分为以下四种：

① 普通型洗衣机：洗、漂和脱水等功能都要人工操作。

② 半自动型洗衣机：其中有一部分功能是人工操作，另一部分功能是自动转换。

③ 全自动型洗衣机：洗、漂和脱水的转换全是自动进行的。

④ 漂、洗、脱水和干燥全自动型洗衣机：这种洗衣机可以烘干衣物，而洗和烘干全部是自动进行的。

3）按结构可分为以下三种：

① 波轮式洗衣机：又称涡卷式洗衣机。在洗衣机的底部有一只波轮，电动机带动波轮转动，依靠波轮的转动，衣物随水流不断上下翻滚而洗涤衣物。它有单筒洗衣机、双筒洗衣机和套筒洗衣机几种形式。由于波轮式洗衣机具有结构简单、洗净率高、造价低廉、使用安全和方便等优点，可以满足家庭需要，因而受到人们的欢迎并得到普及。

② 滚筒洗衣机：滚筒洗衣机由微电脑控制，衣物无缠绕，洗涤均匀，磨损率要比波轮洗衣机小10%，可洗涤羊绒、羊毛、真丝等衣物，做到全面洗涤。有的滚筒洗衣机还有消毒除菌、烘干、上排水等功能，满足了不同地域和生活环境消费者的需求。

③ 搅拌式洗衣机：它有一个三叶搅拌器装在筒中心，带动衣物翻滚。这种洗衣机洗净率高、磨损小、洗涤容量大，但洗涤时间长、维修难度大，体积也大。

（2）洗衣机的选择

1）现代洗衣机品牌种类繁多，用户可根据自己的实际需求和居住空间大小选择合适的洗衣机。

2）洗衣机的容量。目前市场上洗衣机的容量有5.2kg、6kg、7.0kg、7.5kg、8.0kg、10kg等。可根据家庭人口来选择。

（3）选购洗衣机时的检查项目

1）检查洗衣机的外观质量：外箱体的喷气要均匀无损伤，色彩线条清晰，电镀件无锈蚀，塑料件无弯曲变形、毛刺及裂纹，各种控制旋钮应转动灵活、定位准确。

2）检查洗衣机的内部质量：打开洗衣机上盖，检查波轮和洗衣筒，波轮表面应光滑无毛刺、棱角，波轮边缘与洗衣机波轮槽的间隙要均匀，而且间距要小，约1mm。用手转动波轮轮芯，正、反皆应运转灵活，无异常声音。检查洗衣筒内壁，表面应光滑平整，四周搪瓷外皮应无剥落或裂纹；铝合金筒氧化膜应无划痕；塑料筒应光滑平整，筒壁厚薄均匀。

3）检查附件配备是否安全，有无缺少和损坏。

4）通电试验检查电气设备和洗衣机的运转情况。接通电源后，看波轮的正反转、定时时间、脱水筒转动和停止制动性能、进水和排水等功能是否符合要求。对于全自动型洗衣机，在通电后，要求能按设定的程序运行。

5）检查洗衣机的金属裸露部分的绝缘性能，绝不可有漏电现象。一般用验电笔或绝缘电阻表检查。

**2. 洗衣机的结构**

1）普通单筒波轮式洗衣机的结构如图8-6所示。

普通单筒波轮式洗衣机主要由洗涤电动机、洗涤定时器、按键开关、波轮及洗涤筒等组成。

普通单筒波轮式洗衣机的电气控制电路如图8-7所示。

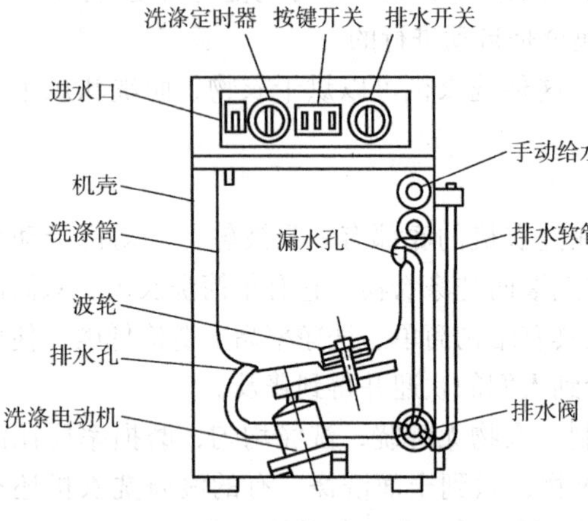


**图8-6**　普通单筒波轮式洗衣机的结构

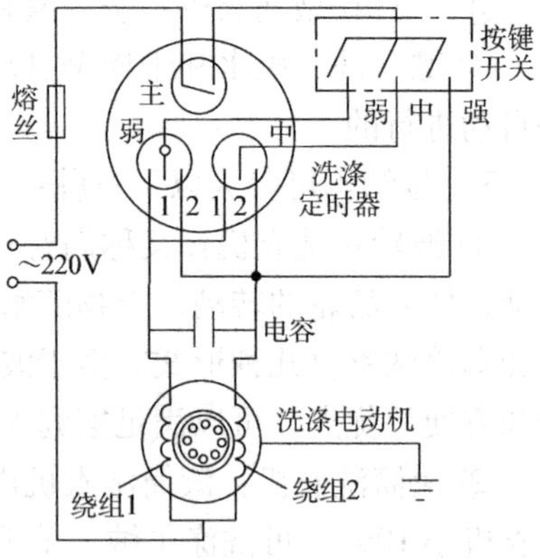


**图8-7**　普通单筒波轮式洗衣机的电气控制电路

电容式单相异步电动机为洗涤电动机，带动波轮旋转；按键开关用来选择强、中、弱三种洗涤方式；洗涤定时器内有三组触点开关，第一组是主触点开关，用来控制洗涤总时间，第二组和第三组是中洗、弱洗触点开关，用来控制单相异步电动机的正转、停转、反转。洗衣机使用时，不仅要顺时针旋转定时器旋钮，使主触点开关接触，还要按下按键开关中的一个按键，才能使电路接通。

当按顺时针方向旋转洗涤定时器旋钮时，主触点开关关闭，同时按下按键开关强洗档，电源通过洗涤电动机供电。这时绕组2直接和电源相接，为单相电动机的工作绕组；电容和绕组1串联后才同电源相接，为单相电动机的起动绕组。这种连接方式不改变，洗涤电动机指向一个方向旋转，直到洗涤定时器的主触点断开，切断电源，电动机才停转。

当按下按键开关中洗档时，电源通过洗涤定时器的主触点、按键开关的中洗按键和洗涤定时器的中洗触点给洗涤电动机供电。中洗触点开关的中间簧片，在洗涤电动机运转的过程中不断变换位置。当中间簧片同左面触点1接触时，洗涤电动机的绕组1直接同电源相接，是工作绕组；绕组2串联电容同电源相接，是起动绕组，这时电动机正转。当中间簧片回到中间位置时，电路切断，电动机停转。当中间簧片同右边接触点接触时，电动机的绕组2直接和电源相连接，是工作绕组；绕组1和电容串联后同电源相连，是起动绕组，这时电动机反转。中间簧片按规律不断地变换位置，来完成洗涤电动机的正转、停转、反转、停转，直到洗涤定时器主触点断开为止。

当按下按键开关弱洗档时，电源通过洗涤定时器的主触点、按键开关的弱洗按键和洗涤定时器的弱洗触点给洗涤电动机供电。弱洗触点开关的中间簧片，在运转的过程中不断地变换位置，其功能和中洗触点开关基本相同，只是洗涤电动机运转的时间比中洗短，电动机停转的时间比中洗长。

洗衣机的保护接地线有两种方式，一种是采用三根导线的电源线，其中一根与机箱连接，作为保护接地线，接在三脚插头的长脚上；另外一种是从机箱底部引出一根铜芯导线，作为保护接地线。

2）普通双筒波轮式洗衣机的结构如图 8-8 所示。

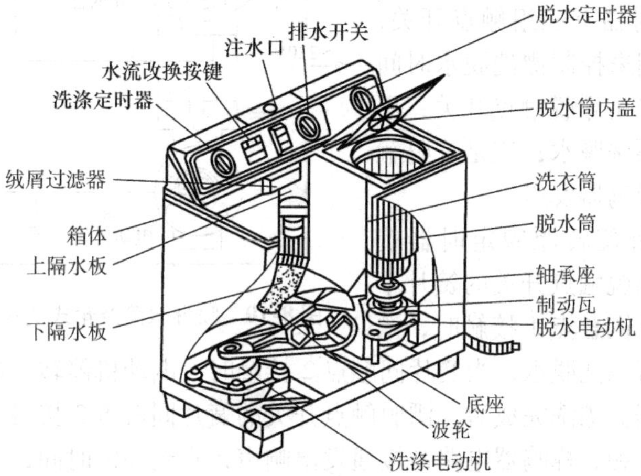


图 8-8　普通双筒波轮式洗衣机的结构

普通双筒波轮式洗衣机主要由洗涤电动机、脱水电动机、洗涤定时器、脱水定时器、洗衣筒、脱水筒、按键开关和波轮等组成。普通双筒波轮式洗衣机的电气控制电路如图 8-9 所示。

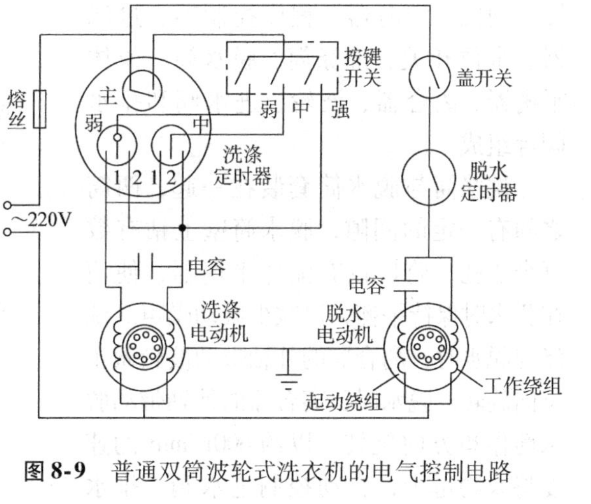


图 8-9　普通双筒波轮式洗衣机的电气控制电路

普通双筒波轮式洗衣机的电气控制电路是由洗涤控制电路和脱水控制电路两部分组成的，两部分控制电路是并联的，因此洗涤和脱水可以单独或同时运行。洗涤部分的电气控制原理与单筒洗衣机相同。脱水部分是由电动机、电容、脱水定时器及盖开关等组成的。其中，脱水电动机和电容组成电容运转电动机；脱水定时器只有一个触点开关，使用时顺时针旋转脱水定时器旋钮，触点接通，到达预定时间后，脱水定时器的触点开关断开，脱水结束；脱水筒的盖开关起保护作用，脱水筒外盖合上，盖开关闭合，脱水电动机运转；脱水筒外盖打开，盖开关断开，脱水电动机停止运转。

3）喷淋双筒波轮式洗衣机的结构与普通双筒波轮式洗衣机基本相同，就是在脱水时多了一个喷淋装置，其电气控制电路如图 8-10 所示。

喷淋双筒波轮式洗衣机的电气控制电路也是由洗涤控制电路和脱水控制电路两部分组成的，这两部分也是并联的。洗涤控制电路与普通单筒和双筒波轮式洗衣机相同。脱水部分的电气控制电路由漂脱电动机、电容、漂脱定时器、盖开关及蜂鸣器等组成。其中，漂脱电动机和电容组成电容运转电动机。漂脱定时器有三组触点开关，一是主触点开关，用来控制漂洗脱水时间和最后脱水时间；二是漂脱触点开关，用来控制反复浸泡和漂洗脱水；三是蜂鸣触点开关，用来控制蜂鸣器发声。

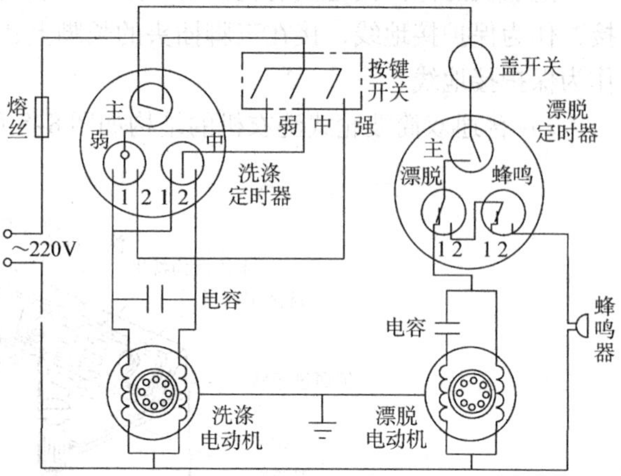


**图 8-10** 喷淋双筒波轮式洗衣机的电气控制电路

漂洗时，顺时针旋转漂脱定时器旋钮，主触点接通，漂脱触点开关的簧片不断变换位置。当簧片同触点 1 接触时，漂脱电动机运转，进行漂洗脱水；当簧片同触点 2 接触时，电动机停转，进行浸泡。这样反复五次，完成漂洗过程。漂洗完成后，漂脱触点开关的簧片同触点 2 接触，同时蜂鸣器触点开关的簧片同触点 2 接触，蜂鸣器电路被接通发出响声，直到预定时间，主触点断开，蜂鸣器停响。

4）全自动波轮式洗衣机的结构如图 8-11 所示。

全自动波轮式洗衣机由单相电容运转电动机、定时器、程序控制器、过滤器、水位开关、洗涤筒、脱水筒、流体平衡器、离合器、波轮、进水阀和排水阀等组成。

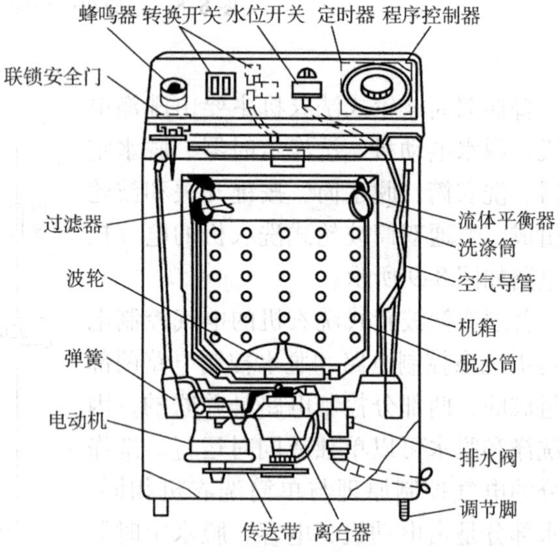


**图 8-11** 全自动波轮式洗衣机的结构

洗涤筒与脱水筒套装在一起，两筒之间有一定的间隙，脱水筒壁上钻有数百个小孔，筒口设有流体平衡器，使筒在脱水时保持平衡，以减少振动噪声。洗涤与脱水时，离合器的外轴带动波轮做正反向旋转。脱水时，离合器的外轴带动脱水筒做单方向旋转，以约 600r/min 的速度将衣物甩干，自动控制进水阀、排水阀，进水水位由水位开关控制。洗涤、漂洗与脱水等全过程均由程序控制，只要事先选择好某一程序，开启洗衣机电源和水源，即可自动完成全部洗衣过程。

全自动波轮式洗衣机的电气控制电路如图 8-12 所示。

全自动波轮式洗衣机的电气控制线路较复杂，它是由程序控制器、进水阀、排水阀、水位开关、离合器控制继电器及电磁铁、各功能开关等组成的。使用时，只需要操作一个程序控制器以及有关的开关，洗衣机即会按预定的程序自动完成洗涤、漂洗和脱水各种工序。

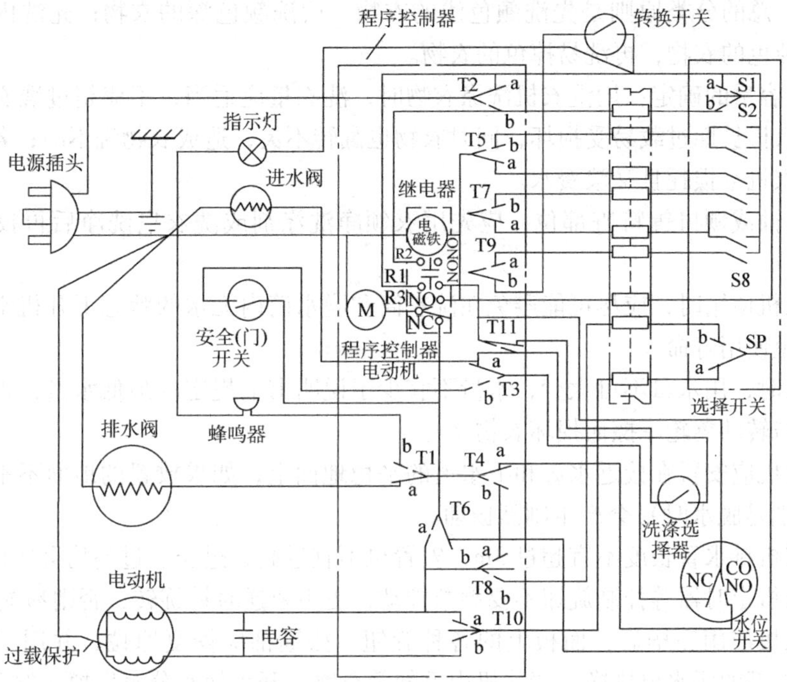


图 8-12　全自动波轮式洗衣机的电气控制电路

同时，程序控制器能对进水、排水阀进行控制；当进水达到水位开关的预定水位时便自动停止进水；当洗涤或漂洗完后迅速排出废水，也可通过选择开关选择漂洗完后留水不排。完成全部工序后蜂鸣器接通，告知洗涤完毕。

**3. 洗衣机的安置及使用**

（1）洗衣机的安置　一般的单、双筒洗衣机，安置方法较简单，不再介绍。下面主要介绍全自动型洗衣机的安置方法。

1）取下各包装附件，应注意包装箱垫中央的镶块是否嵌留在洗衣机固定夹上，应翻倒洗衣机，取下包装嵌件，以免在使用中引起故障。

2）正确接好保护接地线，切不可与煤气、暖气、暖气管道相连，以免引起火灾等严重事故。住高层楼房用户的水管如不直接连通大地，则保护接地线也不能接在水管上。

3）进、排水管的安装。先把进水管接头的螺母旋松，然后将其套在水龙头上，并尽量贴紧，用螺钉旋具将四只螺钉旋紧，再将螺母向上旋紧即可。也有一种塑料进水管接头不需要用螺钉紧固，仅需要旋紧螺母，套在水龙头上旋紧即可。在安装好进水管接头后，把进水管活扣向下按住，装上接头后再放松，再将进水管另一头旋紧在洗衣机进水阀接头处。

根据实际需要，调整好排水管的出水方向，安装排水管。若排水管安装严重弯曲、排水不畅，洗衣机将无法工作。

4）调平洗衣机。先旋松调脚的调节螺母，使洗衣机自动调平后，再旋紧螺母。

（2）洗衣机的使用

洗衣机使用时有以下几个注意事项：

1）洗涤衣物的分类：当洗涤衣物较多时，要将衣物分类洗涤，以便达到既清洁衣物又节水的目的。总的分类原则是先洗颜色浅的衣物，后洗颜色深的衣物；先洗内衣，再洗外衣；先洗不掉色的衣物，再洗易掉色的衣物。

2）洗衣容量的确定：用洗衣机洗涤衣物时，洗衣量应适当，不应超过洗衣机的额定容量，否则洗衣机长期过载易受损坏，同时衣物也翻转不灵，造成衣物洗不净；若洗衣量太少则易造成洗衣机空损耗且又浪费水。

3）对衣袖或领口等特脏部位，应先用衣领净洗涤剂或洗衣皂洗净后再投入洗衣机内洗涤。

4）洗衣机使用时，应尽可能避免在洗衣筒和脱水筒内无水的状态下开机空转，以免损坏机件，缩短使用寿命。

5）洗衣时，用水量不可太少，水量不宜少于说明书上规定的最低水量，否则在洗涤时会使洗涤物与转动翼轮摩擦而损坏衣物。

6）洗衣机应安置在接近水源和下水道的平稳地面上，如果放置的地面不平稳，洗衣机使用时（特别是脱水时）会产生剧烈振动。

7）洗衣机排水管长度不宜超过3m，安置也不宜过高，过长、过高均会使排水排不空。

8）洗衣机定时器等控制旋钮不要频繁拧动，更不要逆时针旋转，否则易损坏控制器。

9）洗衣机使用完毕后，面板上的各种旋钮、按键都应恢复原位，并用干布将机身擦干。洗衣机内部的污水要排净，清除机内毛絮等杂物，开盖使水分蒸发掉，然后再盖上盖。

10）全自动型洗衣机使用时应注意以下几项：

① 当选择“洗涤”或“漂洗”程序时，放进的水如不到所选的水位，波轮是不会运转的。

② 在进行脱水程序时，必须将机盖合上，并且不宜经常打开机盖，更不可将手伸入脱水筒，以免将手卷入，发生危险。

在脱水不平衡时，全自动型洗衣机能够进行脱水不平衡修正，当修正两次后还没有解决不平衡问题时，将会停机并报警。此时，应打开机盖，把偏挤在一边的衣物疏散均匀，再关上机盖，按“起动/暂停”按钮即可。

**4. 洗衣机的常见故障及检修方法**

1）单筒波轮式洗衣机的常见故障及检修方法见表8-2。

**表8-2 单筒波轮式洗衣机的常见故障及检修方法**

| 故障现象 | 产生原因 | 检修方法 |
|---|---|---|
| 洗衣机起动后电动机不转 | 电源插头和插座接触不良 | 使之接触好 |
| | 电容开路或击穿 | 接好线头或更换 |
| | 定时器不良 | 检修或更换 |
| | 电动机损坏或连线断路 | 送修理部门进行检修或接好断开的线头 |
| | 电源按钮没按下（全自动） | 将电源按钮按下 |
| | 水龙头未打开（全自动） | 打开水龙头 |
| | 规定量的水未进足（全自动） | 进足规定量的水 |
| | 排水管未放下 | 将排水管放下 |

（续）

| 故障现象 | 产生原因 | 检修方法 |
|---|---|---|
| | 排水管出口位置太高 | 降低排水管出口位置 |
| | 排水阀或排水管内有污物堵塞 | 清除杂物 |
| 洗衣机不能排水或排水不畅 | 排水管扭曲压瘪 | 将其调整好 |
| | 排水阀拉带松扣，排水阀门的开启程度小 | 适当调紧排水拉带 |
| | 筒底部的排水过滤网被线头、棉絮等堵住 | 清除网上的杂物，冲洗过滤网 |
| | 洗衣机未放平稳 | 调节底脚螺钉使之平稳 |
| | 传动系统润滑不良 | 加润滑油 |
| | 传动轮松脱 | 紧固传动轮或调换 |
| 洗衣时噪声大 | 波轮未拧紧 | 紧固固定波轮的螺钉 |
| | 波轮安装不正 | 将波轮安放在正确的位置后拧紧螺钉 |
| | 波轮中卷入异物 | 清除异物 |
| | 脱水时衣物未放平稳 | 将衣服放均匀 |
| 洗涤过程中衣服翻滚减弱 | 洗衣量过多，电动机负载过大 | 适当减少洗衣量，分批进行洗涤 |
| | 有杂物被嵌在洗衣筒底部与轮槽之间的缝隙内 | 切断电源，排清洗涤液，用手来回转动波轮，慢慢将被卡住的衣服或杂物拽出。如果不奏效，可拧松波轮上的螺钉，卸下波轮，取出被卡的东西，然后复原 |
| | 主轴密封圈失效 | 更换密封圈 |
| | 密封圈内带进沙子、线头等杂物，造成洗衣筒中心部位渗漏 | 取出密封圈内的异物 |
| | 排水管破裂 | 用黏合剂粘补或更换新排水管 |
| 洗衣机漏水 | 接水管接头松弛 | 重新安装并加强密封 |
| | 洗衣筒底部焊缝开裂 | 修补或更换新的洗衣筒 |
| | 排水拉带拴得太紧，使排水阀无法关严 | 调节排水拉带，使长短合适 |
| | 排水阀弹簧损坏或弹力不足，排水阀关闭不严 | 更换弹簧 |

2）双筒波轮式洗衣机的常见故障及检修方法见表8-3。

**表8-3　双筒波轮式洗衣机的常见故障及检修方法**

| 故障现象 | 产生原因 | 检修方法 |
|---|---|---|
| | 电源线插头与插座均接触不良 | 将电源线插头拔下，重新插入插座，使其接触良好 |
| | 机内导线接头处接触不好，有虚焊、开焊、脱落等现象 | 检查导线接头处有无虚焊、漏焊、开焊现象，如有此情况，可用电烙铁重新焊好 |
| 电动机和波轮均不转 | 机内洗涤部分的熔丝烧断或断路 | 更换熔丝，同时检查线路，如发现断路，应及时修好 |
| | 电动机或电容损坏 | 修理电动机或更换电容 |
| | 洗涤定时器触点接触不良 | 若由定时器导线与按键开关、电动机导线接头焊接不好引起，可用电烙铁补焊。若定时器本身簧片触点接触不好，则需更换定时器 |

（续）

| 故障现象 | 产生原因 | 检修方法 |
|---|---|---|
| 波轮不转，但洗涤电动机有声 | 波轮被衣物缠住 | 将洗涤定时旋钮返回“断”的位置，拔下电源插头，卸下波轮，将缠绕波轮的衣物取出 |
| | 传动带损坏断裂 | 更换传动带 |
| | 波轮轴损坏断裂 | 更换波轮轴或轴套组件 |
| | 电压太低 | 立即关机，暂停使用，待电压升至187V以上时，再开机使用。也可以使用调压器 |
| | 衣物放置过多，超过额定洗涤容量或水太少 | 减少洗涤筒内衣物或加水至合适位置 |
| | 电动机起动绕组短路 | 更换洗涤电动机 |
| | 电容损坏 | 更换电容 |
| 衣物翻滚不起来 | 衣物放置过多 | 减少一次洗涤的衣物量 |
| | 洗涤水量不够 | 继续向洗涤筒内注入自来水，直到高水位为止 |
| | 传送带松弛、伸长，运转中丢转严重 | 调整电动机固定螺钉，使两带轮距离拉长，保证传动带的张紧度。若两带轮调整到最大距离，传动带还松弛，则需更换传动带 |
| | 两带轮不在同一平面内（经修理过的洗衣机，容易发生这种情况） | 松开带轮的紧固螺钉，调整两传动带的相互位置，使其在同一平面内 |
| 脱水内筒不转，脱水电动机无声 | 机内脱水部分熔丝烧断 | 更换熔丝 |
| | 脱水盖的开关接触不良 | 该开关接触不良造成线路不同，电动机不转。有时因盖开关接触不良，接触电阻大而打火，造成安全事故，所以应更换盖开关 |
| | 导线接头处松脱，焊接处接触不好 | 检查电器件与导线、导线与导线间连接处是否有虚焊、漏焊、脱焊的情况，若有，应予以补焊 |
| | 脱水电容损坏 | 更换脱水电容 |
| | 脱水定时器损坏 | 更换脱水定时器 |
| | 脱水电动机绕组烧断 | 更换脱水电动机，同时检查脱水筒是否漏水，若因漏水导致电动机绕组烧坏，则应同时解决漏水问题 |
| 脱水内筒不转，脱水电动机有声 | 制动块与制动鼓抱闸 | 调整制动杆与制动挂板孔眼的位置，使制动块与制动鼓保持适当的距离 |
| | 电动机轴与制动鼓连接的紧固螺钉松脱 | 拧紧紧固螺钉和防松螺母 |
| | 联轴器与制动鼓连接的紧固螺钉松脱 | 拧紧紧固螺钉和防松螺母 |
| | 脱水电容的容量不足 | 更换脱水电容 |
| | 脱水筒被衣物缠住 | 拔下电源插头，卸下脱水内筒，取出缠绕的衣物 |
| 脱水筒转动时，有异常声响 | 脱水电动机下端的三个减振弹簧支座高矮不一致或其中一个损坏，弹性不一样 | 取下减振弹簧支座，检查三个弹簧，看其高矮是否一致，弹力是否等同。如不一致，应进行调整或更换 |
| | 制动块与制动鼓的安装位置不当，运转过程中，制动块与制动鼓部分接触，造成刺耳的尖叫声 | 制动块安装偏了或制动鼓装不到位，应重新安装，使制动鼓与制动块成面接触状态（盖上脱水外盖时，制动块与制动鼓不能接触） |
| | 脱水电动机轴与制动鼓连接的紧固螺钉松脱，运转过程中形成周期性的声响 | 拧紧紧固螺钉和防松螺母 |
| | 联轴器与制动鼓连接的紧固螺钉松脱，运动过程中形成周期性声响 | 拧紧紧固螺钉和防松螺母 |

（续）

| 故障现象 | 产生原因 | 检修方法 |
|---|---|---|
| 脱水筒制动性能不好 | 制动杆与制动挂板的连接太紧，制动块与制动鼓不接触或接触面积小 | 调整制动杆与制动挂板孔眼的位置，使其放松 |
| | 制动块严重磨损 | 更换制动块 |
| | 制动弹簧弹性失效 | 更换制动弹簧 |
| | 制动鼓安装不到位，未装到底，造成制动块与制动鼓接触不良 | 松开制动鼓与电动机轴的紧固螺钉和防松螺母，用榔头轻轻向下敲打制动鼓，使其装到底 |
| 洗衣筒不排水 | 排水拨杆或板簧损坏 | 更换排水拨杆或板簧 |
| | 排水拉带断裂，或排水拉带过长 | 更换排水拉带 |
| | 排水阀杆弹簧弹性太强 | 更换弹簧 |
| | 排水口被异物堵塞 | 取下排水过滤罩，将排水旋钮拧到排水位置，提取排水阀杆，从阀杆下或从排水口处取出异物 |
| 波轮转动时有异常噪声 | 传送系统润滑不良 | 加润滑油 |
| | 传送带断裂或伸长过多 | 更换传送带或调整电动机支座螺钉，使带轮距离适当拉开 |
| | 波轮松脱或轴承损坏 | 安装牢固或更换轴承 |
| | 电动机传动轮与电动机轴的紧固螺钉松脱 | 拧紧紧固螺钉 |
| | 轴承上方的紧固螺母松脱 | 拧紧紧固螺钉 |
| | 减速器内齿轮损坏 | 卸下减速器，更换损坏的齿轮或减速器 |
| | 波轮内孔镶套损坏或严重磨损 | 更换波轮 |
| | 洗涤电动机安装座的紧固螺钉松脱 | 拧紧紧固螺钉或螺母 |
| | 波轮安装不正或有毛刺，造成运转过程中波轮与筒相擦 | 卸下波轮并拧松轴套上方的紧固螺母，重新放正波轮，并清除波轮四周及底部的飞边、毛刺 |
| | 波轮紧固螺钉松脱或紧固螺钉锈蚀 | 拧紧或更换紧固螺钉 |
| | 洗衣筒内有硬币、金属扣、发夹等硬物 | 将洗衣筒内的衣物捞出，将口袋内或筒内的金属扣等硬物捞出。金属拉链要拉上并翻转到衣物里侧。已经掉在筒内的硬物，要将其捞出 |
| | 波轮底部有异物 | 卸下波轮，取出异物 |
| 洗涤筒漏水 | 轴承上方的紧固螺母松脱，或密封橡胶圈损坏，水从轴套处流出 | 拧紧紧固螺母，如果密封橡胶圈损坏，应更换密封圈 |
| | 轴套内的水封损坏 | 更换水封 |
| | 洗涤筒排水阀处有异物或毛刺卡住使排水橡胶圈不到位、有缝隙 | 取下排水过滤罩，将排水旋钮拧到“排水”位置，用小刀清除毛刺或取出异物 |
| | 排水橡胶圈破裂 | 更换橡胶圈 |
| | 排水拉带过短，阀关不严密，有缝隙 | 调整或更换排水拉带 |
| | 排水阀杆弹簧弹性减弱 | 更换弹簧 |

（续）

| 故障现象 | 产生原因 | 检修方法 |
| --- | --- | --- |
| 洗衣机工作时振动过大 | 洗衣机放置不平、不稳 | 调整洗衣机支脚，使四个支脚平稳、可靠着地。若支脚不可调，可使用平整的硬物垫平 |
| | 脱水筒内衣物放置不均匀 | 拧紧紧固螺钉 |
| | 洗衣机箱体与筒之间的减振垫脱落 | 重新粘接，紧固好减振垫 |
| 洗衣机外箱体等外露金属部分带电 | 接地线安装不良 | 检查地线使其接地可靠、牢固 |
| | 三孔插座或三相插头接线错误，将接地极错接为零线或相线 | 重新正确接线 |
| | 机内导线绝缘损坏，接触外箱体 | 用绝缘胶布将导线绝缘损坏处镶好 |
| | 电容漏电 | 更换电容 |
| | 脱水电动机浸水受潮 | 将脱水电动机外壳、传动轴上的水擦干。如果绕组内进了水，需送到维修部修理，或者更换电动机，同时要检查和修理漏水的地方，使其不再漏水，才能保证不漏电 |
| | 电气元件浸水受潮 | 擦干电气元件上的水，并检查和修理漏水部分，使其不再漏水 |

3）全自动波轮式洗衣机的常见故障及检修方法见表8-4。

**表8-4 全自动波轮式洗衣机的常见故障及检修方法**

| 故障种类 | 故障现象 | 产生原因 | 检修方法 |
| --- | --- | --- | --- |
| 进、排水系统故障 | 不进水 | 进水阀过滤网口有污物堵塞 | 清洗过滤网 |
| | | 进水阀损坏 | 更换进水阀 |
| | | 水位开关接触不良 | 用细砂纸打磨触点，或更换水位开关 |
| | 进水不止 | 进水阀内部弹簧失效或橡胶膜片老化、变形、破裂 | 更换进水阀内弹簧或橡胶膜片 |
| | | 水位气压管漏气 | 用百得胶涂抹几遍或更换水位气压管（更换时洗涤液要全部放净） |
| | 排水困难或不畅 | 排水阀或排水管被棉屑、杂物堵塞 | 清除棉屑或杂物 |
| | | 排水拉带过长，排水旋钮在开关位置，阀门不能打开 | 调整拉带长度，使阀门排水时间少于2min |
| | | 排水电磁铁线圈开路 | 更换排水电磁铁线圈 |
| | 排水系统漏水 | 排水管破裂或接头松脱 | 更换排水管，或用胶粘好，或用钢丝扎好接头 |
| | | 排水拉带过短，排水旋钮在关的位置阀堵不紧 | 适当调节拉带长度，使排水旋钮开关效果良好 |
| | | 排水阀压缩弹簧弹力不足或内有杂物阻塞 | 卸下排水阀盖，更换弹簧或清除阻塞杂物 |

（续）

| 故障种类 | 故障现象 | 产生原因 | 检修方法 |
|---|---|---|---|
| 旋转系统故障 | 停止进水后不洗涤 | 离合器故障 | 视具体情况酌情维修离合器 |
| | | 电容开路 | 更换电容 |
| | | 电容短路或者开路 | 维修或更换电容 |
| | | 程序控制器触点接触不良或触点开路 | 修复触点，使之接触良好 |
| | | 微电路故障 | 更换微电路或更换整个程序控制器 |
| | 洗涤时波轮只能单向转动 | 按键开关弹簧触点与固定触点接触不良 | 使触点之间接触并具有一定接触压力 |
| | | 控制正反转的触片始终闭合 | 把触点分开，用砂纸对触点进行磨光 |
| | | 程序控制器内微电路故障 | 更换微电路 |
| | | 棘爪不到位，抱簧将洗涤轴和脱水轴抱在一起，使洗涤轴不能转动 | 调整棘爪位置 |
| | | 抱簧头断裂（插入棘轮内孔的弯曲端头） | 将抱簧下部端头用尖嘴钳人工弯曲成半径为2mm的端头扣入棘轮内孔即可 |
| | | 小油封漏水，引起离合套、脱水轴及抱簧表面锈蚀，使相互间的配合过紧 | 清洗离合套、抱簧及脱水轴，除锈后在抱簧内侧涂以凡士林，同时更换小油封 |
| | | 紧固件松动 | 调整、拧紧紧固螺钉 |
| | | 离合器扭簧滑动或断裂而引起脱水筒逆时针方向转动 | 更换弹簧 |
| | | 制动太松而造成脱水筒顺时针方向转动 | 调松离合器的顶开螺钉，调紧制动带 |
| | 不能脱水 | 制动带松不开 | 拧紧离合器的顶开螺钉，松开制动带，握住平衡圈做顺时针方向旋转，待能转动后即可通电试运转 |
| | | 大油封安装不正确 | 重新安装大油封 |
| | | 抱簧失效 | 将抱簧的第一圈、第二圈用钢钉钳适当收紧 |
| | | 电容容量不足 | 更换电容 |
| 工作时有异常声音 | 洗涤时产生异常噪声 | 紧固件松动 | 将紧固螺钉调紧 |
| | | 离合器棘爪不到位 | 调整棘爪位置 |
| | | 离合器洗涤轴与脱水轴之间的含油轴承磨损 | 更换含油轴承 |
| | | V带过紧或过松 | 松开电动机底脚的四只固定螺钉，移动电动机底座，使传送带松紧度合适 |
| | 排水时有异常声音 | 排水电磁铁工作电压过低 | 采用稳压电源 |
| | | 磁轭和衔铁表面锈蚀 | 拔出固定衔铁的开口销，清除磁轭和衔铁表面的锈蚀、灰尘和杂质，涂上防锈漆，重新装好 |

（续）

| 故障种类 | 故障现象 | 产生原因 | 检修方法 |
| --- | --- | --- | --- |
| 工作时有异常声音 | 离心脱水时有异常声音 | 衔铁行程过大 | 松开排水阀固定螺钉，移动阀体，调整衔铁的最大行程在15～17mm范围内，紧固好螺钉 |
| | | 电磁铁骨架与磁轭内壁有松动现象 | 更换弹簧卡子 |
| | | 吊杆弹簧及阻尼护套内缺少凡士林，产生摩擦噪声 | 在避振吊杆的阻尼套内，上铰表面、下铰表面涂以凡士林（润滑油） |
| | | 吊杆脱落或吊杆弹簧错位，引起系统不平衡振动 | 检修吊杆 |
| | | 平衡圈漏水 | 向平衡圈补液，补完后须将注入口用胶水封严，若平衡圈有开裂，必须更换平衡圈 |
| | | 离合器盖板上安装的轴承锈蚀 | 首先重新更换并装好大油封，其次是更换轴承 |
| | 离心脱水时有异常噪声 | 制动带未完全松开，脱水时制动盘与制动带相干涉 | 检修制动带 |
| | | 离心筒与盛水筒或密封圈相碰 | 调整离合器的四只固定螺钉或更换连接盘 |
| | | 离心筒底部的蟹壳松动 | 卸下离心筒后将蟹壳盖重新胶合 |
| 其他 | 指示灯不亮 | 电源插头未插入插座内或插头接触不良，插座内接线有脱落或接触不良 | 检修插头、插座或插座内线 |
| | | 指示灯漏气、虚焊或分压电阻失效 | 检修或更换指示灯 |
| | | 程序控制器触片接触不良 | 调整程序控制器触片 |
| | 工作时闻到焦味 | 电动机过载 | 减少洗涤衣物，检修因过载带来的后果 |
| | | 电压不足 | 采用稳压器 |
| | | 电磁铁衔铁运行行程过大 | 检修电磁铁 |
| | 熔丝熔断 | 插上电源，熔丝熔断 | 检修导线与插座 |
| | | 进水时熔丝熔断 | 检修内部导线或更换进水阀 |
| | | 洗涤时熔丝熔断 | 更换程序控制器或更换电动机 |
| | | 排水时熔丝熔断 | 更换线圈或电磁铁 |

## 任务三　空调器简介

家用空调器外形如图8-13所示。

家用空调器按其功能不同分为单制冷、制冷＋除湿、制冷＋制热、制冷＋除湿＋制热四种形式。

按结构不同又分为分体式和窗式两种形式。

分体式空调器又可分为挂壁式、落地式和悬吊式等类型。

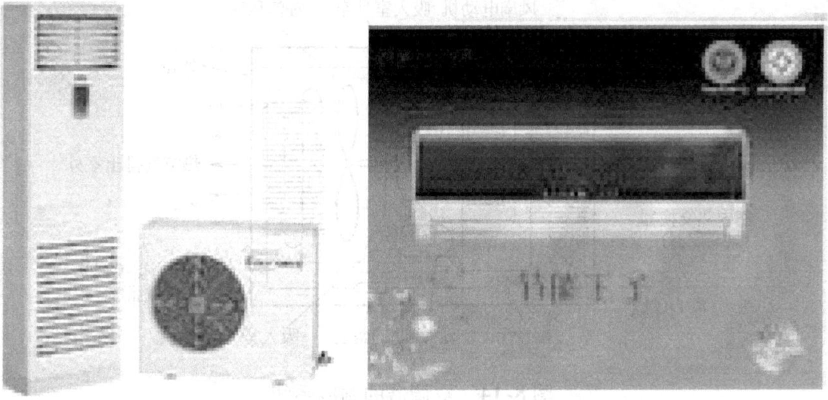

**图 8-13** 家用空调器外形

**1. 家用空调器的选购**

1）按住房面积选购。房间的大小，显然是与房间内的空气多少成正比的，一般来说，房间大小应包括房间的实用面积和房间净层高，一般层高为 2.6m 的房间平均每平方米需 140W 左右，层高为 2.8m 的房间平均每平方米需 150W 左右，层高为 3m 的房间平均每平方米需 160W 左右。

2）空调器类型的选择。如制冷量需求较大，可选择分体柜式空调器；如居住环境需要安静，应选择分体式空调器；如制冷量要求不大，且只需制冷，可选择单冷窗式空调器；如果经济条件允许，可选择新型的变频式空调器。虽然变频式空调器的价格比一般空调器高 40% 左右，但它具有节能、能快速达到设定温度、起动电流小、较小噪声和振动、能使室内空气控制在最舒适的环境下等优点。

3）空调器的性能选择。首先应根据具体需要，结合市场供应情况，查阅有关技术资料、使用说明书，了解其技术指标、冷却方式、安装须知、耗电情况及价格等，进行对比，择优选购。窗式空调器制冷时，室内热交换器作为蒸发器，而室外热交换器作为冷凝器。

4）对空调器的外观检查。空调器的外形要新颖美观，喷漆应无脱落、漏喷，色光应均匀。各个部件应完好无损，电镀件应光亮，无锈蚀、漏镀、剥落，塑料件不应有残缺及裂纹等。

**2. 家用空调器的结构**

1）窗式空调器的结构。窗式空调器由制冷系统、空气循环系统和电气控制系统组成。制冷系统由压缩机、冷凝器、过滤器、毛细管和蒸发器等元件组成。空调器的制冷系统如图 8-14所示。

空气循环系统由离心风扇、轴流风扇和风扇电动机等组成。电气控制系统包括可转换开关、温度控制器、四通电磁阀和热继电器等元件。

窗式空调器制冷时，室内热交换器作为蒸发器，而室外热交换器作为冷凝器。这也是利用制冷剂（氟利昂-22）在低压下汽化时要吸收周围热量的特性，达到降温的目的。工作时来自室内热交换器（蒸发器）的制冷剂（氟利昂-22）低压蒸气被压缩机吸入，并缩成高温高压蒸气排至室外热交换器（冷凝器）；轴流风扇不断吸入室外空气吹向冷凝器，使制冷剂冷却为高压液体；该常温高压制冷剂液体经干燥过滤器和节流毛细管降低压力和温度后被喷

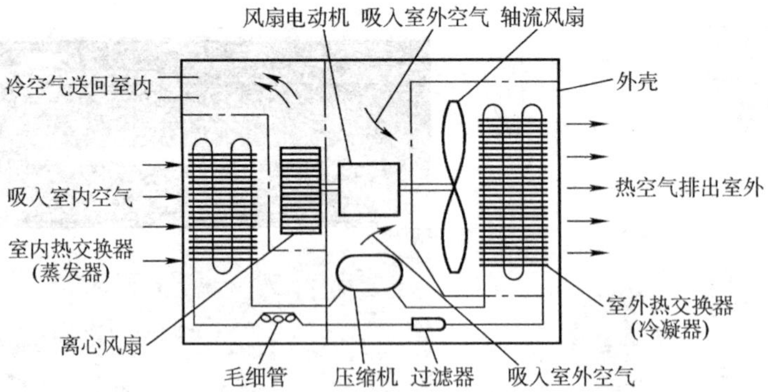


**图8-14** 空调器的制冷系统

入蒸发器蒸发并吸收热量；离心风扇运转，自室内吸入空气，经蒸发器做热量交换，制冷后送向室内。风扇运转时，有少部分来自室外的空气经离心风扇送入室内，同时有少部分来自室内的暖空气经排气孔排到室外。

2）分体式空调器的结构。分体式空调器把空调器分成了两部分，室内机由蒸发器、离心风扇等组成；室外机由压缩机、冷凝器、轴流风扇等组成。室内机和室外机用管子相连接。该空调器的优点是把压缩机这个主要噪声源置于室外，大幅降低了室内的噪声。分体式空调器的工作原理与窗式空调器相同。

**3. 家用空调器的安装**

（1）窗式空调器的安装 窗式空调器的安装方式可根据房屋的结构、朝向、室内陈设来确定，一般有穿墙式安装和窗置式安装两种方法。窗置式是指将空调器直接搁在钢窗或木窗框上，在窗口室外部分应有固定空调器的支架，支架应固定在墙体上或阳台的顶板上，千万不能将支架固定在窗框上。空调器重量的主要支承物是支架而不是窗框；同时，应尽可能避免空调器与窗框直接接触，以防窗框和玻璃振动引起额外的噪声。穿墙式安装方式比窗置式好，这种安装方式不会破坏门窗结构，也不会影响采光。由于墙体支承空调器，因此可以显著减少各种振动和噪声，而且室外侧噪声也不易传至室内。穿墙式安装窗式空调器的安装方法如图8-15所示。

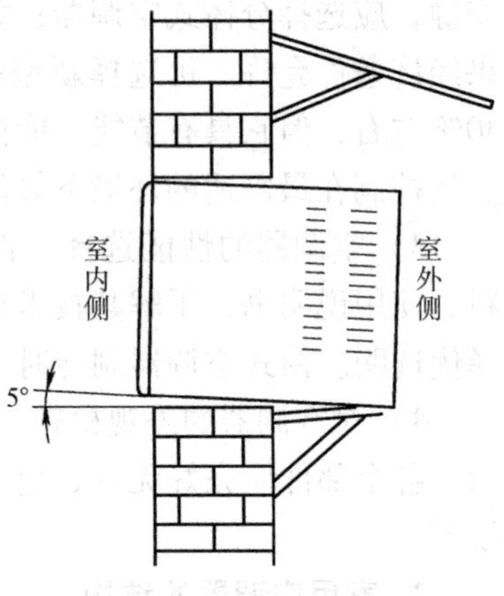


**图8-15** 穿墙式安装窗式空调器的安装方法

（2）窗式空调器安装注意事项

1）空调器前后左右均不得有影响空气流动的障碍物，室外部分不得遮挡两侧进风的百叶窗口。机箱背面是冷凝器排风口，在1m之内不应有遮挡物。室内侧进风口和出风口不得有衣物、家具遮挡，以保证吸风和排风的畅通。

2）空调器安装处应远离火炉、暖气管等热源。

3）空调器的室内侧应稍高于室外侧并向外倾斜，因为空调器工作时，蒸发器表面温度较低，当低于室内空气露点时将产生凝露。向外倾斜可使蒸发器上流下来的凝露水顺利地流到空调器的后部，供轴流风扇甩水以冷却冷凝器，而多余的凝露水则从底盘边上泄水管排至室外。如安装时未考虑倾斜度，则凝露水往往会从底盘溢出或倒流到室内，淋湿墙壁和地板（也就是空调器漏水），一般室内侧应向室外倾斜5°左右。

4）窗式空调器的安装方向以没有阳光直接照射的位置为最适宜，由于窗式空调器采用风冷式冷凝器，且又位于室外侧，若阳光直晒冷凝器，则会使冷凝压力及温度升高，致使空调器制冷量减少，耗电量及电流也增加。由于压缩机负荷加大会引起过载保护动作，切断压缩机电源，强制空调器停止制冷。所以，在向阳面安装空调时，必须加装防雨遮阳篷。

5）安装时要牢牢抓住空调器的室内部分，以防翻落。安装完毕应用木砖等隔热材料堵塞孔洞的上间隙和侧面间隙。

（3）挂壁分体式空调器的安装　安装前应仔细阅读说明书，按照说明书的要求安装。挂壁分体式空调器的安装如图8-16所示。

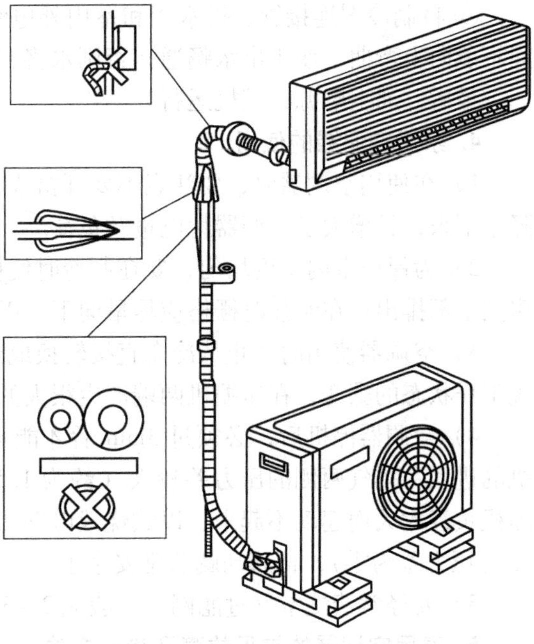

图8-16　挂壁分体式空调器的安装

1）室内机安装时应注意以下几点：

① 室内机安装位置应选择远离热源、蒸汽源和可燃气体源的地方，还应避免阳光直接照射，且应便于与室外机的连接安装。同时，要便于维修保养，利于空调器进、出风口处进出风通畅，保证室内空气循环流通。另外，还要考虑排水管的安装，以便于排水。

② 室内机不宜安装在墙角，不宜顶足顶棚安装，不宜安装在薄壁隔墙上，以免承重后倾斜倒伏。安装要牢固，一般应能够承受50kg以上的重量，同时应避免振动和减少噪声。应为室内机安装独立的电源线路和空调器专用的电源插座，电源插座应离室内机安装位置较近。

③ 选择出水管位置后，将穿墙孔打通，室内孔口应稍高于室外孔口，一般相差5～10mm。接着安装好墙孔管和墙帽，要求牢固美观。同时，在室内机相应的开槽处开出一个缺口，供出水管安装用。

2）室外机安装时应注意以下几点：

① 室外机应平放在支架或水泥基础上，室外机如果悬挂安装，应制作坚固的支架，做支架的角铁材料应不小于40mm×40mm的规格。焊接或螺栓的连接要坚固，在高层建筑物上安装室外机，更要注意安装牢固，否则会造成安全事故或引起噪声和振动。

② 室外机安装处附近不应有杂物堆放，以免杂物被吸入空调器内而妨碍通风，降低热交换率；同时，也避免了异常噪声的产生。

③ 室外机应避免阳光直接照射，一般应搭有防雨遮阳篷。室外机周围应有一定的空间，室外机进风面靠墙距离不得小于100mm，出风面靠墙距离不得小于500mm，并应保证出风口位置不影响邻居。

3）制冷剂连接管的安装：挂壁分体式空调器的室内机和室外机都安装固定后，才能连通室内外连接电线。连接制冷剂连接管前，应将空气排出并检查泄漏。然后才能安装和连接室内外电线和制冷剂连接管。安装制冷剂连接管时应注意如下事项：

① 连接管的规格要与空调器厂方说明书中规定的相吻合。

② 为了防止制冷剂连接管结露，应做好绝热工作，这也是一种节能措施。

③ 连接管的走向要合理，不得有过多弯曲，弯曲时转角不小于90°。

④ 连接管不得任意加长，也不可随意增加管接头，最好是整根无接头的连接管。必须加长时，一般最长不超过7m。加长配管后，制冷剂应调整补充。

⑤ 连接管在过墙穿孔时应在连接管两端塞橡皮塞或保护套。

⑥ 将制冷剂连接管、排水管和室内外电线扎紧，排水管走向必须要始终向下倾斜，中间不能向上弯曲，便于出水畅通，否则水将有可能倒流至室内。

最后，通上电源，试机运行。

**4. 家用空调器的使用**

1）在使用空调器时，要注意不要开窗或频繁进出，否则室内外空气对流会使室内温度降不下来，且增大了空调器耗电量及负荷。

2）为保证室内温度均匀，要在制冷时使栅格方向尽量向上，以使相对较重的冷空气朝房间上部排出；在制热时栅格应尽量向下，以使相对较轻的热空气朝下排出。

3）空调器使用时禁止从冷态直接转换成热态或从热态直接转换成冷态，以防因制冷系统工作状态的骤变，在压缩机两端产生很大的压强差，从而损坏压缩机和电动机。

4）空调器停机后，必须过3min后才能重新起动，这是因为停机后的短时间内，压缩机的进气、排气两侧的压力差较大（约为1.5MPa）。在这种情况下立即起动，可能会因压缩机负载太大而起动不起来，以致烧毁电动机。待3min后，高低压两侧经毛细管达到了平衡（压力差为零），再起动就非常安全了。

5）要经常清洗空气过滤网，一般应2~3个星期清洗一次。

**5. 家用空调器的常见故障及检修方法**

家用空调器的常见故障及检修方法见表8-5。

**表8-5 家用空调器的常见故障及检修方法**

| 故障现象 | 产生原因 | 检修方法 |
| --- | --- | --- |
| 整机不起动 | 无电 | 检查电源插头线和插座是否通电 |
| | 熔丝熔断 | 更换同规定负载的熔丝 |
| | 有关继电器未复位 | 等待一会儿，调整开关后再试起动，若还不行，应分段检查各个继电器 |
| | 电气控制系统部件出了故障 | 用万用表按电气原理图分体、分段查找，或请专业人员修理 |
| | 供电电压与要求不符 | 按规定电压供电 |
| | 同一电源上安装其他电器过多 | 最好使用单独电源 |
| | 空调器停止工作后再次起动的时间间隔小于3min | 停机3min后，待制冷系统内压力平衡后再起动 |
| | 温度控制器旋钮置于高于室温的位置 | 将温度控制器旋钮置于适当位置 |
| | 各开关、温度控制器等接触不良或松动 | 检查各开关等是否接触良好 |

（续）

| 故障现象 | 产生原因 | 检修方法 |
|---|---|---|
| 制冷时有气流，但无冷风 | 起动继电器失效 | 修复被烧蚀的触点或烧坏的线圈 |
| | 起动或运转电容损坏 | 更换同型号的电容 |
| | 接线有松动或脱落 | 重新接紧 |
| | 压缩机等制冷装置故障 | 送专业修理部修理 |
| 空调器起动后迅速停机 | 压缩机电气或机械方面的故障 | 请专业人员修理 |
| | 接线错误 | 应按电气控制电路图检查并纠正 |
| | 制冷剂过量 | 请专业人员修理或送专业修理部修理 |
| | 蒸发器或冷凝器不清洁 | |
| | 压缩机过热 | |
| | 制冷系统真空度不够 | |
| | 轴流风扇与离心风扇的电动机有故障 | |
| 制冷效果差 | 空调器外侧的散热器积尘太多，散热效果差 | 用软毛刷清除散热器上的尘垢 |
| | 空调器室内部分进风面的空气过滤网积尘太多 | 每隔一个月拆下过滤网，放入清水中洗刷，擦干后装上 |
| | 房门、窗门被打开或者房间面积过大 | 关闭房门和窗户，增加空调器台数或更换大容量的空调器 |
| | 房间隔热不好 | 改善房间保温条件 |
| | 风门开关位于“开”的位置 | 关闭风门开关 |
| | 室内人数太多或受发热器具、设备的影响 | 选用大容量空调器或增加空调器数量 |
| | 空调器室外侧阳光直射，或进风百叶窗堵塞，或通风不良 | 按说明书规定改善室外通风条件 |
| | 温度控制器旋钮位置不当 | 将旋钮旋到温度较低的位置 |
| | 系统泄漏，制冷剂不足或堵塞 | 送修理部请专业人员修理 |
| 空调器噪声大 | 固定螺钉松紧不当，引起振动噪声 | 调整固定螺钉松紧度，直到噪声最小 |
| | 空调器安装不当，支承架不牢固 | 空调器底部安装平稳、垫上一块大小相同的木板以减轻噪声 |
| | 机内零件、管路相互碰撞 | 拉出底盘检查，并将碰撞的零件仔细分开 |
| | 电源电压过低，使压缩机产生振动和异常噪声 | 用稳压器将电压控制在额定的范围之内 |
| | 面板未安装妥当 | 按说明书的要求检查后，重新安装好 |
| | 噪声来自于压缩机内部 | 压缩机内零件损坏，送维修点请专业人员修理 |
| 空调器向室内流水 | 空调器安装的水平位置不对 | 调整水平，使窗式空调器向外侧下方略倾斜，使冷凝水流向室外 |
| | 排水盘或排水管堵塞或渗漏 | 清除堵塞物或堵漏 |
| 空调器发出异常臭味 | 制冷剂大量泄漏 | 查出泄漏点，进行修理 |

# 任务四 电风扇简介

电风扇外形如图 8-17 所示。

图 8-17 电风扇外形

电风扇是一种物美价廉、经济实惠的温度调节器具。最简单的电风扇由一台电动机带动一组风叶转动，造成空气流动，改善人体和周围空气之间的热交换条件，从人体带走热量，在炎热的夏天使人感到凉爽舒适。较复杂的电扇则有调速装置、摇头机构、定时装置等。

电风扇按结构和使用特征可分为台扇、吊扇、落地扇、壁扇、排风扇、转叶扇和冷风扇等。

**1. 电风扇的选购**

(1) 电风扇规格的选择 电风扇按扇叶直径的大小分类见表 8-6。

**表 8-6 电风扇按扇叶直径的大小可分类**

| 电风扇种类 | 扇叶直径/mm | | | | | | | | |
|---|---|---|---|---|---|---|---|---|---|
| 台扇 | 150 | 200 | 250 | 300 | 350 | 400 | | | |
| 落地扇 | | | | 300 | 350 | 400 | 500 | 600 | 750 |
| 顶扇 | | | | 300 | 350 | 400 | | | |
| 壁扇 | | | 250 | 300 | 350 | 400 | | | |
| 换气扇 | | 200 | 250 | 300 | 350 | 400 | 500 | 600 | 750 |
| 吊扇 | | | 700 | 900 | 1050 | 1200 | 1400 | 1500 | 1800 |
| 转叶扇（鸿运扇） | | 200 | 250 | 300 | 350 | 400 | | | |

家庭可根据实际情况与需要进行选购，对于面积较大、夏天阳光较强的房间，可选择稍大些的电风扇；对于房间面积较小或夏天较凉快的房间，可选择小一些的电风扇。

（2）电风扇质量的选择

1）外观检查。

① 电风扇漆面和电镀应无裂纹、划痕、剥落，应光滑平整。

② 各螺钉无松动现象，网罩无脱焊，旋钮、开关操作时应易于扣上及释放，定位准确不松动。

③ 拨动扇叶时，扇叶转动应平稳轻松，不碰击任何部位；扇叶停止转动时应逐渐自然停止。

④ 沿轴向推拉扇叶中心时，其窜动量不应超过0.5mm。

⑤ 在仰、俯角度范围内，电风扇转动应平稳。

2）通电检查。

① 电风扇的起动性能：电风扇从起动到正常运转的时间越短，起动性能越好。尤其应检查慢速档的起动性能是否良好。

② 电风扇的开关和旋钮：检查电风扇的调速开关、摇头开关、定时旋钮等操作是否灵活，调速档接触是否良好。按下停止键时，各速度档键能否正常复位。

③ 电风扇的活动部分：电风扇的扇头在俯、仰状态转动应灵活，锁紧装置应牢靠，调到俯极角及摇头到最终位置时，网罩不应与扇叶相碰。

④ 运转及调速性能：电风扇通电后，扇叶转动应平稳，振动和噪声要小。各速度档的转速、风量应有明显的差别，送风角度越大越好。

⑤ 安全：电风扇外壳不能有带电现象。电风扇连续运转15min后，外壳温度不应超过15℃。

**2. 电风扇的结构**

1）台扇的结构。台扇主要由扇头、扇叶、网罩、底座和调速开关等部分组成，其外形和结构如图8-18所示。

2）吊扇的结构。吊扇主要由扇头（包括电动机）、扇叶、吊罩、上罩和下罩等部分组成，其外形和结构如图8-19所示。

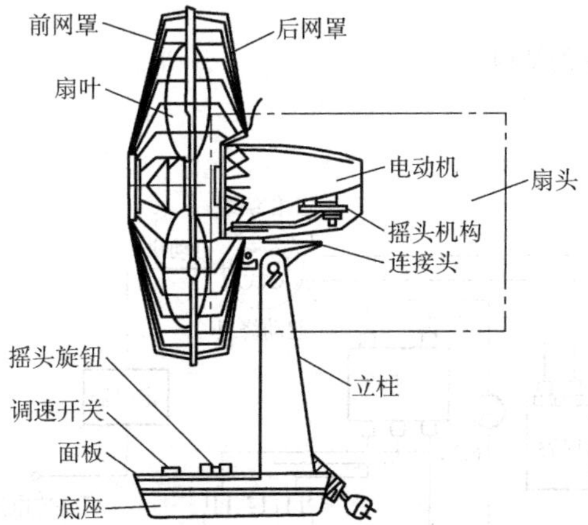


**图8-18** 台扇的外形和结构

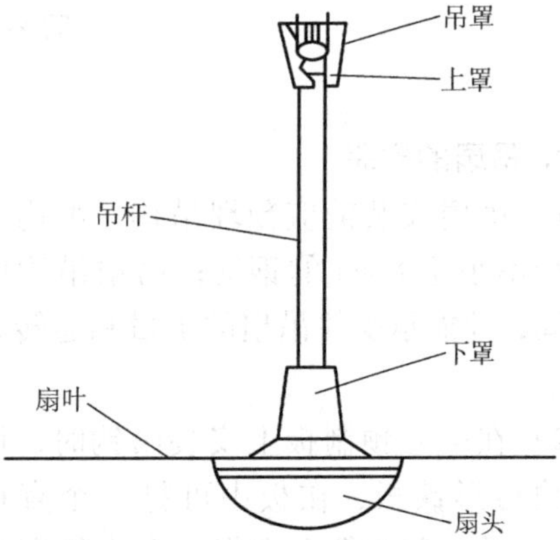


**图8-19** 吊扇的外形和结构

3）转叶扇的结构。转叶扇也称鸿运扇。它的主要特点是通过气流分配格栅（导风轮，或称转叶）的不停旋转来改变吹出的气流方向，形成一个上下左右的空间立体进风区。转叶扇的气流柔和，犹如天然阵风。转叶扇主要由箱体、电动机、扇叶和定时器等组成。其外形和结构分别如图 8-20 和图 8-21 所示。

电风扇的电动机一般有电容式和罩极式两种，常用电容式电动机的绕组由工作绕组（主绕组）和起动绕组（副绕组）组成。起动绕组与电容串联后再与工作绕组并联，如图 8-22 所示。

由于电容都是由电动机的外部接入的，因此从风扇电动机内引出三根连接线头，如图 8-22 中的线头 1、2、3。

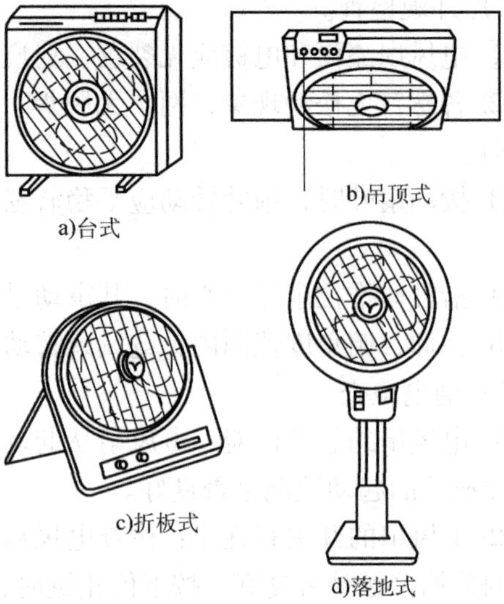


图 8-20 转叶扇的外形

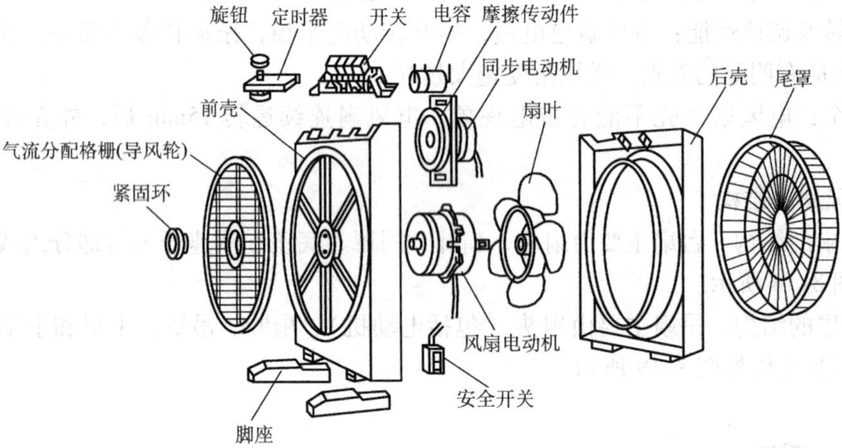


图 8-21 转叶扇的结构

**3. 吊扇的安装**

1）吊扇安装前应预埋吊钩。吊钩应采用直径不小于 8mm 的钢筋；吊扇吊钩应安装牢固，并能承受住吊扇的重量和运转时的扭力。

2）在空心预制板上安装吊钩时，可先做一块弓形铁板，在板中可打一个直径为 10mm 的孔，并在孔上方焊一个直径为 8mm 的螺母，然后在需安装吊钩的空心预制板处打一个孔，将铁板放进预制板的孔内，铁板

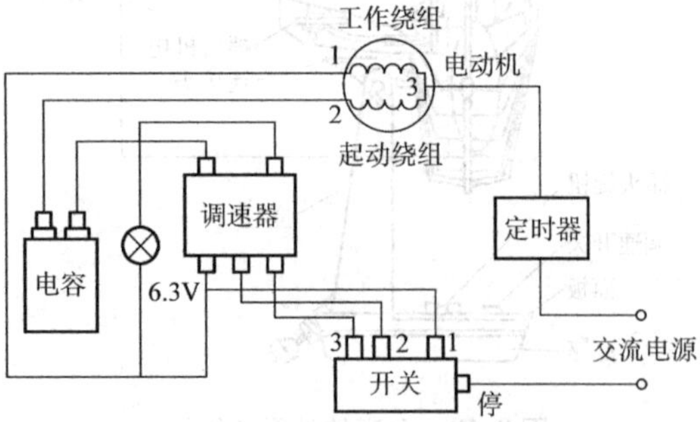


图 8-22 电容式电动机风扇的接线

的两边搁在预制板上，最后将吊钩旋在铁板上方的螺母内，如图8-23所示。

3）吊钩伸出预制板的长度应以盖上吊扇吊杆护罩后，能将整个吊钩全部遮没为宜。

4）吊扇安装时应将吊扇托起，并用预埋的吊钩将吊扇的耳环挂牢，为防止吊扇在运转中发生振动，造成紧固件松动从而发生各类危及人身安全的事故，吊扇吊杆上的悬挂销钉必须装设防振橡胶垫；销钉的防松装置应安全、可靠。

5）为了保证安全，避免吊扇在运转时有人手碰到扇叶而发生事故，扇叶的高度不应低于2.5m。扇叶的固定螺钉应装设防松装置，且应注意不能改变扇叶的角度。

6）最后接好电源线接头，包好绝缘带，向上托起吊杆上的护罩，将电源线接头扣于护罩内，护罩应紧贴建筑物顶面，且拧紧护罩固定螺钉。

**4. 吊扇的调速**

吊扇一般采用电抗器调速和晶闸管无级调速，晶闸管无级调速的接线原理如图8-24所示。

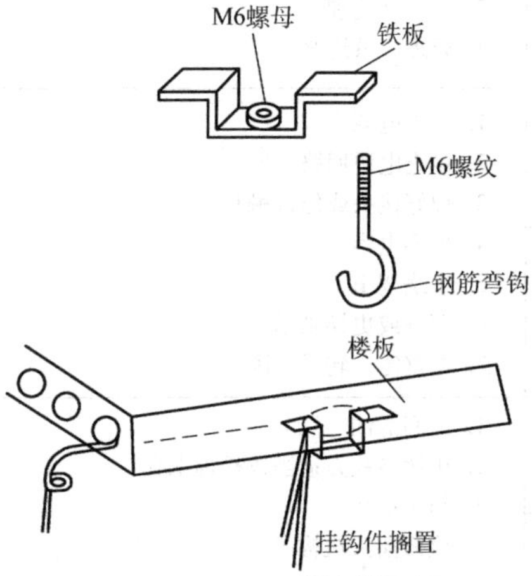


**图8-23** 空心预制板内安装吊钩

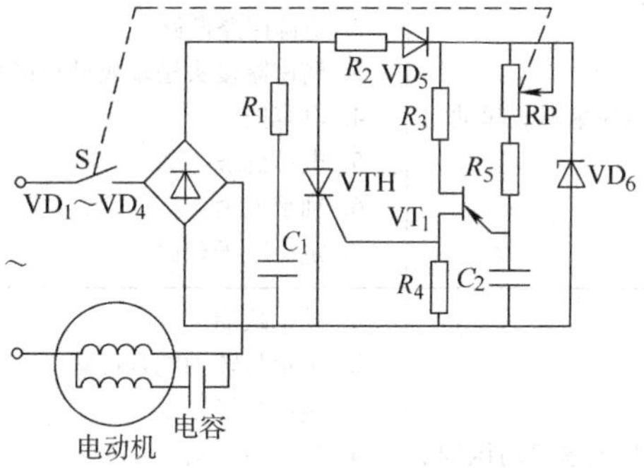


**图8-24** 晶闸管无级调速的接线原理

**5. 电风扇的使用**

1）电风扇放置应当平稳，防止倾倒；电源线应妥善处理，防止绊人；电风扇倾倒后，应断开电源后再做处理。

2）移动电风扇时，应先断开电源。

3）接通电源后，应检查指示灯是否发亮，外壳是否带电，有无火花、冒烟或异味，如发现有冒烟或焦臭味，应立即断开电源进行检修。

4）手指及其他物件不得伸入电风扇的网罩内。

5）在使用按键调速时，应注意不要同时按下两档按键，以免烧毁电动机或电抗器。

6）调整俯、仰角时，要先切断电源，把俯、仰角调节螺钉松开，轻轻按动或提拉电风扇罩后面的提手或电动机外壳，调至所需角度，再拧紧调节螺钉。

7）电风扇的连续工作时间不要太长，最好间断使用，以免电动机温升过高。

8）经常用柔软的抹布擦去电风扇上的灰尘和油污，特别是应经常擦拭电风扇的扇叶。

9）每年夏季使用前，应对前后轴承及各个旋转部位适量加油，还要定期在各加油孔中滴入20号优质机油或缝纫机油。

**6. 电风扇的常见故障及检修方法**

电风扇的常见故障及检修方法见表8-7。

**表8-7 电风扇的常见故障及检修方法**

| 故障现象 | 产生原因 | 检修方法 |
| --- | --- | --- |
| 漏电 | 1. 没有接地（接零）线或接地（接零）安装不良<br>2. 电源引线裸露部分碰壳<br>3. 开关触头碰及外壳<br>4. 电容外壳碰及外壳<br>5. 调速器铁心带电并碰及外壳<br>6. 定时器内部带电<br>7. 电风扇严重受潮<br>8. 绝缘损坏、老化或绕组烧坏 | 1. 有条件应安装接地（接零）线，并安装牢固<br>2. 用黄蜡管或塑料管套好接线头的裸露线头，并固定好<br>3. 调整开关位置，并固定牢固<br>4. 用绝缘胶带把电容包起来，只留一面出线<br>5. 用胶木垫圈或绝缘螺栓，使铁心与外壳绝缘<br>6. 拆开定时器，检查内部有无金属物使电源引线与外壳连通<br>7. 做干燥处理<br>8. 处理或重绕绕组 |
| 电风扇不能起动 | 1. 电源无电<br>2. 电源回路断路<br>3. 调速器接头松脱或触片接触不上<br>4. 电容损坏<br>5. 电动机绕组断线<br>6. 轴承太紧<br>7. 定、转子相擦 | 1. 检查电源<br>2. 检查电源回路<br>3. 焊好接头或修好触片<br>4. 更换电容<br>5. 重绕绕组<br>6. 调整或更换轴承<br>7. 调整定、转子间隙 |
| 电风扇起动困难，发热严重 | 1. 轴承缺油<br>2. 轴承与转轴配合过紧<br>3. 绕组接线错误<br>4. 摇头不灵活<br>5. 台扇前后盖风道堵塞<br>6. 绕组断路<br>7. 转子断条或端环缩孔开裂<br>8. 质量差，电动机空载电流大 | 1. 加润滑油（脂）<br>2. 用活络铰刀适当铰松轴承孔<br>3. 纠正接线<br>4. 检修摇头机构<br>5. 清除风道杂物<br>6. 重绕绕组<br>7. 修补或更换转子<br>8. 无法修理 |
| 转速慢 | 1. 接线错误<br>2. 电容容量减小、老化<br>3. 电源电压过低<br>4. 绕组短路<br>5. 轴承损坏或缺油<br>6. 吊扇轴承内润滑油过多<br>7. 吊扇转子下沉 | 1. 纠正接线<br>2. 更换电容<br>3. 检查电压<br>4. 重绕绕组<br>5. 更换轴承后加润滑油<br>6. 拆下，将润滑油减至轴承空间的2/3<br>7. 使其恢复原位 |
| 运转时有杂声 | 1. 轴承松动或破损<br>2. 轴前后伸缩过大<br>3. 轴承缺油<br>4. 定子与转子平面不齐<br>5. 风叶变形或松动<br>6. 电动机铁片松动<br>7. 质量差、安装粗糙，电磁噪声大 | 1. 更换轴承<br>2. 适当垫纸柏垫圈<br>3. 加润滑油（脂）<br>4. 对齐定、转子平面<br>5. 矫正风叶或拧紧固定螺钉<br>6. 拧紧铁片和螺钉<br>7. 无法修理，也可拆开重新装配试试 |

（续）

| 故障现象 | 产生原因 | 检修方法 |
|---|---|---|
| 运转时振动，摇晃 | 1. 风叶变形、不平衡<br>2. 轴伸头弯曲<br>3. 风叶套筒与转轴公差大<br>4. 吊扇挂钩太大或挂钩固定不牢固<br>5. 悬挂装置的紧固螺钉未拧紧<br>6. 风叶安装位置有偏移<br>7. 每片风叶质量不等<br>8. 房间太小，气流干扰 | 1. 矫正风叶<br>2. 矫直或掉转转轴<br>3. 镶套筒或调换风叶<br>4. 处理挂钩<br>5. 拧紧紧固螺钉<br>6. 调整风叶位置，紧固螺钉<br>7. 无法修理，也可在风叶上增加平衡物试试<br>8. 风叶大小应与房间相匹配 |
| 定时器失灵 | 1. 定时器接线头松脱<br>2. 定时器开关损坏 | 1. 重新焊接<br>2. 修理或更换开关 |
| 电风扇调速失灵 | 1. 调速器内接线头松脱或触片接触不良<br>2. 调速绕组短路或损坏 | 1. 焊好接头或修好触片<br>2. 重绕绕组或更换 |
| 台扇摇头机构失灵 | 1. 连杆开口锁脱落或断掉<br>2. 齿轮磨损失去转动能力<br>3. 连杆横担损坏<br>4. 摇头转动部分不灵活，润滑油（脂）硬化<br>5. 离合器弹簧断裂<br>6. 离合器下面滚珠脱落<br>7. 软轴钢丝未调整好或夹紧螺钉松脱 | 1. 重配开口锁<br>2. 更换齿轮<br>3. 调换连杆横担<br>4. 擦洗，加润滑油<br>5. 更换弹簧<br>6. 重新装上滚珠<br>7. 重新调整并拧紧夹紧螺钉 |
| 电风扇冒火 | 1. 绕组受潮<br>2. 导线绝缘损伤碰线<br>3. 绕组碰壳<br>4. 工作、起动绕组间绝缘损坏 | 1. 烘燥处理<br>2. 用绝缘胶带包缠好<br>3. 处理或重绕绕组<br>4. 重绕绕组 |
| 转叶扇的导风轮不转动 | 1. 导风轮开关失灵或接触不良<br>2. 同步电动机连接线折断或接头焊接不牢<br>3. 同步电动机的拉力弹簧脱落或拉力不足<br>4. 同步电动机底板滑动不灵<br>5. 同步电动机绕组断路<br>6. 同步电动机的减速齿轮损坏或被杂物卡死<br>7. 同步电动机的转动胶轮与导风轮的外绝缘接触不良<br>8. 导风轮的离合器失灵<br>9. 导风轮轴套与轴之间有杂物 | 1. 修理或更换开关<br>2. 更换连接线或重新焊好接头<br>3. 安装好拉力弹簧或调整拉力弹簧的拉力<br>4. 清洁、调整同步电动机底板并添加适量润滑油<br>5. 修理或重绕同步电动机绕组<br>6. 更换齿轮或清除杂物，并添加润滑油<br>7. 调整转动胶轮的位置<br>8. 修理或更换离合器零件<br>9. 清除杂物并清洁摩擦部分的表面 |

# 任务五　电取暖器简介

电取暖器的外形如图 8-25 所示。

电取暖器又称空间取暖器或电空间加热器，它是利用电热元件通电时所产生的热能加热一定空间的取暖用具。电取暖器与采用燃料的取暖器具相比，其优点是：使用方便，能迅速发热；便于精确控制室温；安全可靠，不会发生空气中缺氧或煤气中毒等事故；卫生清洁无污染；热效率高。

**1. 电取暖器的选购**

（1）电取暖器种类的选择　市场上的电取暖器主要分为两大类，一类是对流式电取暖器；另一类是辐射式电取暖器。

1）对流式电取暖器：对流式电取暖器是以自然对流加热为主要交换形式的一种电取暖器，其外形如图8-26所示。对流式电取暖器内部充有水、油等传热性较好的液体，内芯中的电热管通电发热后，传热给管道中循环流动的液体，温度升高后通过散热片使室内温度升高。它的功率在1500～3000W之间，耗电量大。其优点是安全可靠、散热面积大、表面温度不高，适合多人取暖。其缺点是热惯性大、升温慢及耗电量大。

2）辐射式电取暖器：辐射式电取暖器主要有石英电取暖器、微晶电取暖器、PTC电取暖器等，其外形如图8-27所示。石英电取暖器应用红外辐射的原理，由石英管通电后在红外线照到的距离内发热，从而提高室内温度。微晶电取暖器则采用微晶玻璃（MGC）等红外辐射材料，通电后产生热量。它们的功率大多在400～800W之间，耗电量小。其优点是外形美观、热惯性小、耐湿性好、电气安全性高，适用于局部空间加热。其缺点是机械强度较差，受外物撞击时易碎。PTC电取暖器是由PTC陶瓷瓶恒温发热元件及高效换热器组成的发热源，通常做成迷你型电取暖器，小巧玲珑，便于在室内移动和户外携带，能耗低，热效率高。

（2）电取暖器规格的选择　各种类型的电取暖器都有各种不同的规格，从500W到4000W不等。大多数电取暖器还设有功率调节档。电取暖器的规格

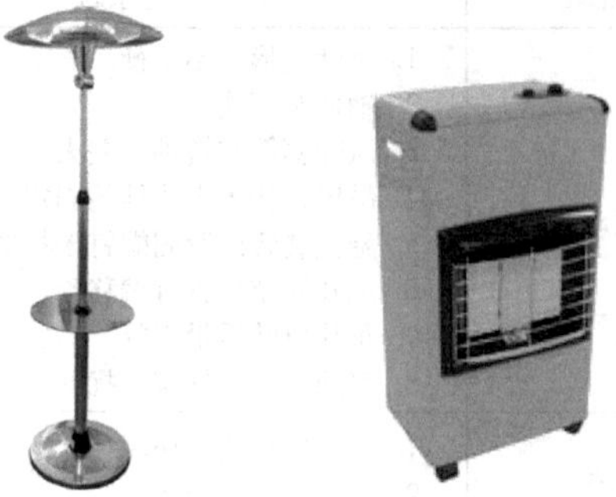

图8-25　电取暖器的外形

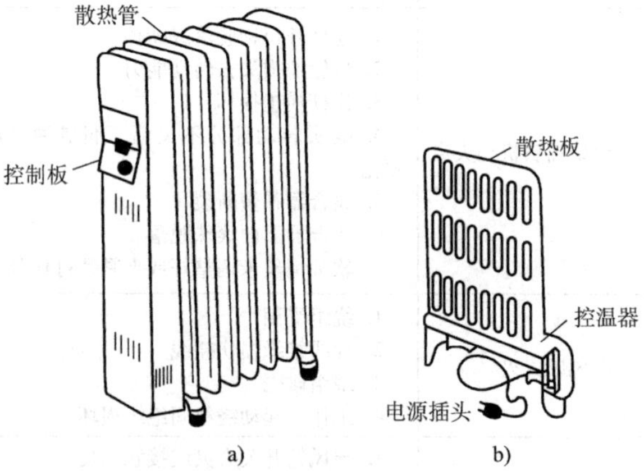


图8-26　对流式电取暖器的外形

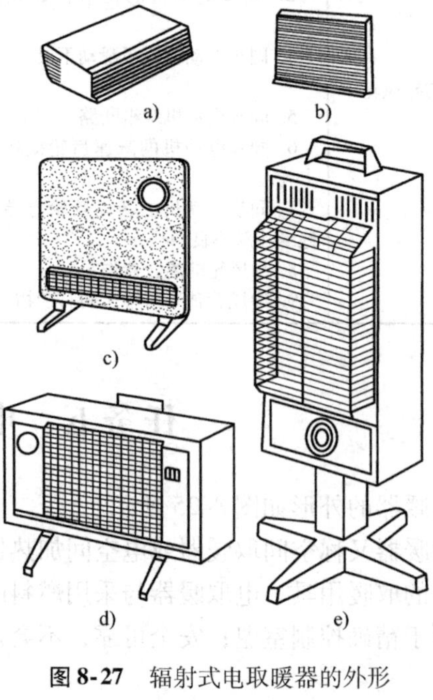


图8-27　辐射式电取暖器的外形

一般按使用房间的面积来选择，其规格的选择见表8-8。

表8-8 电取暖器规格的选择

| 电取暖器功率/W（房间宽度/m；房间长度/m） | 2 | 3 | 4 | 5 |
|---|---|---|---|---|
| 3 | 600 | 1000 | 2000 | 2500 |
| 4 | 1000 | 2000 | 2500 | 3000 |
| 5 | 2000 | 2500 | 3000 | 3000 |
| 6 | 2500 | 2500 | 3000 | 3000 |

（3）电取暖器电气性能的选择

电取暖器是耗电量较大的家用电器，选择时应考虑电能表及熔断器的容量是否够用。其次，从安全角度考虑，卧室和浴室里宜选用没有外露电热元件的电取暖器。有幼儿的家庭宜选用挂壁式电取暖器，以防幼儿投入易燃物而引起火灾。

（4）其他方面的选择

1）观察电取暖器表面的喷漆是否平整，有无划痕、裂纹，电镀件是否均匀亮泽。

2）要选购有厂名、地址、产品合格证和说明书的产品。

3）选购时应注意检查电风扇运转是否平稳，噪声要小，风量应适宜。

4）要检查各开关是否灵活，选购涡轮式薄型暖风机时，应检查摇摆开关能否正常工作。

**2. 电取暖器的安置**

1）电取暖器一般应安放在室内不易碰撞的地方（如墙边或墙角），背离墙面20cm为宜。

2）电取暖器附近不应放置煤油、汽油、液化石油气、酒精、纸、布等易燃易爆物品，也不要在它上面挂湿衣服。

3）有幼儿的家庭安置电取暖器时，应根据防护罩孔眼的大小附设一个金属网罩，以防幼儿不慎把手伸进罩孔，造成事故。

**3. 电取暖器的使用**

1）使用电取暖器的房间应有良好的保温条件，不应有过大通风口，以免热量损失过多。

2）要经常检查进气口和出气口有无杂物、灰尘堵塞现象，如有，应及时清洁，以免影响散热效率。清洁电取暖器时，应先切断电源，然后进行清理。

3）如果是充油式电取暖器，则应注意只可竖直放置使用，不能放倒，使用时不能在上面加罩，否则将大大降低其取暖效率。

4）电取暖器不使用时，应将其清洁后，套上纸罩或塑料罩保存。

5）使用电取暖器时，要特别注意不要使电源线接触电取暖器机体，否则会使电源线老化烧毁而危及人身安全。

**4. 电取暖器的常见故障及检修方法**

电取暖器的常见故障及检修方法见表8-9。

表8-9 电取暖器的常见故障及检修方法

| 故障现象 | 产生原因 | 检修方法 |
| --- | --- | --- |
| 无风 | 电路断路 | 检查线路接头，拧紧螺钉 |
| | 电动机损坏 | 重绕电动机绕组，或更换电动机 |
| | 风叶被卡住或风叶与轴脱位 | 拆下风叶整形后重装或上紧风叶与轴间的螺钉 |
| 不热 | 电源引线断路 | 检查接插件，清除氧化层，拧紧接点螺钉 |
| | 电热元件断路 | 连接断路处或更换电热元件 |
| | 熔丝烧断或脱落 | 更换熔丝 |
| 温升缓慢 | 风机叶片变形 | 拆下风叶后整形 |
| | 排气阀没有打开 | 打开排气阀，排除障碍物 |
| | 限温器失调 | 重新调整限温器调整螺钉 |
| 自身过热 | 进气口、排气口堵塞 | 清除进、排气口异物 |
| | 限温器触点溶解 | 分开触头、磨光表面，调整触点间间隙 |
| | 熔丝失效 | 更换符合规定的熔丝 |

## 任务六 电热水器简介

电热水器外形如图8-28所示。

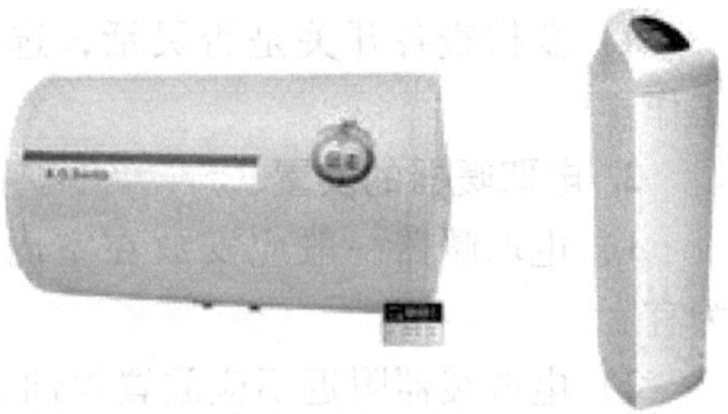

图8-28 电热水器外形

**1. 电热水器的选择**

1）应按照家庭人口多少或热水需求量选择电热水器的大小和规格，选购的电热水器应确保有足够的热水供应。

2）由于电热水器是带水工作的，所以选购电热水器时应特别关注其电气性能，必须安全可靠，确保无漏电现象。

3）选购电热水器时，应仔细检查加热器和箱身的接口以及进、出水口的管路接口等，确保密封良好、无漏水现象。温度控制装置应调节灵活、安全可靠。

4）压力安全阀的放泄压力要调整到比正常水压高出$(17.64\sim24.5)\times10^4$Pa，当达到该压力范围时，安全阀会自动开启让水流出。

**2. 电热水器的结构**

我国常见的电热水器的结构如图8-29所示。

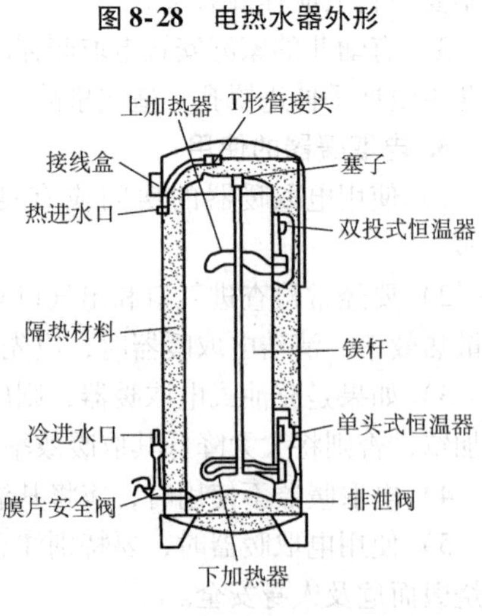


图8-29 电热水器的结构

**3. 电热水器的安装**

由于人在使用电热水器时身体裸露、直接接触到水，万一漏电就会严重威胁到人身安全，因此电热水器必须严格按规程安装。

1）电热水器的功率较大，应单独敷设电源线及插座。

2）在安装电热水器时，外壳必须接地良好，外壳对地电阻应小于4Ω，以保证使用安全。

3）如果住宅未实现保护接地（接零）系统，则必须安装剩余电流动作保护器。剩余电流动作保护器的动作整定电流应尽可能接近5mA。

4）贮水式电热水器的安装高度必须高于淋浴者头顶，这样经加热后的水流能通畅地放出。安装时不能倒置或倾斜，也不能远离水源开关。

5）水电系统安装完毕后，切勿马上通电试验，应先按说明书认真仔细地检查和处理后方能进行。

**4. 电热水器的使用**

1）电热水器使用时，接通电源，指示灯亮，表示通电；当水达到预定温度后，指示灯灭，表示断电；指示灯时亮时灭，则表示自动保温。

2）电热水器使用时，必须首先接通水源，等到出水管有水流出才能接通电源加热。

3）电热水器的水龙头，通常带有回流装置，并分别以"蓝""红"色表示"冷""热"龙头。使用时，旋开带红色的龙头，即有热水流出。若此热水温度过高，可同时旋开带蓝色的龙头，调节水量大小和水温。

4）电热水器使用时不要频繁开关水源，以免贮水箱内储水不足烧坏电热元件；特别在调至高温档上使用热水时，应注意储水量或进水流量，储水不足或进水流量太小时，加热时间过长很容易使电热元件过热而烧坏。新型的电热水器都装有自动切断电源装置，当断水或关闭水源时，即可自动切断电源，确保安全。

**5. 电热水器的常见故障及检修方法**

电热水器的常见故障及检修方法见表8-10。

**表8-10 电热水器的常见故障及检修方法**

| 故障现象 | 产生原因 | 检修方法 |
|---|---|---|
| 没有热水供应 | 停电、熔丝熔断 | 等待供电恢复或更换熔丝 |
| | 插头、插座、电源线、开关等接触不良或损坏 | 检修使其接触良好或更换 |
| | 加热器烧坏 | 检查并按原规格更换，拆卸前，首先切断电源，关好水阀，排出箱内的余水，再小心拆卸。重新安装加热器后，水箱要重新充满水，检查有无漏水后再接通电源 |
| | 加热器严重积垢 | 拆出加热器，用醋和水溶液清洗垢积物，然后重新装配 |
| | 恒温器接触不良或损坏 | 拆出恒温器检查，重新调整或修磨触点，或更换 |
| 热水不足，温度太低 | 下加热器或上加热器部分烧坏，不发热 | 检查并按原规格更换 |
| | 恒温器调整不当 | 重新调整，稍调高些 |
| | 电压过低 | 等待电压升高或加装稳压器 |
| | 水箱容量太小，热水用量与热水供应不相适应 | 更换较大规格的电热水器 |
| 复原时间过长 | 上加热器烧坏 | 检查并更换上加热器 |

（续）

| 故障现象 | 产生原因 | 检修方法 |
|---|---|---|
| 水温过高（非饮用热水器） | 恒温器调节不良或损坏 | 拆出恒温器检修或更换 |
| 热水内有蒸汽 | 恒温器调节温度太高，箱内水温过高 | 重新调节恒温器至适当温度 |
| | 恒温器触点烧蚀粘死 | 打磨至平滑或更换 |
| 漏水 | 贮水箱受腐蚀穿孔破裂 | 修补破裂穿孔部位或整个更换 |
| | 进水管或出水管与箱体连接处的垫圈损坏或未紧固 | 重新紧固或更换损坏零件 |
| | 加热器与箱体连接处，垫圈损坏或未紧固 | 重新紧固或更换损坏零件 |
| | 安全阀或引出管松动或损坏 | 重新紧固或修理更换 |
| | 排泄阀松动或损坏 | 重新紧固或修理更换 |
| 漏电 | 加热器绝缘失效 | 更换 |
| | 恒温器损坏 | 更换 |
| | 电源引线损坏或其他带电零件损坏碰触壳体 | 重新移离，加强绝缘或更换 |

# 任务七　吸尘器简介

吸尘器外形如图 8-30 所示。

吸尘器是用于清扫房间及环境除尘的一种工具，特别是地毯、窗帘和柜橱等处的灰尘，用吸尘器进行清扫，既省时又省力。因此，吸尘器已成为减轻家务劳动不可缺少的家用电器。

**1. 吸尘器的选购**

（1）类型选择

1）立式吸尘器：在吸尘器壳体内顺序安装着电动机、风机和吸尘部分，立式吸尘器外形如图 8-31 所示。

**图 8-30**　吸尘器外形

**图 8-31**　立式吸尘器外形

2）卧式吸尘器：在吸尘器壳体内沿水平方向依次安装吸尘部分、电动机、风机，其外形如图 8-32 所示。

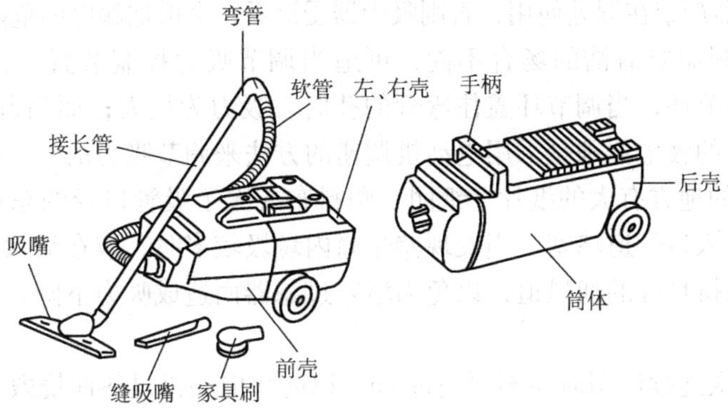


**图 8-32** 卧式吸尘器外形

3）便携式吸尘器；便携式吸尘器的尺寸较小，可随身携带操作。几种常见的便携式吸尘器外形如图 8-33 所示。

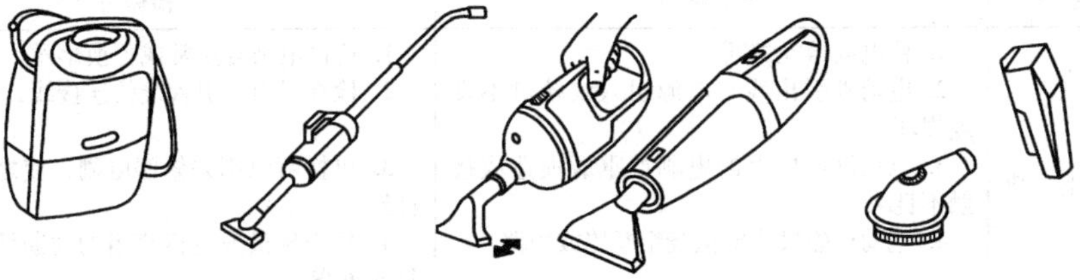

a) 肩式　b) 杆式　c) 手提式　d) 微型式

**图 8-33** 几种常见的便携式吸尘器外形

（2）功率选择　家用吸尘器一般选用 500～700W 的吸尘器。

（3）储尘容量的选择　由于吸尘器在工作时，是把所吸的尘埃、垃圾等储存在集尘袋或储尘室里，待使用完毕或使用多次后才倒掉。因而，在选购吸尘器时，应根据家庭的具体情况挑选集尘袋和储尘室的大小。一般应有 2～3L（升）的储尘容量。

（4）吸尘器附件的选择

1）电源线应有足够的长度。接通电源后，吸尘器本身不应有明显的振动和较大的噪声，声音应纯正、平稳。用手指挡住进风口时，灰尘指示器应反应灵敏，阻塞保护阀应打开，此时会出现较高的噪声。

2）装有热继电器保护装置的吸尘器，当吸入口被堵塞一定时间后，应能自动切断电源，使电动机停止运转；当排除堵塞后，应能自动接通电源，使吸尘器重新工作。

3）选购吸尘器时，应检查各类附件，连接要牢固，拆装要方便、灵活。过滤器的密封圈应具有弹性，各部连接处不应有漏气现象。

4）各类开关操作应灵活。

**2. 吸尘器的使用**

1）吸尘器使用前应首先将软管与外壳吸入口连接妥当，软管与各段超长接管以下接管末端的吸嘴要旋紧接牢。

2）吸尘器一般有两个开关，一个在吸尘器的外壳上；另一个在软管的握持把手上。使用时应先接通壳体上的开关，然后再接通握持把手上的开关。

3）干式吸尘器严禁在湿处使用，否则吸尘器受潮后，会增加触电的危险性或损坏电动机。

4）使用时，视需要清洁的场合不同，可适当调节吸力控制装置，在弯管上有一个圆孔，上面有一个调节环，当调节环盖住弯管的孔时，吸力为最大；而当调节环全部暴露时，吸力则为最小。有的吸尘器则是采用电动机调速的方法来调节吸力的。

5）若被清洁的地方有大的纸片、纸团、塑料布或大于吸管口径的东西，应事先排除它们，否则易造成吸入口管道堵塞。当发现储尘筒内垃圾较多时，应在清除垃圾的同时清除过滤器上的积尘，保持良好的通风道，以免因堵塞过滤器而造成吸力下降、电动机发热及降低吸尘器的使用寿命。

6）吸尘器每次连续使用时间不要超过1h，以防止电动机过热而烧毁。

7）吸尘器使用完毕，应放在干燥的地方保存。

**3. 吸尘器的常见故障及检修方法**

吸尘器的常见故障及检修方法见表8-11。

**表8-11　吸尘器的常见故障及检修方法**

| 故障现象 | 产生原因 | 检修方法 |
|---|---|---|
| 接通开关，电动机不转动 | 1. 停电或熔丝熔断<br>2. 电动机引出线与电源引入线接触不良或损坏<br>3. 电动机换向器的电刷严重磨损造成接触不良<br>4. 电动机磁极或电枢绕组断路或短路<br>5. 定子绕组接线错误，造成两极性相同<br>6. 电动机轴承严重损坏 | 1. 待供电恢复正常或更换熔丝<br>2. 检查引出、引入线的连接线，修复或更换<br>3. 更换新电刷并修磨电刷，使之与换向器接触良好<br>4. 检查磁极或电枢绕组的通断情况，并进行修复或重绕<br>5. 检查磁极绕组接线，更正接线<br>6. 更换轴承 |
| 电动机运转但不能吸尘 | 1. 滤尘袋装满，气流不能通过<br>2. 软管、吸嘴、滤尘袋滤孔被堵塞，造成气流不能通过<br>3. 软管两端与刷座及滤尘器的接头连接不好<br>4. 二次滤尘器堵塞<br>5. 吸尘器顶盖与壳体之间接触密封不严<br>6. 电动机与吸尘器壳体密封不严 | 1. 清除尘埃、杂物<br>2. 检查、清除堵塞物，使气流畅通<br>3. 检查并正确接好<br>4. 清扫二次滤尘器<br>5. 检查，使其密封良好<br>6. 重新密封好 |
| 电动机发热 | 1. 软管、吸嘴、滤尘袋接口处堵塞或滤尘袋装满灰尘<br>2. 软管与吸尘管接口未接好<br>3. 离心风扇被卡住，使电动机负载量大<br>4. 电动机绕组有短路现象 | 1. 清除接口处的阻塞物，或清除滤尘袋中的尘埃、杂物<br>2. 重新接好<br>3. 检查、修理风扇，使其运转灵活<br>4. 修理或更换电动机绕组 |
| 吸力不足 | 1. 软管、吸嘴或滤尘袋接口或微孔严重堵塞<br>2. 风扇与电动机轴打滑<br>3. 起尘转刷严重磨损<br>4. 电动机转速低<br>5. 吸尘部分、电动机部分之间的密封不严 | 1. 检查并清除障碍物，使通道通畅<br>2. 重新固定风扇<br>3. 调节转刷组件的位置，使其与地面贴紧或更换<br>4. 检查电压是否低、绕组是否有短路、轴承是否损坏、电刷与换向器是否接触良好，损坏部分应更换<br>5. 检查两部分间的密封情况，重新密封好，或更换密封胶圈 |

（续）

| 故障现象 | 产生原因 | 检修方法 |
| --- | --- | --- |
| 电动机产生火花较大 | 1. 电刷磨损严重，接触不良<br>2. 磁极绕组或电枢绕组有短路情况<br>3. 电枢绕组有断路、反接、跨接现象或换向器与电枢绕组的引出线有假焊现象 | 1. 更换电刷<br>2. 更换绕组损坏部分<br>3. 检查，对故障部分重新接好线或焊牢 |
| 排气口有尘埃排出 | 滤尘器被尖利的铁钉等物刺伤，或长久使用以致破裂 | 更换滤尘器 |
| 噪声过大 | 1. 电动机风扇松脱或碰壳体<br>2. 电动机轴承损坏<br>3. 紧固件松动 | 1. 重新调整或更换<br>2. 更换轴承<br>3. 检查各紧固件并固牢 |
| 自动卷线机构失灵 | 1. 电源线拉出不能制动<br>2. 电源线拉出后，按下卷线钮不能自动卷回卷线，弹簧或其他部件安装不当 | 1. 检查制动轮与卷线筒上的摩擦盘接触是否良好，更换弹簧或清除障碍物<br>2. 重新装弹簧，损坏部分应更换 |
| 尘埃指示器失灵 | 1. 管体内部变形，指示点在管体内受阻，不能自由移动<br>2. 指示点尺寸过大，引起阻塞；指示点过小，引起漏风<br>3. 指示器软管受阻或弯曲损坏<br>4. 吸尘部分封闭性差，进风口完全阻塞时，指示点达不到红色区域<br>5. 指示器弹簧失灵 | 1. 更换管体<br>2. 调整或更换<br>3. 调整至正确，如损坏应更换<br>4. 改善吸尘部分的封闭性能，损坏部分则应更换<br>5. 更换弹簧 |
| 产生无线电干扰 | 电动机电刷与换向器接触不良 | 更换电刷，使其与换向器接触良好 |
| 漏电 | 1. 电动机绝缘失效<br>2. 带电部分与壳体相碰<br>3. 吸尘器严重受潮 | 1. 更换电动机绕组<br>2. 移开接触部分，并加强绝缘<br>3. 进行干燥处理后，如仍有漏电，应更换 |

# 任务八　脱排油烟机简介

脱排油烟机外形如图 8-34 所示。

脱排油烟机又称抽油烟机。厨房内如用煤炭作为燃料，会产生大量二氧化硫；而使用液化气或管道煤气作为燃料时，则会产生一氧化碳等有害物质；炒菜时，油烟中又有大量的氮氧化物扩散到空间。这些有害气体的浓度大大高于室外，直接危害到人体的呼吸系统。因此，安装脱排油烟机对保障家庭人员的身体健康是十分必要的。

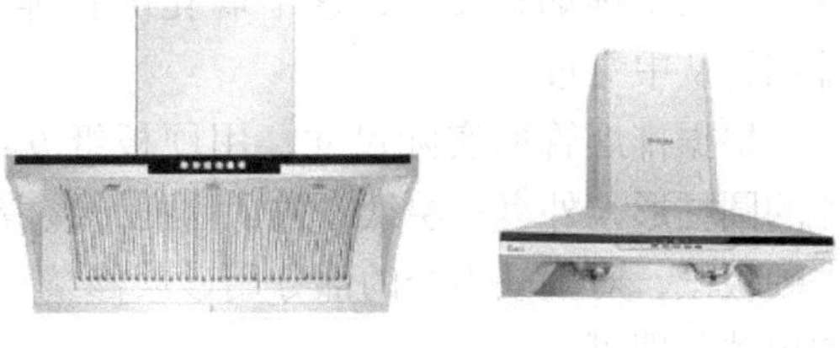
图 8-34　脱排油烟机外形

**1. 脱排油烟机的选购**

1）种类选择。目前，国内生产的脱排油烟机有单风道和双风道两种，均采用单相电容运转式异步电动机。单风道电动机功率多为 50 ~ 100W，双风道电动机功率多为 40 ~ 80W，电动机驱动风机运转，将室内的污染气体由脱排油烟机上的集流罩吸入排烟道排出室外。集流罩的作用是在风机进口处形成气流场吸收污染气体。通常，家庭中的脱排油烟机多采用离心轴流复合式及双叶轮式脱排油烟机。

2）尽可能选购中国消费者协会推荐的“双优”产品，检查有无产品合格证、生产单位和厂址。根据说明书检查随机附件是否齐全。

3）选购时，应注意检查机壳油漆喷涂层有无伤痕，因为里面的薄板长期接触油烟，如有伤痕就很容易被氧化；漆层是否均匀、光亮，塑料件有无破裂。

4）通电进行试机。按下照明按钮，查看灯光是否正常；再分别按下风道电动机按钮，观察电动机运转是否正常。

**2. 脱排油烟机的安装**

（1）脱排油烟机安装注意事项

1）脱排油烟机一般安装在煤气灶的正上方，煤气灶台距地面的规范尺寸一般为70cm。脱排油烟机下沿与煤气灶面间尺寸为60～75cm。尺寸太小不利于炊事者的操作，太大则不利于充分发挥脱排油烟机的功能。

2）脱排油烟机固定时，整个机体应略向后仰5°，以便机壳内的烟油能顺利流入集油杯内。

3）对于悬吊式脱排油烟机，其支承点都为四个点，上面两个点牵拉，下面两个点顶撑。安装牵拉部分一般宜用穿墙螺栓或膨胀螺栓来支承脱排油烟机。

（2）脱排油烟机的安装步骤

1）定位：根据脱排油烟机机壳的挂耳位置，找出其在墙体上的对应位置，一般距煤气灶面65～75cm，尺寸太小和太大都不利于充分发挥脱排油烟机的功能。两个挂耳之间的距离应视所使用脱排油烟机的具体尺寸而定，脱排油烟机的安装尺寸示意图如图8-35所示。

2）打孔：利用冲击电钻在固定挂耳的墙上钻两个水平钻孔，直径为8mm，深约30mm，将直径8mm的塑料膨胀管塞入孔中。然后凿一个墙孔，其直径略大于排烟管直径，这个墙孔供脱排油烟机的排烟管从中穿过。

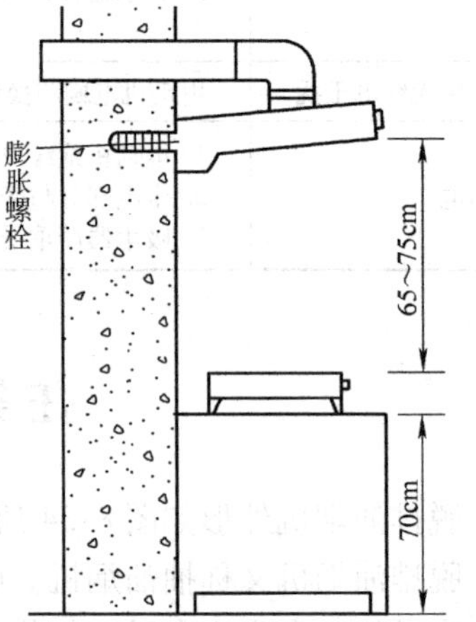

**图8-35** 脱排油烟机的安装尺寸示意图

根据排烟管的实际尺寸，用硬板纸卷成同样尺寸的圆柱形，外裹一层纸，放入墙孔，接着在墙孔内侧沿硬板纸填嵌砂浆，一两天后轻轻拆去硬板纸，对残缺不全的部分用砂浆修整一下，一个圆孔就制成了，然后将排烟管穿过圆孔伸出墙外即可。

3）固定：用膨胀螺栓通过脱排油烟机的挂耳孔旋入塑料膨胀管中紧固，并调整好机体的位置。

**3. 脱排油烟机的使用**

1）脱排油烟机的前部常装有一排按键，三档按键的普通型脱排油烟机有照明、左、右三个按键；四档按键的脱排油烟机有照明、慢速、快速、总停四个按键；五挡按键的脱排油烟机有照明、慢速、快速、自动、停止五个按键。操作时，先按下照明按键，便能得到良好的照明效果；然后根据烹饪中产生的烟雾多少而改变脱排油烟机的转速。

2）为了保持脱排油烟机的良好效果和使用寿命，至少每月将过滤器（网）拆下来用洗涤剂或放在加碱的温水中清洗一次。使用两个月后，应将内壁揩抹干净。使用半年后应将风机揩抹干净。

3）透明滤油盒可用于直接观察所集油液的高度，需要清洗时摘下（拉出）即可处置。

**4. 脱排油烟机的常见故障及检修方法**

脱排油烟机的常见故障及检修方法见表 8-12。

**表 8-12 脱排油烟机的常见故障及检修方法**

| 故障现象 | 产生原因 | 检修方法 |
|---|---|---|
| 接通电源后不起动 | 供电及连接系统断路 | 用万用表逐段测量，检查断点并连接好 |
| | 触发控制电路中的晶体管损坏 | 换新器件 |
| | 可控器件损坏 | 更换可控器件 |
| | 电动机绕组断路 | 重新绕线或换用新电动机 |
| 脱排油烟机影响炊事火源热量 | 排风量选择过大 | 选择合适的排风量 |
| 脱排油烟机脏污严重 | 油垢在内部积存过多 | 清洗擦拭 |
| 漏油 | 脱排油烟机密封水平差 | 清洗后重新安装，在密封处加点胶皮或塑料泡沫 |
| | 脱排油烟机安装角度不好 | 调整安装角度，使脱排出的油自然流入杯中 |
| 按键开关失灵 | 按键公共线断路 | 查找断路处重新焊好 |
| | 开关中导电弹簧变形与导电片接触不上，开关弹簧片位移或脱落 | 打开按键开关，调整弹簧片或换新开关解决 |
| | 互锁弹簧被挤压变形产生位移 | 调整使其复原 |
| 噪声过大、有“轰轰”声 | 出风道安装不合理、固定不牢 | 改进技术，合理考虑出风道 |
| 振动过大 | 固定不实，安装不良 | 紧固各部件 |
| | 内部积垢过厚 | 清洗内部 |
| 排烟效果差 | 脱排油烟机安装高度过高 | 调整高度，使脱排油烟机距热源高度在 75cm 左右 |
| | 室内外气体压力过大 | 将远离脱排油烟机侧的房门或窗户打开，加强空气流动 |
| | 电源电压过低，电动机转速下降 | 调整电源电压 |
| | 油渍过多，电动机转动不灵活 | 调整电源电压 |
| | 吸气孔被油污堵塞 | 定期清洗，保证通风顺畅 |

## 任务九　微波炉和电饭锅简介

**1. 微波炉**

微波炉外形如图 8-36 所示。

微波炉是通过微波使被加热食物内部做分子运动，从而产生热量使食品发热来进行快速烹饪的。它能使食物内外同时被加热，在很短的时间内就能使食物加热、熟透。用微波炉烹饪食物能最大限度保留食物中的维生素，保持食物原来的颜色和风味，同时还具有一定的杀菌作用。

图 8-36 微波炉外形

（1）微波炉的选购

1）品牌价格的选择。市场上微波炉价格高低不等，其功能质量必然存在差别，对品牌的选择，消费者更不要盲目。对于消费者来讲只要价格能接受，功能适用于自己是最重要的。

2）功率大小的选择。目前市场上微波炉主要集中于700～900W，一般家庭选择800W比较适宜。

3）电气和微波辐射安全性能的选择。微波炉的安全性能比较重要，选购时，一定要认清该产品是否符合国际标准。例如，国际电工委员会（IEC）规定，在距微波炉5cm处的空间测得其微波泄漏量不得超过$5mW/cm^2$。这就将微波可能对人体的伤害降低到了微乎其微的地步，所以使用微波炉对人体不会造成危害。另外，最好选择质量较可靠的名牌产品，同时其电气绝缘应安全可靠、无漏电现象，温度控制装置、定时装置等应能正常通断。

4）其他方面的选择有以下几项：

① 外形美观大方，漆层光洁平整，无划痕、擦伤。

② 炉门密封良好（炉门是防止微波泄漏的关键部位之一），可用一台中波收音机调到无电台处，放在靠近炉门的四周，如听不到放电似的噪声，则说明炉门密封（微波屏蔽）良好，微波泄漏量小。启动开门按键，应手感自如；关门时门钩弹入声应清晰。

③ 各种开关旋钮标志清楚，操作方便，有详细的产品说明书，各种附件齐全。

④ 输出功率应正常，将一杯200mL的冷水放入功率为500W的微波炉内，开动4min将水烧开；放入功率为600W的微波炉内，开动3min将水烧开，就属于正常。

（2）微波炉的使用

1）微波炉不能放在磁性材料的周围，否则将影响其工作效率。炉内没有被加热的食物时不要空开，以免使微波炉在空载下工作，导致磁控管损坏。

2）不能用金属容器，刻纹较深的玻璃容器、结晶玻璃容器，涂有金粉、银粉的容器以及部分使用金属的竹、木、纸制品等盛放食物装入微波炉内烹饪。应选用耐热玻璃容器、耐高温硼酸玻璃容器、瓷制容器、耐高温的塑料容器。

3）使用时，关好微波炉门，选择好所需时间，以防过火焦煳或欠火不熟。

4）如果要解冻食物，应根据所用产品的实际情况，将“火力大小”旋钮旋到解冻位置。冷冻食物必须完全解冻后，方可进行烹饪，否则会出现食物的外层过热而内层还未完全解冻的不均匀现象。

5）达到预定时间时微波炉自动停止，同时发出响声，并自动切断电源。这时可打开炉门取出食物。如果不马上食用，可按保温旋钮把食物放在炉内保温待用。

6）烹饪较干燥的食物时，可在食物上适当喷些水或装在有水的容器进行烹饪。

7）微波炉不宜加热带壳的食物（如花生、栗子等），以防发生爆裂而造成破坏。

8）每次使用完毕应清洁干净。炉内如有污垢，应用中性清洁剂抹擦，最后用干布抹净。

9）定期检查炉门四周门封和门锁，如有损坏应立即停止使用并进行修理，以防微波泄漏。

（3）微波炉的故障检查及检修方法　微波炉的故障检查及检修方法见表8-13。

**表8-13　微波炉的故障检查及检修方法**

| 故障现象 | 产生原因 | 检修方法 |
| --- | --- | --- |
| 不能加热 | 1. 停电或熔丝熔断<br>2. 插头、插座、电源线接触不良或断线<br>3. 炉门打开或未关好，致使双重闭锁开关或安全开关不能关闭<br>4. 炉门已关好，但双重闭锁开关或安全开关接触不良或损坏<br>5. 烹饪继电器绕组断路<br>6. 热断路器断开<br>7. 其他线路松脱或短路或损坏<br>8. 磁控管损坏<br>9. 电源变压器高压绕组烧坏<br>10. 高压电容损坏<br>11. 整流二极管损坏 | 1. 待供电正常后使用或更换熔丝<br>2. 使其接触良好或更换损坏部分<br>3. 关好炉门<br>4. 使开关接触良好或更换<br>5. 修理或按原规格更换<br>6. 检查风道是否闭塞，鼓风机、电动机是否损坏，若损坏应更换<br>7. 重新焊牢或更换<br>8. 按原规格更换<br>9. 按原规格绕组更换<br>10. 按原规格更换<br>11. 按原规格更换 |
| 烹饪出来的食物不均匀 | 1. 食物太厚，外熟里不熟<br>2. 上层堆放食物太多，阻碍微波进入下层食物<br>3. 电动机接线松脱或损坏<br>4. 炉腔内污垢太多，以至放射失效 | 1. 切成块状放入炉内，中途翻转一下，使微波辐射均匀<br>2. 适当减少上层堆放的食物和中途翻转一下<br>3. 重新接好、修理或更换<br>4. 把炉腔彻底清扫干净 |
| 温度控制失调，不能保温 | 1. 温度控制器接触不良或接线松脱<br>2. 温度控制器损坏，双金属卡失去弯曲特性；触点烧坏，触片失去弹性 | 1. 重新调校，使其接触良好；将松脱的线路接牢<br>2. 更换双金属卡片或其他零件，或整体更换 |
| 不能定时或预选；时间过了不能切断电源或不能恢复“0”位 | 1. 定时器接线松脱，触片失去弹性或触点损坏<br>2. 定时器电动机有毛病 | 1. 重新接好或更换损坏零件<br>2. 修理或更换电动机 |
| 烹饪期间，指示灯突然熄灭，烹饪立即停止 | 1. 炉门被打开<br>2. 热断路器开通<br>3. 停电或超载，熔丝熔断<br>4. 电源变压器烧坏或短路 | 1. 重新关好炉门<br>2. 清除冷风道上的障碍物<br>3. 待供电正常或更换熔丝<br>4. 重绕绕组或更换变压器 |

（续）

| 故障现象 | 产生原因 | 检修方法 |
|---|---|---|
| 照明指示灯不亮 | 1. 全部不亮则可能是停电或炉内电气部分损坏<br>2. 若为部分亮、部分不亮，则可能是灯泡烧坏或部分接线松脱<br>3. 与灯泡串联的电阻损坏 | 1. 待供电正常后使用，检查输出端接线是否完好，各电气元件是否正常工作，若损坏，应修复<br>2. 检查线路并重新接好；按原规格更换灯泡<br>3. 按照规格更换电阻 |
| 漏电 | 1. 电气元件连接部分碰壳或接触到炉腔<br>2. 引线及其绝缘损坏<br>3. 受潮过度或清洁时淋到水或浸过水 | 1. 移离接触部分；重新绝缘<br>2. 重新绝缘或更换<br>3. 待干燥处理后再用 |
| 微波泄漏量过大 | 1. 炉门与炉体闭合间隙过大；门铰松动过量；门封条失效；门框架扭曲变形；玻璃破裂<br>2. 炉腔内及外壳锈蚀穿孔或破裂等 | 1. 检查修理，更换损坏部分或变形了的零件，务必使炉门与炉体紧密结合<br>2. 更换炉腔或炉壳 |

**2. 电饭锅**

电饭锅外形如图8-37所示。

图8-37　电饭锅外形

电饭锅主要用于焖米饭。用它焖出来的米饭松软可口，而且营养丰富。也可以用来蒸包子、蒸馒头、煮饺子、煮稀饭和炖肉等。自动保温式电饭锅主要由外锅体、内锅体、锅盖、电热盘、磁钢限温器、恒温器、指示灯及按键开关等组成，其基本结构如图8-38所示。

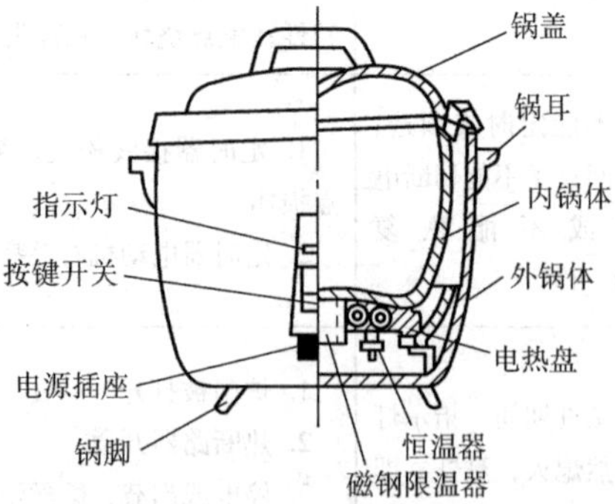


图8-38　自动保温式电饭锅的基本结构

在煮饭时，当锅中的水煮干后，温度开始超过100℃。当温度升到103℃时，磁钢限温器开始工作，自动切断电源，以后的温度便由双金属片恒温器控制；当温度降到65℃左右时，保温器工作，接通电源加温至70℃以上时，又断开电源，停止加温，就这样将米饭的温度始终保持在65℃左右。

（1）电饭锅的选购

1）电饭锅功率的选择。电饭锅功率的大小与焖饭量成正比，也即与家庭人口成正比，各种电饭锅的规格、容量及可供用餐人数见表8-14。

2）电饭锅类型的选择。自动保温式电饭锅有普通型和定时智能型两种。如家中经常有人，可买普通型的，因为普通型价格便宜，也基本能满足家庭使用要求。但如果家中没有人做饭，中午却要回家照顾小孩吃饭，买定时智能型的就比较合适了。

**表8-14 电饭锅的规格、容量及可供用餐人数**

| 额定电压/V | 额定煮米量 | | 额定功率/W | 饭锅容积/L | 可用餐人数 |
|---|---|---|---|---|---|
| | /kg | /L | | | |
| 220 | 0.48 | 0.6 | 350（≤400） | 1.2 | 1~3 |
| 220 | 0.9 | 1.0 | 450（≤500） | 2.4 | 2~4 |
| 220 | 1.2 | 1.5 | 550（≤600） | 3.6 | 3~6 |
| 220 | 1.6 | 2.0 | 650（≤700） | 4.8 | 5~8 |
| 220 | 2.0 | 2.5 | 750（≤800） | 6.0 | 7~10 |
| 220 | 2.4 | 3.0 | 950（≤1000） | 7.2 | 8~12 |
| 220 | 2.88 | 3.6 | 1150（≤1500） | 8.4 | 10~14 |
| 220 | 3.36 | 4.2 | 1350（≤2000） | 9.6 | 12~16 |

3）检查事项。购买时应查看外锅体是否有损伤、变形等机械损坏情况。然后把内锅体放在外锅体内，上下按动按键，应无阻挡且声音清脆。然后，再进行通电试验，查看指示灯是否亮、电热盘是否热及恒温器是否恒温等。

（2）电饭锅的使用

1）用其他容器先将米淘洗干净后放入电饭锅的内锅体里，根据米质及所需米饭的软硬程度来加水。锅内的米要大致分布均匀，不要堆积在一边，否则煮出来的饭会软硬不均匀。

2）将内锅体放入电饭锅时，应随手将内锅体转动两下，使它与电热盘紧密接触，然后再盖上锅盖，否则会影响电饭锅的使用寿命或煮出夹生饭。

3）饭煮好后如不马上食用，锅内饭的温度降至70℃以下时，红色指示灯又亮，其后不断时灭时亮，这表示是自动保温，如果不需要自动保温，应将电源插头拔下。

4）电饭锅的内锅体可以用水洗涤，但切忌使用金属利器铲刮锅巴；外锅体与电热盘不能浸水，只可以在断开电源以后，用湿布揩抹。

5）作为炖锅使用时，应将蒸煮的食物放入电饭锅内盖好锅盖，再接通电源。取出食物时，则应先拔去电源插头。

6）在接通电源后，不得取出内锅体，否则电热盘有熔化烧毁的危险。

（3）电饭锅的故障检查及检修方法

电饭锅的故障检查及检修方法见表8-15。

表8-15 电饭锅的故障检查及检修方法

| 故障原因 | 产生原因 | 检修方法 |
|---|---|---|
| 接上电源，指示灯不亮 | 1. 停电或熔丝熔断<br>2. 指示灯的接线松脱<br>3. 指示灯灯泡损坏<br>4. 降压电阻损坏 | 1. 待供电恢复或更换熔丝<br>2. 检查并重新焊接好<br>3. 更换灯泡<br>4. 更换电阻 |
| 指示灯不亮，电饭锅不热 | 1. 煮饭开关接触不良<br>2. 未按下操作按键<br>3. 电热管断路 | 1. 检查开关，调整触点弹簧片使之接触良好、起动灵活<br>2. 按下操作按键<br>3. 更换电热管 |
| 饭熟后开关仍不跳开或煮成焦饭 | 1. 断路器接触不良<br>2. 断路器损坏或有障碍物阻塞<br>3. 双金属片恒温器不能断开<br>4. 电压过低，致使煮饭时间过长 | 1. 使用双金属片开关时，可调节螺钉<br>2. 更换零件或清除障碍物<br>3. 修理或更换<br>4. 待电压恢复正常再煮饭 |
| 煮饭不熟或开关先跳开 | 1. 内锅体与电热盘之间有异物<br>2. 断路器动作点过低<br>3. 内锅体变形，热传导不良<br>4. 内锅体加水不足 | 1. 检查并清除异物<br>2. 使用双金属片开关时，可适当调整调节螺钉<br>3. 内锅体需整形或更换<br>4. 按规定添加适量的水 |
| 不能自动保温或保温不正常 | 1. 保温器触点或触片损坏<br>2. 双金属片恒温器紧固螺钉松动，接触不良或处于动合（常开）状态<br>3. 保温发热器烧坏 | 1. 更换触点、触片或整体更换<br>2. 调整恒温器紧固螺钉及双金属片，使触点接触良好<br>3. 更换电热丝 |
| 外壳漏电 | 1. 电饭锅电气绝缘部分受潮或漏电<br>2. 电热管封口材料熔化失效<br>3. 开关组合绝缘物被击穿或烧坏<br>4. 电气部分的带电体和外壳相碰 | 1. 检查接地线是否脱落，绝缘受潮要干燥处理<br>2. 重新封口或更换电热盘<br>3. 更换开关组合<br>4. 将相碰部分移开并加以绝缘 |
| 短路 | 1. 开关组合绝缘损坏<br>2. 加热管短路<br>3. 电路其他部分短路 | 1. 更换开关组合<br>2. 更换电热盘<br>3. 检查，将短路部分移开加以绝缘 |

# 附　录

## 附录 A　常用电工技术资料

表 A-1　各种型号导线的特性和主要用途

| 类别 | 型号 | 名称 | 导线截面积/$mm^2$ | 主要用途 |
|---|---|---|---|---|
| 橡皮、塑料绝缘电线 | BLX | 铝芯橡皮线 | 2.5 ~ 630 | 用在额定交流电压 500V 以下或直流电压 1000V 以下的电气设备、电工仪器仪表及动力照明线路中 |
| | BX | 铜芯橡皮线 | 0.75 ~ 500 | |
| | BXR | 铜芯橡皮软线 | 0.75 ~ 400 | |
| | BLV | 铝芯聚氯乙烯绝缘线 | 1.5 ~ 185 | |
| | BV | 铜芯聚氯乙烯绝缘线 | 0.03 ~ 185 | |
| | BLV-105 | 铝芯耐热 105℃ 聚氯乙烯绝缘电线 | 1.5 ~ 185 | |
| | BV-105 | 铜芯耐热 105℃ 聚氯乙烯绝缘电线 | 0.03 ~ 185 | |
| | BVR | 铜芯聚氯乙烯软线 | 0.75 ~ 50 | |
| | BLVV | 铝芯聚氯乙烯绝缘聚氯乙烯护套电线 | 1.5 ~ 10 | |
| | BVV | 铜芯聚氯乙烯绝缘聚氯乙烯护套电线 | 0.75 ~ 10 | |
| 橡皮、塑料绝缘软线 | RVB | 聚氯乙烯绝缘平型软线 | 0.12 ~ 2.5 | 用在额定交流电压 250V 以下或直流电压 500V 以下的室内干燥场所的各种移动电器和照明灯座的连接以及电工仪表仪器和自动化装置的安装 |
| | RVS | 聚氯乙烯绝缘绞型软线 | 0.12 ~ 2.5 | |
| | RV | 聚氯乙烯绝缘软线 | 0.012 ~ 6 | |
| | RV-105 | 耐热聚氯乙烯绝缘软线 | | |
| | RVV | 聚氯乙烯绝缘护套软线 | | |
| 塑料绝缘屏蔽线 | BVP | 聚氯乙烯绝缘屏蔽电线 | 0.03 ~ 0.75 | 用在额定交流电压 250V 以下的电工仪器仪表、电信设备、电子设备及自动化装置的屏蔽线路中 |
| | RVP | 聚氯乙烯绝缘屏蔽软线 | 0.03 ~ 1.5 | |
| | BVVP | 聚氯乙烯绝缘护套屏蔽线 | 0.03 ~ 0.75 | |
| | RVVP | 聚氯乙烯绝缘护套屏蔽软线 | 0.03 ~ 1.0 | |

表 A-2　电力电缆的型号、特点及用途

| 序号 | 名称 | 型号 | | 特点及用途 |
|---|---|---|---|---|
| | | 铜芯 | 铝芯 | |
| 1 | 聚氯乙烯绝缘聚氯乙烯护套电力电缆 | VV | VLV | 敷设在室内、隧道、电缆沟、管道、易燃及严重腐蚀的地方，不能承受机械外力作用 |
| 2 | 聚氯乙烯绝缘聚乙烯护套电力电缆 | VY | VLY | |
| 3 | 聚氯乙烯绝缘钢带铠装聚氯乙烯护套电力电缆 | VV22 | VLV22 | 敷设在室内、隧道、电缆沟、地下、易燃及严重腐蚀的地方，能承受机械外力作用，但不能承受拉力作用 |
| 4 | 聚氯乙烯绝缘钢带铠装聚乙烯护套电力电缆 | VV23 | VLV23 | |
| 5 | 聚氯乙烯绝缘细钢丝铠装聚氯乙烯护套电力电缆 | VV32 | VLV32 | 敷设在地下、竖井、水中、易燃及严重腐蚀的地方，能承受机械外力作用，不能承受大的拉力作用 |
| 6 | 聚氯乙烯绝缘细钢丝铠装聚乙烯护套电力电缆 | VV33 | VLV33 | |
| 7 | 聚氯乙烯绝缘粗钢丝铠装聚氯乙烯护套电力电缆 | VV42 | VLV42 | 敷设在竖井、水中、易燃及严重腐蚀的地方，能承受大的拉力作用 |
| 8 | 聚氯乙烯绝缘粗钢丝铠装聚乙烯护套电力电缆 | VV43 | VLV43 | |

**表 A-3 聚氯乙烯绝缘电力电缆**

<table>
<tr><th>序号</th><th>类别</th><th colspan="2">字符</th><th>含义</th></tr>
<tr><td rowspan="4">1</td><td rowspan="4">绝缘</td><td colspan="2">V</td><td>聚氯乙烯绝缘</td></tr>
<tr><td colspan="2">VJ</td><td>交联聚乙烯绝缘</td></tr>
<tr><td colspan="2">Z</td><td>纸绝缘</td></tr>
<tr><td colspan="2">X</td><td>橡皮绝缘</td></tr>
<tr><td rowspan="2">2</td><td rowspan="2">导体</td><td colspan="2">T</td><td>铜芯（可省略）</td></tr>
<tr><td colspan="2">L</td><td>铝芯</td></tr>
<tr><td rowspan="4">3</td><td rowspan="4">内保护层</td><td colspan="2">V</td><td>聚氯乙烯</td></tr>
<tr><td colspan="2">Y</td><td>聚乙烯</td></tr>
<tr><td colspan="2">Q</td><td>铅包</td></tr>
<tr><td colspan="2">LW</td><td>皱纹铝套</td></tr>
<tr><td rowspan="10">4</td><td rowspan="10">外保护层</td><td rowspan="5">第一位数（铠装层类型）</td><td>0</td><td>无</td></tr>
<tr><td>1</td><td>—</td></tr>
<tr><td>2</td><td>双钢带铠装</td></tr>
<tr><td>3</td><td>细圆钢丝铠装</td></tr>
<tr><td>4</td><td>粗圆钢丝铠装</td></tr>
<tr><td rowspan="5">第二位数（外被层类型）</td><td>0</td><td>无</td></tr>
<tr><td>1</td><td>纤维线包</td></tr>
<tr><td>2</td><td>聚氯乙烯<br>外护套</td></tr>
<tr><td>3</td><td>聚乙烯外护套</td></tr>
<tr><td>4</td><td>—</td></tr>
</table>

表 A-4 电缆载流量与截面积的关系

| 截面积/mm² \ 载流量/A \ 温度/℃ | BLV | | | | BV、BVR | | | |
|---|---|---|---|---|---|---|---|---|
| | 25 | 30 | 35 | 40 | 25 | 30 | 35 | 40 |
| 1.0 | | | | | 19 | 17 | 16 | 15 |
| 1.5 | 18 | 16 | 15 | 14 | 24 | 22 | 20 | 18 |
| 2.5 | 25 | 23 | 21 | 19 | 32 | 29 | 27 | 25 |
| 4 | 32 | 29 | 27 | 25 | 42 | 39 | 33 | 33 |
| 6 | 42 | 39 | 36 | 33 | 55 | 51 | 47 | 43 |
| 10 | 59 | 55 | 51 | 43 | 75 | 70 | 64 | 59 |
| 16 | 80 | 74 | 69 | 63 | 105 | 88 | 90 | 83 |
| 25 | 105 | 98 | 90 | 83 | 138 | 129 | 119 | 109 |
| 35 | 130 | 121 | 112 | 102 | 170 | 158 | 147 | 134 |
| 50 | 165 | 154 | 142 | 130 | 215 | 201 | 185 | 170 |
| 70 | 205 | 191 | 177 | 162 | 265 | 247 | 229 | 209 |
| 95 | 250 | 233 | 216 | 197 | 325 | 303 | 281 | 257 |
| 120 | 285 | 265 | 243 | 225 | 375 | 350 | 324 | 296 |
| 150 | 325 | 303 | 281 | 257 | 430 | 402 | 371 | 340 |
| 185 | 380 | 355 | 328 | 300 | 490 | 458 | 433 | 387 |

表 A-5 仪表用控制电缆的型号、名称及用途

| 型号 | 名称 | 用途 |
|---|---|---|
| KYV* | 铜芯聚乙烯绝缘、聚氯乙烯护套控制电缆 | 敷设在室内、电缆沟中、穿管 |
| KVV | 铜芯聚氯乙烯绝缘、聚氯乙烯护套控制电缆 | 敷设在室内、电缆沟中、穿管 |
| KXV | 铜芯橡皮绝缘、聚氯乙烯护套控制电缆 | 敷设在室内、电缆沟中、穿管 |
| KXF | 铜芯聚氯乙烯绝缘、聚丁护套控制电缆 | 敷设在室内、电缆沟中、穿管 |
| KYVD | 铜芯聚氯乙烯绝缘、耐寒塑料护套控制电缆 | 敷设在室内、电缆沟中、穿管 |
| KXVD | 铜芯橡皮绝缘、耐寒塑料护套控制电缆 | 敷设在室内、电缆沟中、穿管 |
| $KXV_{20}$ | 铜芯橡皮绝缘、聚氯乙烯护套控制电缆、钢带铠装控制电缆 | 敷设在室内、电缆沟中、穿管及地下，能承受较大机械外力 |
| KXHF | 铜芯橡皮绝缘、非燃性护套控制电缆 | 敷设在室内、电缆沟中、穿管 |
| $KYV_{20}$ | 铜芯聚乙烯绝缘、聚氯乙烯护套控制电缆、钢带铠装控制电缆 | 敷设在室内、电缆沟中、穿管及地下，能承受较大机械外力 |
| $KYV_{20}^{+}$ | 铜芯聚乙烯绝缘、聚氯乙烯护套控制电缆、钢带铠装控制电缆 | 敷设在室内、电缆沟中、穿管及地下，能承受较大机械外力 |

表 A-6 仪表用绝缘导线的型号、名称及主要用途

| 型号 | 名称 | 主要用途 |
|---|---|---|
| BXF | 铜芯橡皮电线 | 供交流 500V、直流 100V 电力用线 |
| BXR | 铜芯橡皮软线 | 供交流 500V、直流 100V 电力用线，但要求柔软电线时采用 |
| BV | 铜芯聚氯乙烯绝缘电线 | 供交流 500V、直流 100V 电力用线，也可作仪表盘配线 |
| BVR | 铜芯聚氯乙烯绝缘软线 | 供交流 500V、直流 100V 电力用线，但要求柔软电线时采用 |
| VR | 铜芯聚氯乙烯绝缘软线 | 做交流 250V 以下的移动式日用电器及仪表连线 |
| RVZ | 中型聚氯乙烯绝缘及护套软线 | 做交流 500V 以下的电动工具和较大的移动式电器连线 |
| KVVR | 多芯聚氯乙烯绝缘护套软线 | 做交流 500V 以下的电器仪表连线 |
| FVN | 聚氯乙烯绝缘尼龙护套电线 | 做交流 250V、60Hz 以下的低压线路连线 |

**表 A-7 几种常用的电工绝缘带**

| 类型 | 组成特征 | 物理、化学性能 | 绝缘性能 | 尺寸规格 | 使用范围 |
|---|---|---|---|---|---|
| 聚乙烯带 | 由软聚乙烯加热挤压卷切而成 | ① 柔软而有弹性，使用方便；<br>② 耐潮、耐酸碱、耐油性能好；耐热、耐寒性能差 | 交流耐压强度：<br>① 厚度 0.3 ~ 0.6mm 者为 500V；<br>② 厚 0.7 ~ 1mm 者为 1000V；<br>③ 厚 1.1 ~ 1.5mm 者为 2000V | ① 宽为 10mm、15mm、20mm、40mm、50mm；<br>② 厚为 0.3 ~ 1.65mm；<br>③ 无规定长度，每卷按重量计 | ① 透明无色者作导线接头及某些带电体加强绝缘包裹之用；<br>②带颜色者用作相色带 |
| 塑料粘胶带 | 在聚氯乙烯薄膜上涂敷胶浆卷切而成 | ① 其绝缘性能和防水性能均比黑胶布强；<br>② 使用温度为 -5 ~ 60℃ | 交流耐压：2kV/min，不击穿 | ① 宽为 15mm、20mm、25 mm；<br>② 厚为 0.14 ~ 0.16mm；<br>③ 每卷长 5m 或 10m | 适用于 500V 以下电线电缆接头包裹 |
| 无碱玻璃丝带 | 用无碱或含碱金属极少（< 1%）的玻璃丝编织而成 | ① 耐热、耐老化性能好，耐热等级为 B 级；<br>② 抗拉强度为 19.8kgf/mm²；<br>③ 吸水性好，与环氧树脂粘接性好；<br>④ 抗磨性低、无弹性、伸长率低 | 绝缘强度：4kV/mm | ① 宽为 8 ~ 50mm；常用宽度为 25mm、30mm；<br>② 厚为 0.06 ~ 0.08mm；<br>③ 每卷长 50m 或 100m | ① 适用于电线电缆电动机及其他电器的绝缘包扎和环氧树脂电缆头的制作；<br>② 适宜于绝缘耐湿要求较高的场所 |
| 自黏性胶带 | 自带黏性橡胶带 | ① 在拉伸后经过一定时间变成一个紧密的整体；<br>② 抗拉强度大于 10kgf/cm²①；<br>③ 断裂伸长率为 400%；<br>④ 耐臭氧；<br>⑤ 工作温度不小于 -15℃ | 击穿电压不小于 20kV/mm | ① 宽 25mm；<br>② 厚 0.8mm；<br>③ 每卷长 5m | 适用于 10kV 以下电缆终端头对接和作绝缘密封之用 |

① $1kgf/cm^2 = 0.098MPa$

**表 A-8 熔断器的技术数据（一）**

| 名称 | 型号 | 熔管额定电压/V | 熔管额定电流/A | 熔体额定电流等级/A | 最大分断能力/kA |
| --- | --- | --- | --- | --- | --- |
| 瓷插式熔断器 | RC1A-5 | 交流：380、220 | 5 | 2，5 | — |
| | RC1A-10 | | 10 | 2，4，6，10 | — |
| | RC1A-15 | | 15 | 6，10，15 | — |
| | RC1A-30 | | 30 | 20，25，30 | — |
| | RC1A-60 | | 60 | 40，50，60 | — |
| | RC1A-100 | | 100 | 80，100 | — |
| | RC1A-200 | | 200 | 120，150，200 | — |
| 螺旋式熔断器 | RL1-15 | 交流：500、380、220 | 15 | 2，4，6，10，15 | — |
| | RL1-60 | | 60 | 20，25，30，35，40，50，60 | — |
| | RL1-100 | | 100 | 60，80，100 | — |
| | RL1-200 | | 200 | 100，125，150，200 | — |
| | RL2-25 | | 25 | 2，4，6，15，20 | — |
| | RL2-60 | | 60 | 25，35，50，60 | — |
| | RL2-100 | | 100 | 80，100 | — |
| 无填料封闭管式塑料管熔断器 | RM7-15 | 交流：380、220；直流：440、220 | 15 | 6，10，15 | — |
| | RM7-60 | | 60 | 15，20，25，30，40，50，60 | — |
| | RM7-100 | | 100 | 60，80，100 | — |
| | RM7-200 | | 200 | 100，125，160，200 | — |
| | RM7-400 | | 400 | 200，240，260，300，350，400 | — |
| | RM7-600 | | 600 | 400，450，500，560，600 | — |

（续）

| 名称 | 型号 | 熔管额定电压/V | 熔管额定电流/A | 熔体额定电流等级/A | 最大分断能力/kA |
|---|---|---|---|---|---|
| 无填料封闭管式熔断器 | RM10-15 | 交流：500、380、220；直流：440、220 | 15 | 6，10，15 | — |
| | RM10-60 | | 60 | 16，20，25，30，40，50，60 | — |
| | RM10-100 | | 100 | 60，80，100 | — |
| | RM10-200 | | 200 | 100，125，160，200 | — |
| | RM10-350 | | 350 | 200，240，260，300，350 | — |
| | RM10-600 | | 600 | 350，430，500，600 | — |
| | RM10-1000 | | 1000 | 600，700，800，900 | — |
| 有填料封闭管式熔断器 | RT0-50 | 交流：500、380、220；直流：440、220 | 50 | 5，10，15，20，30，40，50 | — |
| | RT0-100 | | 100 | 30，40，50，60，80，100 | 50 |
| | RT0-200 | | 200 | 120，150，200 | 50 |
| | RT0-400 | | 400 | 200，250，300，350，400 | 50 |
| | RT0-600 | | 600 | 450，500，550，600 | 50 |
| | RT0-1000 | | 1000 | 700，800，900，1000 | 50 |
| | RT10-20 | | 20 | 6，10，15，20 | — |
| | RT10-30 | | 30 | 20，25，30 | — |
| | RT10-60 | | 60 | 30，40，50，60 | — |
| | RT10-100 | | 100 | 60，80，100 | — |
| | RT11-100 | | 100 | 60，80，100 | — |
| | RT11-200 | | 200 | 100，120，150，200 | — |
| | RT11-300 | | 300 | 200，250，300 | — |
| | RT11-400 | | 400 | 300，350，400 | — |

**表 A-9 熔断器的技术数据（二）**

| 型号 | 额定电压/V | 底座额定电流/A | 熔体额定电流等级/A | 额定分断能力/kA | cosϕ | 底座型号 |
|---|---|---|---|---|---|---|
| XT-00 | 500 | 160 | 4，6，10，16，20，25，32，36，40，50，63，80，100，125，160 | 120 | 0.1～0.2 | Sint101 |
| | 660 | | | 50 | | |
| NT-0 | 500 | | 6，10，16，20，25，32，36，40，50，63，80，100 | 120 | | Sint160 |
| | 660 | | | 50 | | |
| | 500 | | 125，160 | 120 | | |
| NT-1 | 500 | 250 | 80，100，125，160，200 | 120 | | Sint201 |
| | 660 | | | 50 | | |
| | 500 | | 224，250 | 120 | | |
| NT-2 | 500 | 400 | 125，160，200，224，250，300，315 | 120 | | Sint401 |
| | 660 | | | 50 | | |
| | 500 | | 355，400 | 120 | | |
| NT-3 | 500 | 630 | 315，355，400，425 | 120 | | Sint601 |
| | 660 | | | 50 | | |
| | 500 | | 500，630 | 120 | | |

**表 A-10 常用明装插座的型号、规格**

| 序号 | 图例 | 产品名称 | 型号 | 规格 |
|---|---|---|---|---|
| 1 |  | 圆形二极明装插座 | YZW13-3 | 250V，3A |
| 2 |  | 圆形三极明装插座 | YZW13-10 | 250V，10A |
| | | | YZM13-15 | 250V，15A |

（续）

| 序号 | 图例 | 产品名称 | 型号 | 规格 |
|---|---|---|---|---|
| 3 | 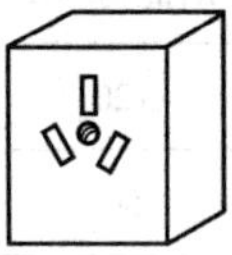 | 三极明装插座 | ZM13-10 | 250V，10A |
| | | | ZM13-15 | 250V，15A |
| | | | ZM13-20 | 250V，20A |
| | | | ZM13-30 | 250V，30A |
| 4 | 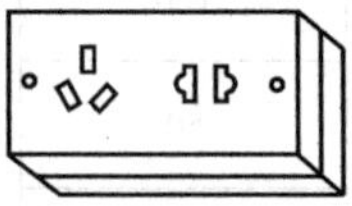 | 双联二极三极明装插座 | ZM223-10 | 250V，10A |
| 5 |  | 三极可锁定明装插座 | ZM13G10 | 250V，10A |
| 6 | 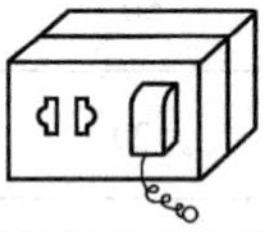 | 明装带拉线开关二极插座 | ZM12K6L | 250V，6A |
| 7 | 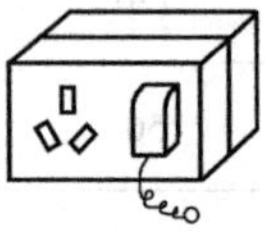 | 明装带拉线开关三极插座 | ZM13K6L | 250V，6A |

**表 A-11　常用暗装插座的型号、规格**

| 序号 | 图例 | 产品名称 | 型号 | 规格 |
|---|---|---|---|---|
| 1 | 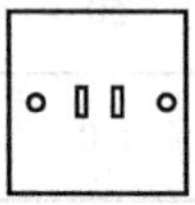 | 普通型二极插座 | 86Z12-10 | 250V，10A |
| 2 |  | 二极扁圆两用插座 | 86Z12T10 | |
| | | 安全型二极扁圆两用插座 | 86Z12AT10 | |
| 3 | 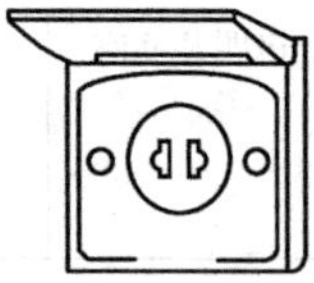 | 防溅二极扁圆两用插座 | 86Z12FT10 | |
| 4 | 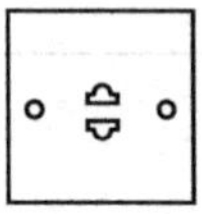 | 二极可锁定插座 | 86Z12G10 | |

（续）

| 序号 | 图例 | 产品名称 | 型号 | 规格 |
|---|---|---|---|---|
| 5 |  | 带开关二极扁圆两用插座 | 86Z12KT10 | 250V，10A |
| | | 带开关安全门二极扁圆两用插座 | 86Z12KAT10 | |
| 6 | 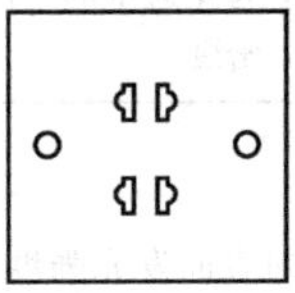 | 二极双联扁圆两用插座 | 86Z22T10 | |
| | | 安全型二极双联扁圆两用插座 | 86Z22AT10 | |
| 7 | 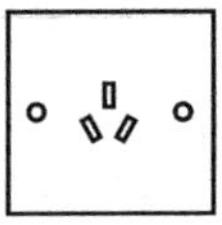 | 普通型三极插座 | 86Z13-10 | 250V，10A |
| | | 带安全门三极插座 | 86Z13A10 | |
| | | 普通型三极插座 | 86Z13-15 | 250V，15A |
| | | 带安全门三级插座 | 86Z13A15 | |
| | | 普通型三极插座 | 86Z13-20 | 250V，20A |
| | | | 86Z13-30 | 250V，30A |
| 8 | 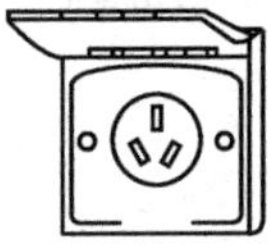 | 防溅三极插座 | 86Z13F10 | 250V，10A |
| 9 | 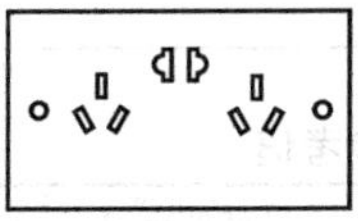 | 普通型三联二、三极插座 | 146Z323-10 | |
| | | 带安全门三联二、三极插座 | 146Z323A10 | |
| 10 | 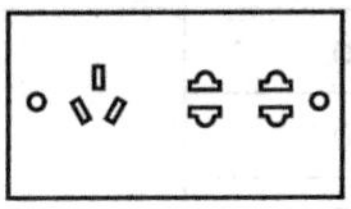 | 普通型三联二、三极插座 | 146Z323-10 | |
| | | 带安全门三联二、三极插座 | 146Z323A10 | |
| 11 | 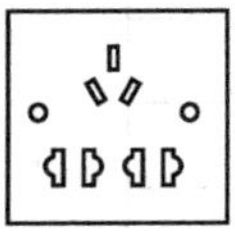 | 普通型三联三极扁圆两用二极插座 | 86Z332-10 | |
| | | 安全型三联三极扁圆两用二极插座 | 863332A10 | |

**表 A-12　照明技术的基本计算公式**

| 名称 | 代号 | 公式 | | 单位 | 说明 | 示意图 |
|---|---|---|---|---|---|---|
| | | 字母表示 | 文字表示 | | | |
| 光通量 | $\Phi$ | | | 流（明）（lm） | 光源在单位时间内，在空间各方面发出的眼所能感觉的光能，称为光通量 |  |

（续）

| 名称 | 代号 | 公式 |  | 单位 | 说明 |  | 示意图 |
|---|---|---|---|---|---|---|---|
|  |  | 字母表示 | 文字表示 |  |  |  |  |
| 发光强度 | $I$ | $I=\Phi/\omega$ | 发光强度=光通量/立体角 |  | 坎［德拉］(cd)，1坎=1流/1立体角 | 单位立体角内的光通量，称为发光强度，也称为光通量的空间密度 | 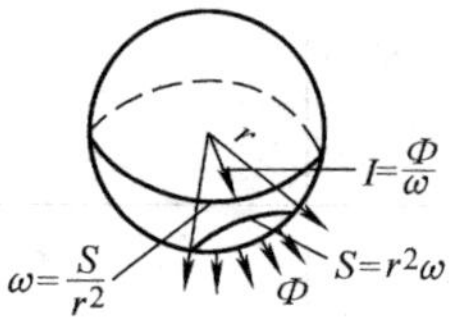 |
| 光亮度 | $L$ | $L=\frac{I}{S}$ | 亮度=发光强度/发光面投影面积 | 坎［德拉］/米$^2$（cd/m$^2$） | 一定方向的表面发光强度 $I$ 与发光面 $S'$ 的投影面积 $S$ 之比 |  | 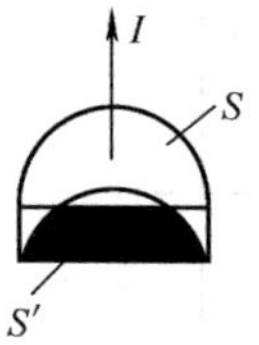 |
| 光照度 | $E$ | 平均照度 $E=\frac{\Phi}{S}$ | 平均照度=光通量/受光面积 | 勒［克斯］（lx），1lx = 1lm/m$^2$ | 发光面 $S$ 内的光通量 |  | 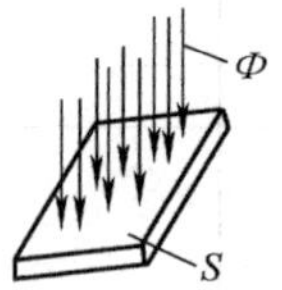 |
|  |  | 一般照度 $E=\frac{I}{r^2}\cos\alpha$ | 一般照度=发光强度/(光源至光点距离)$^2$ 乘以光的倾斜角度的余弦 |  |  |  |  |

**表 A-13　人工照明照度的参考值**

| 建筑物名称 |  | 最低照度/lx |  | 单位容量/（W/m$^2$） |
|---|---|---|---|---|
|  |  | 白炽灯 | 荧光灯 |  |
| 机加工车间 | 加工区 | 20 |  | 6 |
|  | 装配区 | 40 |  | 9 |
| 锻工车间 | 准备工段 | 15 |  | 7 |
|  | 加热炉装卸处 | 20 |  |  |
|  | 锻压机锻模面 | 40 |  |  |
| 热处理车间 | 一般区 | 20 |  | 8 |
|  | 炉口、淬火槽 | 40 |  |  |
|  | 高频电炉间 |  |  |  |
| 木工车间 | 机床区 | 20 |  | 11 |
|  | 装配区 | 40 |  |  |
| 机修车间 | 机床区 | 20 |  | 8 |
|  | 磨刀间 | 40 |  |  |
| 电修车间 | 绕线装配 |  |  | 8 |
|  | 修理区 | 20 |  |  |

（续）

<table>
<tr><th colspan="2" rowspan="2">建筑物名称</th><th colspan="2">最低照度/lx</th><th rowspan="2">单位容量/（$W/m^2$）</th></tr>
<tr><th>白炽灯</th><th>荧光灯</th></tr>
<tr><td rowspan="4">电镀车间</td><td>镀槽区</td><td>30～40</td><td>80</td><td>8</td></tr>
<tr><td>酸洗间</td><td>20</td><td>50</td><td rowspan="3"></td></tr>
<tr><td>抛光间</td><td>40</td><td>100</td></tr>
<tr><td>电机房</td><td>20</td><td>50</td></tr>
<tr><td rowspan="2">喷漆车间</td><td>油漆区</td><td>40</td><td>80</td><td>8</td></tr>
<tr><td>调漆区</td><td rowspan="2">20</td><td>50</td><td rowspan="4"></td></tr>
<tr><td colspan="2">喷砂车间</td><td rowspan="5"></td></tr>
<tr><td rowspan="3">铸工车间</td><td>型砂工段</td><td>10</td></tr>
<tr><td>熔化、浇铸</td><td rowspan="4">40</td></tr>
<tr><td>泥芯、造型</td><td rowspan="2">8</td></tr>
<tr><td colspan="2">焊接车间</td></tr>
<tr><td colspan="2">精密加工车间</td><td rowspan="2">100</td><td rowspan="2">10</td></tr>
<tr><td colspan="2">实验间</td><td></td></tr>
<tr><td colspan="2">仪器装配间</td><td></td><td>100</td><td>10</td></tr>
<tr><td colspan="2">精密仪器装配间</td><td></td><td>100</td><td>10</td></tr>
<tr><td colspan="2">理化实验室</td><td></td><td>150</td><td>10</td></tr>
<tr><td colspan="2">天平室</td><td>50～60</td><td>100～120</td><td>10</td></tr>
<tr><td colspan="2">计量室</td><td>50～60</td><td>100～120</td><td>10</td></tr>
<tr><td colspan="2">锅炉室</td><td>15</td><td></td><td>4</td></tr>
<tr><td colspan="2">水泵室</td><td>20</td><td></td><td>4</td></tr>
<tr><td colspan="2">汽车库</td><td>10</td><td></td><td>8</td></tr>
<tr><td colspan="2">成品库、材料库</td><td>10</td><td></td><td>5</td></tr>
<tr><td colspan="2">工具库</td><td>20</td><td></td><td>5</td></tr>
<tr><td colspan="2">露天堆场</td><td>0.2</td><td></td><td></td></tr>
<tr><td colspan="2">办公室、值班室</td><td>30</td><td>60</td><td>5</td></tr>
<tr><td colspan="2">阅览室、会议室</td><td>40</td><td>80</td><td>5</td></tr>
<tr><td colspan="2">设计室、绘图室</td><td>50</td><td>100</td><td>5</td></tr>
<tr><td colspan="2">图书室、资料室</td><td>30</td><td>60</td><td>5</td></tr>
<tr><td colspan="2">打字室</td><td>60</td><td>120</td><td>6</td></tr>
<tr><td colspan="2">晒图室、装订室</td><td>40</td><td>80</td><td>7</td></tr>
<tr><td colspan="2">医疗室、保健站</td><td>40</td><td>80</td><td>7</td></tr>
<tr><td colspan="2">商店</td><td>20</td><td>50</td><td>5</td></tr>
<tr><td colspan="2">托儿所、幼儿园</td><td>20</td><td></td><td>5</td></tr>
<tr><td colspan="2">浴池</td><td>15</td><td></td><td>3</td></tr>
<tr><td colspan="2">厕所、更衣室</td><td>10</td><td></td><td>3</td></tr>
</table>

（续）

| 建筑物名称 | 最低照度/lx | | 单位容量/（$W/m^2$） |
| --- | --- | --- | --- |
| | 白炽灯 | 荧光灯 | |
| 走廊、楼梯 | 5 | | 3 |
| 家属宿舍 | 10 | | 4 |
| 单身宿舍 | 15 | | 4 |
| 食堂 | 15 | | 4 |
| 学校教室 | 40 | 80 | 5 |

**表A-14　荧光灯电路的常见故障及处理方法**

| 序号 | 故障现象 | 故障原因 | 处理方法 |
| --- | --- | --- | --- |
| 1 | 灯管不发光 | 1. 电源无电<br>2. 熔丝烧断<br>3. 灯丝已断<br>4. 灯脚与灯座接触不良<br>5. 辉光启动器与辉光启动器座接触不良<br>6. 镇流器线圈短路或断线<br>7. 辉光启动器损坏<br>8. 线路断线 | 1. 检查电源电压<br>2. 找出原因，更换熔丝<br>3. 用万用表测量，若已断，应更换灯管<br>4. 转动灯管，使灯管电极与灯座之间接触良好<br>5. 转动辉光启动器，使电极与底座接触良好<br>6. 检查或更换镇流器<br>7. 将辉光启动器取下，用电线把辉光启动器座内两个接触簧片短接，若灯管两端发亮，说明辉光启动器已坏，应更换<br>8. 查找断线处并接通 |
| 2 | 灯管两端发光，中间不发光 | 1. 环境温度过低<br>2. 电源电压过低<br>3. 灯管陈旧，寿命将终<br>4. 辉光启动器损坏<br>5. 灯管慢性漏气 | 1. 提高环境温度或加保温罩<br>2. 检查电源电压，并调整电压<br>3. 更换灯管<br>4. 可在灯管两端亮了以后，将辉光启动器取下，如灯管能正常发光，说明辉光启动器损坏，应更换，或双金属片动触点与静触点焊死，或辉光启动器内并联电容击穿，应及时检修<br>5. 灯管两端发红光，中间不亮，在灯丝部位没有闪烁现象，任凭辉光启动器怎样跳动，灯管也不启动，应更换灯管 |
| 3 | 灯管“跳”但不亮 | 1. 环境温度过低，管内气体不易分离，往往开灯很久，才能跳亮点燃，有时辉光启动器跳动不止而灯管不能正常发光<br>2. 空气潮湿<br>3. 电源电压低于荧光灯最低启动电压（额定电压220V的灯管的最低启动电压为180V）<br>4. 灯管老化<br>5. 镇流器与灯管不配套<br>6. 辉光启动器有问题 | 1. 提高环境温度或加保温装置<br>2. 降低湿度<br>3. 提高电源电压<br>4. 更换灯管<br>5. 调换镇流器<br>6. 及时修复或更换辉光启动器 |
| 4 | 灯管发光后立即熄灭（新灯管灯丝烧断） | 1. 接线错误，开关接通灯管闪亮后立即熄灭<br>2. 镇流器短路<br>3. 灯管质量太差<br>4. 合开关后灯管立即冒白烟，灯管漏气 | 1. 检查线路，改正接线<br>2. 用万用表 $R\times1$ 或 $R\times10$ 电阻档测量镇流器阻值比参考值小得越多，说明有短路，应更换镇流器<br>3. 更换灯管<br>4. 更换灯管 |

（续）

| 序号 | 故障现象 | 故障原因 | 处理方法 |
| --- | --- | --- | --- |
| 5 | 灯管发光后呈螺旋形光带 | 1. 新灯管的暂时现象<br>2. 镇流器工作电流过大<br>3. 灯管质量有问题 | 1. 开关几次或灯管两端对调即可消失<br>2. 更换镇流器<br>3. 更换灯管 |
| 6 | 灯管两端发黑或产生黑斑 | 1. 灯管老化，灯管点燃时间已接近或超过规定的使用寿命，发黑部位一般在距端部50～60mm处，说明灯丝上的电子发射物质即将耗尽<br>2. 电源电压过高或电压波动过大<br>3. 镇流器配用规格不合适<br>4. 辉光启动器不好或接线不牢引起长时间闪烁<br>5. 辉光启动器损坏<br>6. 灯管内水银凝结，是细灯管常有现象<br>7. 开关次数频繁 | 1. 更换灯管<br>2. 调整电源电压，提高电压质量<br>3. 调换合适的镇流器<br>4. 接好或更换辉光启动器<br>5. 更换辉光启动器<br>6. 启动后可能蒸发消除<br>7. 减少开关频率 |
| 7 | 灯光闪烁忽亮忽暗 | 1. 接触不良<br>2. 辉光启动器损坏<br>3. 灯管质量不好<br>4. 镇流器质量不好 | 1. 检查线路接触连接情况<br>2. 更换辉光启动器<br>3. 更换灯管<br>4. 更换镇流器 |
| 8 | 镇流器过热 | 1. 电源电压过高<br>2. 内部线圈匝间短路造成电流过大，使镇流器过热，严重时出现冒烟现象<br>3. 通风散热不好，辉光启动器中的电容器短路<br>4. 动、静触头焊死跳不开，时间过长，也会过热 | 1. 检查并调整电源电压<br>2. 更换镇流器<br>3. 改善通风散热条件<br>4. 及时排除辉光启动器故障 |
| 9 | 镇流器声音较大 | 1. 镇流器质量较差或铁心松动，振动较大<br>2. 电源电压过高，使镇流器过载而加剧了电磁振动<br>3. 镇流器过载或内部短路<br>4. 辉光启动器质量不好，开启时有辉光杂声<br>5. 安装位置不当，引起周围物体的共振 | 1. 更换镇流器<br>2. 降低电源电压<br>3. 调换镇流器<br>4. 更换辉光启动器<br>5. 改变安装位置 |
| 10 | 灯管使用寿命较短或早期端部发黑 | 1. 电源开关操作频繁<br>2. 辉光启动器工作不正常，使灯管预热不足<br>3. 镇流器配置不当，或质量差，内部短路<br>4. 装置处振动较大 | 1. 减少开关次数<br>2. 更换辉光启动器<br>3. 更换镇流器<br>4. 改变装置位置，减少振动 |

表 A-15 常用电能表的主要技术参数

| 名称 | 型号 | 准确度 | 额定电流/A | 额定电压/V | 备注 |
|---|---|---|---|---|---|
| 直流电能表 | DJ1 | 2.0 | 5~40 | 110/220 | |
| 单相交流有功电能表 | DD10 | 2.0 | 2.5，5，10，20，40 | 220 | 全国统一设计系列，过载能力大，宽量程 |
| | DD28 | | 1，2，5，10，20 | | |
| | DD28-1 | | 5，10，20 | | |
| | DD103 | | 3，5，10 | | |
| 三相四线有功电能表 | DT1/a<br>DT6<br>DT8<br>DT10 | 2.0 | 5，10，25，40，<br>80<br>3×5 | 380/220<br>380/220 | |
| 三相四线无功电能表 | DX9<br>DX10 | 2.0<br>2.0 | 3×5<br>3×5 | 3×380<br>3×100<br>3×380<br>3×100 | |
| 三相三线有功电能表 | DS8<br>DS10<br>DS1/a | 2.0 | 5，10，25，<br>3×5 | 3×8<br>3×100<br>3×220 | |
| 三相三线无功电能表 | DX8<br>DX15 | 3.0 | 3×5<br>5，10 | 3×380<br>3×100 | |

# 附录B 常见照明灯安装案例

**案例一：荧光灯连接电路**

荧光灯大量应用于家庭以及公共场所等地方的照明，具有发光效率高、寿命长等优点。正确连接荧光灯电路，是荧光灯正常工作的前提。图B-1为荧光灯连接电路。荧光灯的工作原理是：当开关闭合，电源接通后，灯管尚未放电，电源电压通过灯丝全部加在辉光启动器的两个金属触片上，使氖管中产生辉光放电发热，两触片接通，于是电流通过镇流器和灯管两端的灯丝，使灯丝加热并发射电子。此时，由于氖管被双金属触片短路停止辉光放电，双金属触片也因温度降低而分开，在此瞬间，镇流器产生相当高的自感电动势，灯管两端引起弧光放电，使荧光灯点亮。

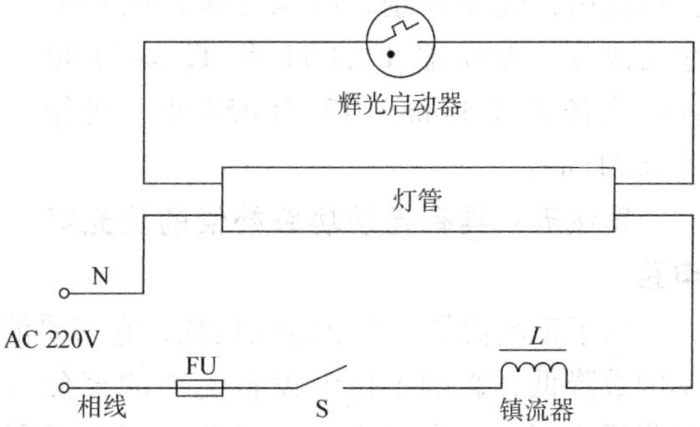


**图B-1** 荧光灯连接电路

**案例二：双荧光灯的户外广告双灯管接法**

双荧光灯的户外广告双灯管接法如图B-2所示。一般在接线时尽可能减少外部接头。安装荧光灯时，镇流器、辉光启动器必须和电源电压、灯管功率相配合。这种电路一般用于厂矿和户外广告等照度要求较高的场所。

**案例三：荧光灯在低温低压情况下接入二极管启动的接线方法**

在温度或电压较低的情况下，荧光灯灯丝经过多次冲击闪烁，仍不能辉光启动，将影响灯管的寿命。如果改进电路，则可解决在低温低压下启动困难的问题。从图B-3可以看出，当把辉光启动器合上，交流电经整流后，变成脉动直流电，通过荧光灯灯丝的电流较大，容易使管内的气体电离。另一方面，这种脉动的直流波形使镇流器产生的瞬时自感电动势也较大。所以一般SB合上1~4s即断开，荧光灯随即辉光启动。SB可用电铃按钮，二极管可选用2CP3、2CP4、2CP6等。此法一般适用于功率较小的荧光灯，且由于辉光启动时电流较大，启动开关SB不要按得太久。

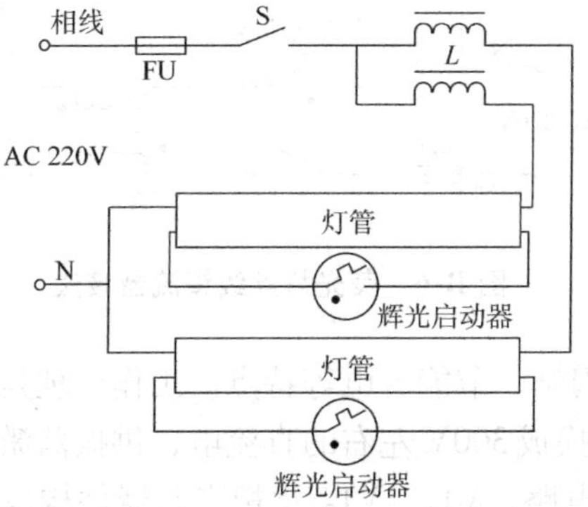


**图B-2** 双荧光灯的户外广告双灯管接法

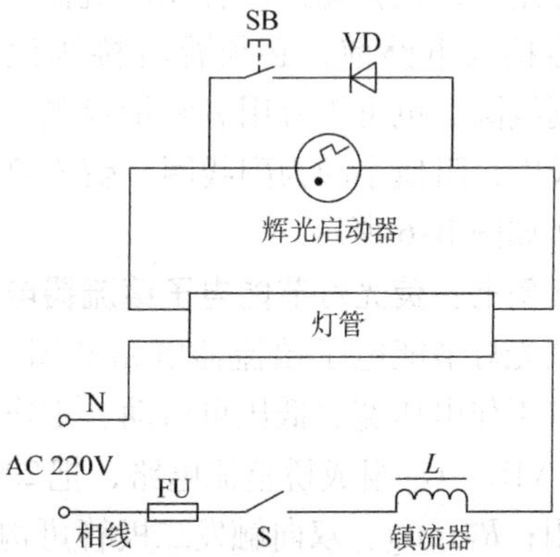


**图B-3** 荧光灯低温低压下接入二极管启动的接线方法

**案例四：用直流电点燃荧光灯电路**

图B-4所示为直流电点燃荧光灯电路，可直接点燃6~8W的荧光灯。实际上它是由一个晶体管VT组成的共发射极间歇振荡器，通过变压器在二次侧感应出间歇高压振荡波，点燃荧光灯。电路中的$R_1$和$R_2$的功率均为0.25W，电容$C$可在0.1～1μF范围内选用，改变$C$值，间歇振荡器的频率也会改变。变压器T的T1和T2均为40匝，线径为0.35mm；T3为450匝，线径为0.21mm。

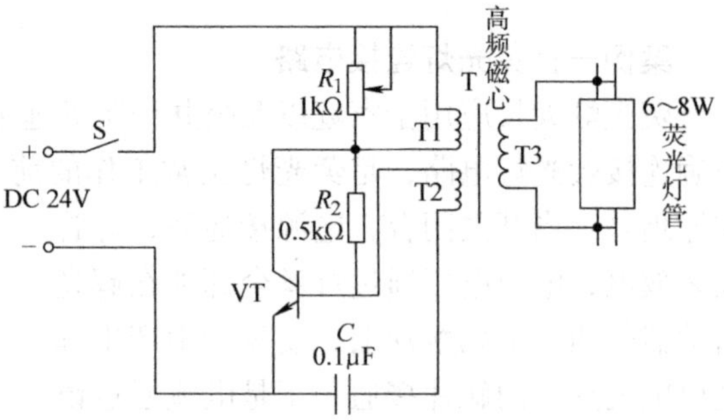


**图B-4　直流电点燃荧光灯电路**

**案例五：具有无功功率补偿的荧光灯电路**

由于镇流器是一个电感性负载，它需要消耗一定的无功功率，致使整个荧光灯装置的功率因数降低，影响了供电设备能力的充分发挥，并且降低了用电地点的电压，对节约用电不利。为了提高功率因数，在使用荧光灯的地方，应在荧光灯的电源侧并联一个电容，这样，镇流器所需的无功功率可由电容提供，如图B-5所示。电容容量的大小与荧光灯的功率有关。荧光灯功率为15～20W时，选配电容容量为2.5μF；荧光灯功率为30W时，选配电容容量为3.75μF；荧光灯功率为40W时，选配电容容量为4.75μF。所选配的电容耐压均为400V。

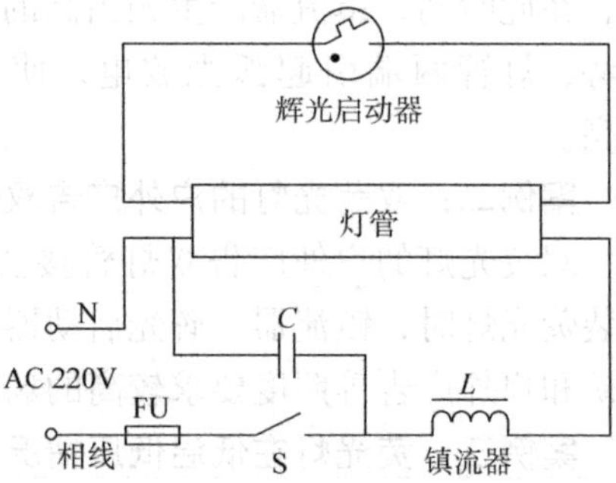


**图B-5　具有无功功率补偿的荧光灯电路**

**案例六：荧光灯丝线镇流器接法**

丝线镇流器有四根引线，分主、副线圈，主线圈的两引线和二线镇流器接法一样，串联在灯管与电源之间。副线圈的两引线，串联在辉光启动器与灯管之间，帮助启动用。由于副线圈匝数少，交流阻抗亦小，如果误把它接入电源主电路中，就会烧毁灯管和镇流器。所以，把镇流器接入电路前，必须看清接线说明，分清主、副线圈。也可用万用表测量检测，阻值大的为主线圈，阻值小的为副线圈。荧光灯丝线镇流器接法如图B-6所示。

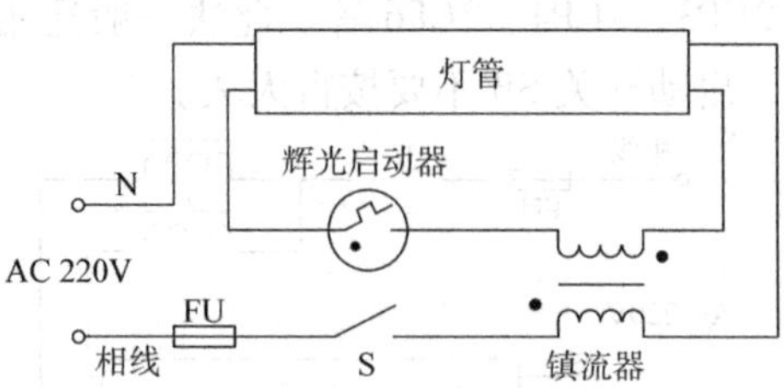


**图B-6　荧光灯丝线镇流器接法**

**案例七：荧光灯节能电子镇流器电路**

荧光灯节能电子镇流器电路如图B-7所示，它具有工作电压宽、低压可启动、工作无蜂音、无闪烁、节能省电等特点。工作原理是：由$VD_1$～$VD_4$、$C_1$组成桥整流电路，把220V交流电转换成300V左右的直流电，供振荡激励电路使用；$R_1$、$C_2$、双向触发二极管可构成触发启振电路，$VT_1$、$VT_2$及相应元器件构成主振电路。在$VT_1$、$VT_2$截止时，自感扼流圈B1、B2产生高电压，启动荧光灯管。$C_5$、$R_7$的作用是消除因瞬间高压对荧光灯丝的冲击而形成的灯管两端早期老化发黑现象，以延长灯管的使用寿命。

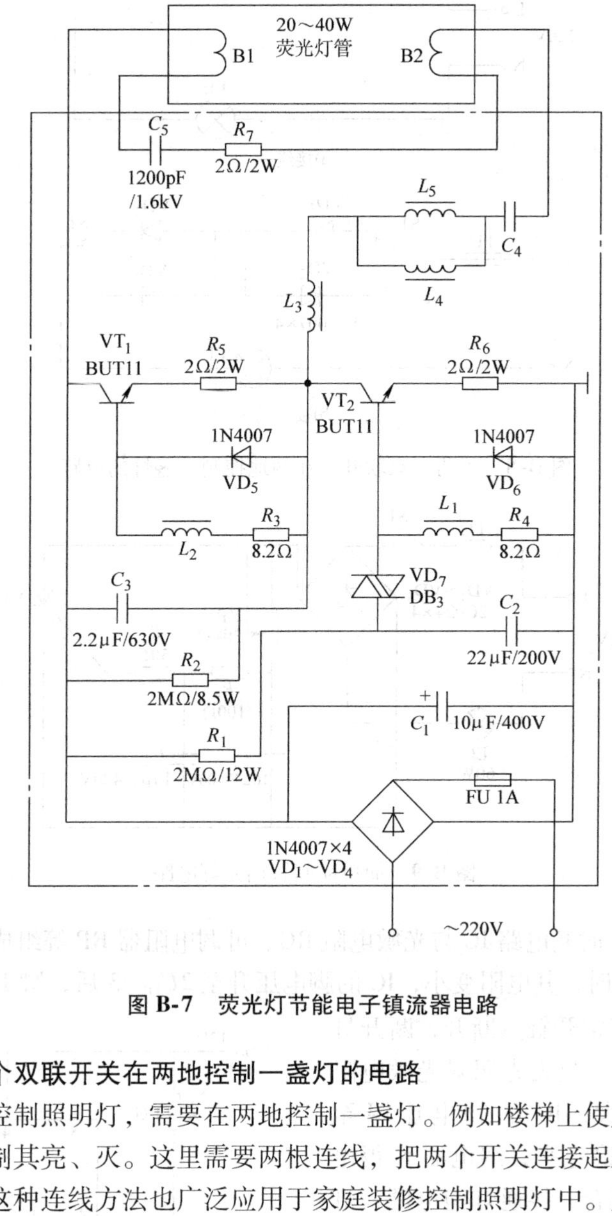


图 B-7　荧光灯节能电子镇流器电路

**案例八：用两个双联开关在两地控制一盏灯的电路**

有时为了方便控制照明灯，需要在两地控制一盏灯。例如楼梯上使用的照明灯，要求在楼上、楼下都能控制其亮、灭。这里需要两根连线，把两个开关连接起来，这样可以方便地控制灯的亮、灭。这种连线方法也广泛应用于家庭装修控制照明灯中。用两个双联开关在两地控制一盏灯的电路如图 B-8 所示。

**案例九：简单晶闸管调光灯电路**

图 B-9 是一种简单晶闸管调光灯电路。将电路中的电位器的阻值调小时，晶闸管导通角增大，灯光亮度增强；阻值调大时，晶闸管的导通角减小，灯光的亮度减弱。它还可以用于电热器加热温度的调节。

**案例十：用 555 集成电路组成的光控灯电路**

用 555 集成电路组成的光控灯电路如图 B-10 所示，它可以用在需要电灯自动点亮和熄灭的任意场合。

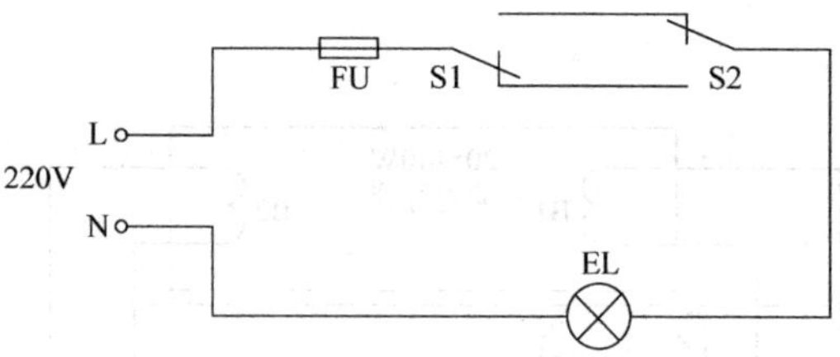


a)接线一

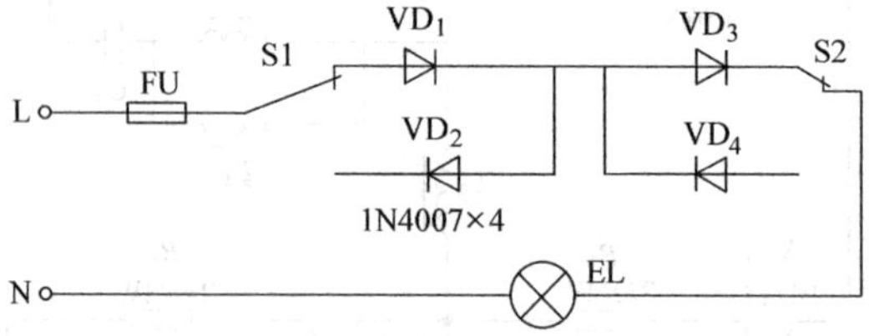


b)接线二

**图 B-8**　用两个双联开关在两地控制一盏灯的电路

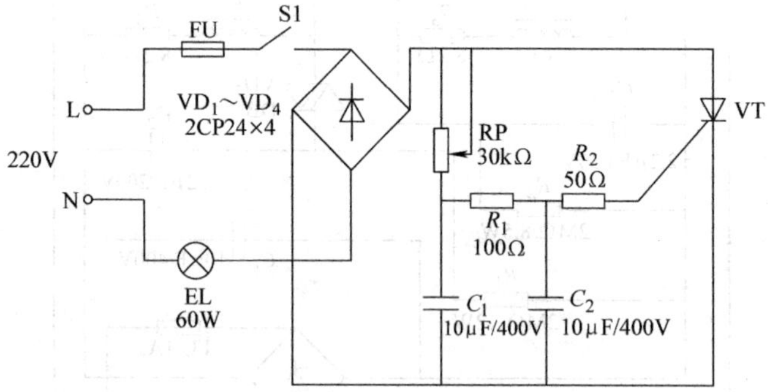


**图 B-9**　简单晶闸管调光灯电路

图 B-10 中，555 时基电路 IC 与光敏电阻 RG、可调电阻器 RP 等组成滞后比较器。当白天光线照射光敏电阻时，其电阻变小，IC 的脚电压升至 $2U_{DD}/3$ 后，脚 1 输出低电平，继电器 K 无电不动作，其常开触点断开，断开灯泡电源，灯泡不亮；入夜无光照射光敏电阻 RG 时，其阻值变大，IC 的脚电压降至 $U_{DD}/3$后，脚 5 输出高电平，继电器 K 得电动作，其常开触点闭合，接通灯泡电源，灯泡点亮。元件中，K 为 12V 直流继电器，可选用 HG4085；RG 为光敏电阻，可选用 MG-41 或 MG-24，其亮阻小于 10kΩ，暗阻大于 10kΩ。

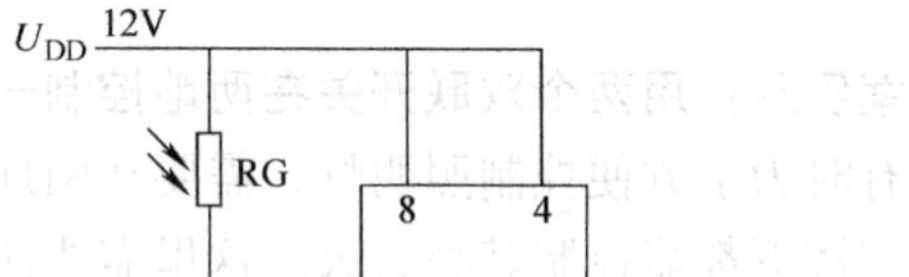

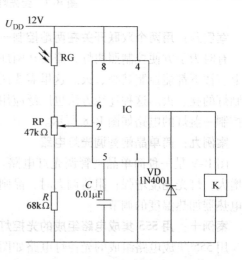


**图 B-10**　用 555 集成电路组成的光控灯电路

**案例十一：无级调光台灯电路**

自制一台小型晶闸管调光台灯，可根据工作、学习等需要，随意调节台灯的亮度，不但可为人们的工作或家庭生活带来方便，而且还可以达到节电的目的。无级调光台灯电路如图 B-11 所示。

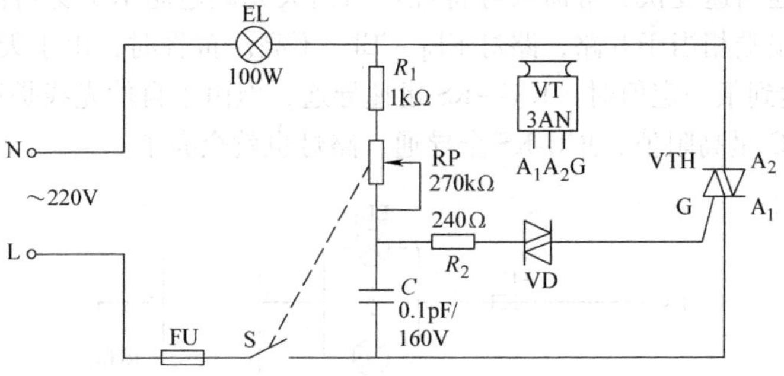


图 B-11 无级调光台灯电路

$R_1$、RP、$C$、$R_2$ 和 VT 组成移相触发电路，在交流电压的某半周期，220V 交流电源经 RP、$R_1$ 向 $C$ 充电，电容 $C$ 两端电压上升。当 $C$ 两端电压升高到大于双向二极管 VD 的阻断值时，VD 和双向晶闸管 VTH 才相继导通，然后 VTH 在交流电压零点时截止。VTH 的触发延迟角由 RP、$R_2$、$C$ 的乘积决定，调节电位器 RP 便可改变 VTH 的触发延迟角，从而改变负载电流的大小，即该灯泡两端的电压起到随意调光的作用。本电路可将电压由 0V 调整到 220V。晶闸管调光时，具有调光范围大、体积小、线路简单、易操作等优点。整机可以安装在一个很小的盒内或安装在台灯的底座下 。电位器 RP 可选用带开关的中型电位器，电位器上的开关可作台灯开关用。晶闸管 VTH 应选用 3A、400V 以上型号，台灯灯泡选用 60 ~ 100W 的白炽灯泡。

**案例十二：路灯光电控制电路**

这是一种简单的光控开关电路，其工作原理如图 B-12 所示，当晚上（光照度低）时，光敏电阻 RG 的电阻增大，$VT_1$ 的基极电流减小直至截止，于是 $VT_2$ 也截止。$VT_2$ 的集电极电压上升使 $VT_3$ 导通，继电器 KA 吸合，点亮路灯。早上天刚亮（光照度高）时，RG 的阻值减小，使 $VT_1$ 导通，于是与上述过程相反，关闭路灯。继电器 KA 为 JRX-13F。

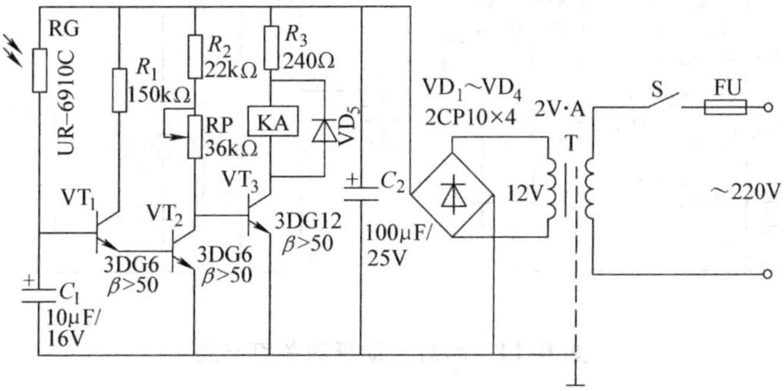


图 B-12 路灯光电控制电路

**案例十三：光控路灯电路**

JCG –KS 是一个固态继电器和一个光敏电阻 RG 组成的路灯自动控制器。由于固态继电器的固有特性，照明灯泡能随着自然光线的亮暗逐渐被点亮，光控路灯电路如图 B-13 所示。JCG-KS 具有通断速度快、寿命长等特性。当白天光敏电阻 RG 受到自然光照射呈低电阻时，JCG-KS 输出端相当于开路，路灯 $EL_1$ ~ $EL_n$ 不亮。黄昏时，由于天色变暗，RG 的阻值逐渐增大，当达到某一定值时，JCG –KS 迅速导通，但由于自然光线是逐渐变暗的，一旦自然光很暗时，RG 呈高阻值，JCG-KS 全导通，路灯也就全亮了。

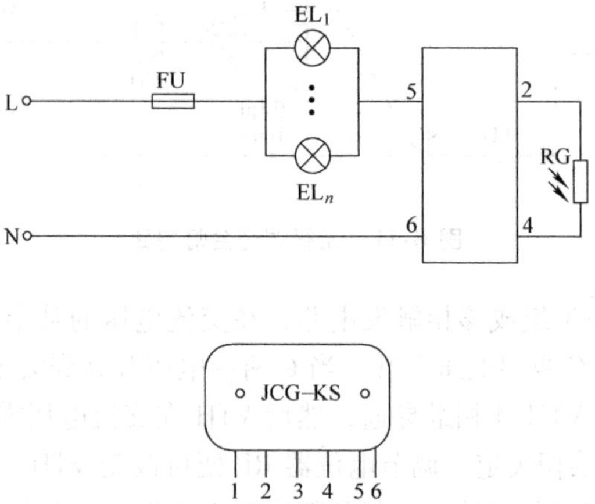


图 B-13 光控路灯电路

元器件的选择：RG 选用亮阻不大于 1kΩ、暗阻不小于 1MΩ 的硫化镉光敏电阻；JCG-KS可根据所接灯泡的多少及功率的大小来选择。

**案例十四：路灯自动延时关灯电路**

在走廊、门厅或楼梯口的照明灯开关旁边，常见到贴有“人走灯灭”或“随手关灯”字样的提示纸条，可实际很难做到人走关灯，常常还是照明灯彻夜长明，既费电，又缩短了灯泡寿命。图 B-14 所示的电路，可以有效地实现“人走灯灭”。

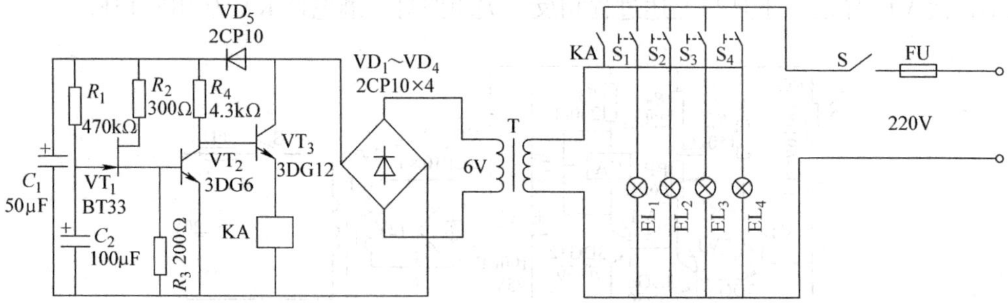


图 B-14 路灯自动延时关灯电路

线路中的 $S_1$、$S_2$、$S_3$、$S_4$ 分别是设在四层楼楼梯口上的开关，$EL_1$、$EL_2$、$EL_3$、$EL_4$ 四盏灯分别装在四层楼的楼梯上。当人走进走廊后，按下任何一个开关，四盏照明灯全部接通电源发光，照明一段时间，待人走进房间后，照明灯就会自动熄灭。电路中的继电器选用 JRX-13F 小型灵敏继电器，$EL_1$ ~ $EL_4$ 选用 15W 为宜，调 $R_1$ 可改变延时时间。

# 附录C 实验实训用表格及基本要求

学生实训登记表

## 电工技能实训登记表

系　　别：________________

专　　业：________________

年　　级：________________

班　　级：________________

姓　　名：________________

实习成绩：________________

指导教师：________________

职　　称：________________

实习单位：________________

实习时间：________________

年　　月　　日

# 实习实训学生的主要职责

1. 在实习实训的实践中努力完成专业技能和工艺的学习任务。

2. 在实习实训期间，必须强化职业道德意识，爱岗敬业，遵纪守法，做一个诚实守信的实习生和文明礼貌的员工。

3. 服从领导，听从分配，自觉遵守企业和学院的规章制度，做到按时作息，不迟到，不误工，不做损人利己、有损企业形象和院系声誉的事情。

4. 认真做好岗位的本职工作，培养独立工作能力，刻苦锻炼和提高自己的业务技能。

5. 认真写好实习实训现场工作日记，每周上交1次给指导教师检查，为撰写实习实训报告积累第一手资料，并以此作为实习实训考核的依据。

6. 按照实习实训计划和各岗位特点，安排好自己的学习、工作和生活，按时按质完成各项实习实训任务。

7. 尊重领导，团结同事，热情礼貌对待服务对象，调整好心态，搞好人际关系。

8. 发扬艰苦朴素的工作作风和谦虚好学的精神，在工作中不怕苦、不怕累，做到嘴勤、脑勤、手勤、脚勤，扎扎实实地做好岗位工作。

9. 要有高度的安全防范意识，切实做好安全工作。

10. 按时归还所借仪表、仪器、操作工具。

**实习实训学生情况表**

<table>
<tr><td colspan="2">姓名</td><td colspan="3"></td><td colspan="2">性别</td><td colspan="2"></td><td>学号</td><td></td></tr>
<tr><td colspan="2">专业、班级</td><td colspan="5"></td><td colspan="2">联系电话</td><td colspan="2"></td></tr>
<tr><td colspan="2">实习实训单位</td><td colspan="7"></td><td>联系电话</td><td></td></tr>
<tr><td colspan="2">详细地址</td><td colspan="7"></td><td>邮编</td><td></td></tr>
<tr><td colspan="2">实习实训单位负责人</td><td colspan="3"></td><td>部门负责人</td><td colspan="3"></td><td>联系人</td><td></td></tr>
<tr><td rowspan="4">指导教师情况</td><td colspan="2">姓名</td><td>性别</td><td>年龄</td><td>学历</td><td colspan="2">职务</td><td>职称</td><td>从事专业时间</td><td>备注</td></tr>
<tr><td colspan="2"></td><td></td><td></td><td></td><td colspan="2"></td><td></td><td></td><td></td></tr>
<tr><td colspan="2"></td><td></td><td></td><td></td><td colspan="2"></td><td></td><td></td><td></td></tr>
<tr><td colspan="2"></td><td></td><td></td><td></td><td colspan="2"></td><td></td><td></td><td></td></tr>
<tr><td colspan="11">实习实训单位简介：</td></tr>
</table>

| 实训计划（学习任务制订的计划） |
| --- |
| |
| 指导教师意见：<br><br>指导教师签名：<br>年　月　日 |

## 实习实训记录

学生签名：

时　间：　　年　　月　　日

## 实习实训记录

学生签名：

时　间：　　年　　月　　日

注：实习实训记录每周填报两次。

| 实 习 实 训 作 业 |
| --- |
| 实训项目：<br><br><br><br><br>学生签名：<br>时 间：　　年　　月　　日 |

| 实 习 实 训 总 结 |
| --- |
| <br><br><br><br>学生签名：<br><br>时　间：　　年　　月　　日 |

# 学生实习实训报告

# 学生实习实训成绩评定表

<table>
<tr><td>系　别</td><td colspan="2"></td><td>年级</td><td></td><td>专业</td><td></td></tr>
<tr><td>姓　名</td><td></td><td>学号</td><td></td><td>实习实训<br>单位</td><td colspan="2"></td></tr>
<tr><td>实习实训<br>报告题目</td><td colspan="3"></td><td>实习实训<br>起止时间</td><td colspan="2"></td></tr>
<tr><td colspan="7">实习实训单位鉴定：（实习期间表现、主要完成任务、工作态度、专业水平、工作能力等方面评价）<br><br>（可另外附表）</td></tr>
<tr><td colspan="7">指导教师评语：</td></tr>
<tr><td>初评成绩<br>（实习单位填写）</td><td colspan="4"></td><td colspan="2" rowspan="2">评优、良、中、及格、<br>不及格五个等级</td></tr>
<tr><td>复评成绩<br>（学校填写）</td><td colspan="4"></td></tr>
<tr><td colspan="7">单位指导教师（签名）<br><br>实习实训单位（盖章）<br><br>年　　月　　日</td></tr>
<tr><td colspan="4">本校指导教师（签名）<br><br>培　训　处（盖章）<br><br>年　月　日</td><td colspan="3">教 务 处（盖章）<br><br>年　　月　　日</td></tr>
</table>

注：1. 考核成绩由四部分组成：①考勤占15%；②实习实训日志占20%；③文明生产占15%；④实际操作评定占50%。成绩评定按优、良、中、及格、不及格五级记分。

2. 本表一式两份，一份由教务处存档，一份存入学生档案。

# 参考文献

[1] 林平勇，高嵩．电工电子技术［M］．4版．北京：高等教育出版社，2016.
[2] 席时达．电工技术［M］．4版．北京：高等教育出版社，2014.
[3] 秦曾煌．电工学［M］．7版．北京：高等教育出版社，2009.
[4] 王俊峰．怎样做一名合格的电工［M］．3版．北京：机械工业出版社，2014.
[5] 王孔良，李珞新，祝晓红，等．用电管理［M］．3版．北京：中国电力出版社，2014.
[6] 陆国和．电工实验与实训［M］．2版．北京：高等教育出版社，2007.
[7] 侯志伟．建筑电气工程识图与施工［M］．2版．北京：高等教育出版社，2011.